教育部-华为产学合作协同育人项目规划教材

云计算技术基础应用教程

HCIA-Cloud｜微课版

U0160315

冯思泉｜主编

杨迪 郭燕 刘蔚洋｜副主编

BASIC
APPLICATION OF
CLOUD COMPUTING

人民邮电出版社

北京

图书在版编目（ＣＩＰ）数据

云计算技术基础应用教程：HCIA-Cloud：微课版 /
冯思泉主编. -- 北京：人民邮电出版社，2023.8
教育部-华为产学合作协同育人项目规划教材
ISBN 978-7-115-59021-3

Ⅰ．①云… Ⅱ．①冯… Ⅲ．①云计算－教材 Ⅳ．
①TP393.027

中国版本图书馆CIP数据核字(2022)第050935号

内 容 提 要

　　本书是"教育部-华为技术有限公司 2017 年产学合作协同育人——教学内容与教学体系改革"项目的建设成果，是一本以项目为驱动、以任务为导向的教材，体现了"基于工作过程"的学习理念。

　　本书以华为云计算平台 FusionCloud 的服务器虚拟化软件为基础，对云计算的基本概念和基本原理进行详细的讲解，共 8 个项目，包括云计算产生、发展与应用，云计算的虚拟化技术，华为云计算解决方案，服务器虚拟化的计算资源管理，服务器虚拟化的存储资源管理，服务器虚拟化的高级特性，服务器虚拟化的网络应用，以及桌面虚拟化 FusionAccess 的应用等。

　　本书可作为高等教育本、专科院校计算机相关专业的教材，也可作为华为云计算认证的培训教材。

◆ 主　编　冯思泉
　　副主编　杨　迪　郭　燕　刘蔚洋
　　责任编辑　范博涛
　　责任印制　王　郁　焦志炜

◆ 人民邮电出版社出版发行　　北京市丰台区成寿寺路 11 号
　　邮编　100164　电子邮件　315@ptpress.com.cn
　　网址　https://www.ptpress.com.cn
　　北京天宇星印刷厂印刷

◆ 开本：787×1092　1/16
　　印张：15.75　　　　　　　　2023 年 8 月第 1 版
　　字数：412 千字　　　　　　2025 年 1 月北京第 2 次印刷

定价：59.80 元

读者服务热线：(010)81055256　印装质量热线：(010)81055316
反盗版热线：(010)81055315
广告经营许可证：京东市监广登字 20170147 号

前 言 PREFACE

党的二十大报告指出："统筹职业教育、高等教育、继续教育协同创新，推进职普融通、产教融合、科教融汇，优化职业教育类型定位。"这为职业教育的发展明确了新方向。本书采用产教融合的编写模式，符合职业教育发展的新要求，将企业的技术要求融入职业教育的各个环节，提高了行业企业在办学过程中的作用。

本书以华为云计算产品 FusionCloud 为基础，采用工程项目式教学法讲述华为云计算认证 HCIA-Cloud 的相关技术原理和实践操作方法。本书遵循基于行动导向和技能导向的职业技能教育理念，强调实践与理论相结合，通过实践加深和强化学生对理论知识的理解。

本书注重理论联系实际，从认知发展的角度讲解云计算基础知识，具有如下特色。

（1）突出应用型教育、注重工作技能的培养，尽量避免过多且复杂的理论知识，代之以基本理论+动手实践的教学模式，使学生在学习过程中能够做到"学中做，做中学"。

（2）针对初学者在学习过程中可能遇到的疑难问题，本书特别安排了疑难解析栏目，帮助学生理解疑难内容、避免在学习过程中产生畏难情绪。

（3）本书内容基于华为云计算产品的基本架构，以每个相对独立的组件为核心展开讲述。通过学习，学生可以理解每个独立组件的功能及使用方法。

（4）本书按照由浅入深、循序渐进的方式进行编写，从虚拟化资源池的创建入手，分别讲述虚拟化计算、虚拟化存储、虚拟化网络和桌面云应用等知识，以自下向上的模块化方式讲述华为云计算相关内容。

本书由重庆电子工程职业学院通信工程学院"云计算系统运行与维护"课程团队的专职教师和华为技术有限公司的研发工程师共同完成，其中课程团队的主要成员冯思泉和岳亮老师均为华为云计算认证 HCIE-Cloud 教师。

本书由重庆电子工程职业学院冯思泉担任主编，四川长虹新网科技有限责任公司杨迪、重庆电子工程职业学院郭燕、重庆市轻工业学校刘蔚洋担任副主编。其中，冯思泉完成项目 1 至项目 5 的编写，杨迪完成项目 6 的编写，郭燕完成项目 7 的编写，刘蔚洋完成项目 8 的编写。重庆电子工程职业学院的岳亮参与了项目实验环节的设计工作，华为技术有限公司李凤宇完成了本书内容的审查工作。此外，还要特别感谢北京泰克网络实验室周洪清的指点和帮助。

限于编者水平有限，书中难免存在不足，敬请读者批评指正。

编者
2023 年 8 月

目 录 CONTENTS

项目 3

应用篇

项目 4

项目 5

理论篇

项目 1

云计算产生、发展与应用

01

项目导读

云计算是目前 IT 行业耳熟能详的专业术语。当前快速发展的信息技术已经使云计算、大数据和人工智能成为热门的新兴技术。正因如此，目前许多工程技术人员和相关专业的大专院校学生都在学习云计算理论知识，努力掌握云计算实践技能。本项目带领大家认识云计算产生、发展的历史等，揭秘云计算产生的深层次原因。

拓展阅读

知识教学目标

① 了解云计算的基本概念
② 了解云计算的发展史和演进历程
③ 理解云计算的发展动力和优势

④ 理解云计算的服务模式
⑤ 理解云计算的关键特征和部署模式
⑥ 了解云计算的流派

1.1 认识云计算

1.1.1 什么是云计算

计算能力是人类在学习自然、改造自然的过程中掌握的一种抽象概括能力。自从 1946 年第一台通用电子计算机问世以来，人类拥有的计算能力就发生了质的变化，使人类迈入了信息化社会。随着电子技术的飞速发展，计算机的体积越来越小，同时性能却越来越强大，计算机被广泛应用在军事、天气预报、密码学等诸多领域。人类对计算能力越来越高的要求推动了计算机硬件性能突飞猛进的发展。

微课视频

计算机硬件性能的飞速提高让 IT 系统变得越来越复杂，相应的系统建设成本也显著增加。过于昂贵的建设费用成为广大中小型企业迈入信息化社会难以逾越的门槛。这样的情景在人类技术发展史上并不鲜见。1866 年，在德国人西门子（Siemens）发明第一台工业发电机后，需要电力资源的企业都必须自行采购发电机，这种能源分散、孤立的生产方式显然不符合大工业发展的要求。于是 1875 年在法国巴黎北火车站建成了世界上第一座火电厂并开始发电，该火电厂采用体积很小的直流发电机发电，电能专供附近照明用。这就开启了电力资源作为公共基础能源进行统一生产、用户按需使用的全新分配方式。无独有偶，在数千年的时间里，人类都是通过从江河湖泊取用或各家各户打井的方式获取水。在工业革命后，工业的发展带来了水的污染以及霍乱、伤寒等各种传染病，夺走了千百万人的生命，因此直接饮用自然界的水变得日益危险。1902 年，比利时开始采用氯气来消毒供水，氯解决了水中微生物污染问题，遏制了瘟疫的流行，使千家万户可以方便地获取洁净、安全的自来水。因此，电和自来水的例子启发我们，对于基础性的资源，采用集中生产、统一分配的方式更能满足大工业发展的需求，并且价格低廉、使用方便。

有了集中发电和统一分配的方式，人们只需要打开电器开关，就可以使用电力资源，而不必关心电是来自哪个发电厂，也不必关注经过了多少次传输以及配电和变压等环节。用户只需要关心电力资源的需求量和应缴纳的电费即可。同样，我们只需打开水龙头开关就可以使用水资源，也无须关注水来自何处以及如何进行消毒等烦琐的细节。由此可知，对于自来水和电力这种公共服务的资源，用户可以根据需要使用并支付相应的费用。

在各大中型城市里，随处可见的共享单车和网约车也体现了资源服务化的特点。以前，我们必须先购买相应的交通工具（如自行车、汽车等），然后才能享受所需的交通服务。共享经济打破了人们头脑中的固有观念，当人们需要使用交通工具时，并不一定要购买自行车或汽车，可以租用附近的交通工具，并且按照使用标准支付费用。用户不需要关心车辆维护保养、上牌和停放管理等事情。共享经济使人们的需求更加直接，其消费方式直接转变为购买相应的服务，其可有效降低服务成本，提高社会资源的有效利用率。

因此，广大中小型企业用户也希望采用类似集中供水、供电的方式来解决信息服务的问题。在不采购大量硬件的情况下，借助互联网通过租用云服务商提供的信息化基础服务，满足用户对信息化业务的需求。正是在这样的背景下，云计算诞生了。

云计算诞生后，关于它的定义可谓五花八门。目前，美国国家标准与技术研究院（National Institute of Standards and Technology，NIST）的定义是：云计算是一种模型，可以实现随时随地、便捷地、随需应变地从可配置的计算资源共享池中获取所需的资源（如计算、存储、网络应用及服务等），同时资源能够快速供应并释放，使管理资源的工作量和与服务提供商的交互减小到最低限度。维基百科对云计算的定义是：云计算是一种基于互联网的新计算方式，通过互联网上异构、自治的服务为个人和企业提供按需即取的计算服务。

1.1.2 为什么会出现云计算

1. 传统数据中心的弊端

随着科技的发展，传统数据中心在长期的使用中暴露出的弊端越来越明显，其中主要体现在以下两个方面。

① 系统规模难以预估。在云计算产生之前，用户几乎都通过自建机房解决 IT 业务需求。这种方式的优势在于信息安全容易得到保证，其弊端在于数据中心升级的速度往往赶不上业务的发展速度。特别是互联网行业，例如电子商务网站顾客交易量可能是以"指数级"增长的。如此高的增长速度可能是业务规划初期始料未及的，因为初期不可能规划如此大的业务提前量，否则风险极高。如果在后期发现业务量显著增加后再采购设备，等到新设备交付验收运营上线，可能企业发展的黄金期已经被错过了。

② 运维成本过于高昂。IT 系统随着传统业务发展变得越来越复杂，为了满足更多用户对业务使用的良好感知需求，其需要更强大的计算、存储和网络能力。企业必须投入巨资购买硬件设备和软件资源，还需要具有更高技术能力的网络工程师来完成硬件和软件的安装、调试、运维工作。这些设备的采购和维护费用是非常昂贵的，并且随着应用数量的继续增加和规模的继续增大，其费用也会更加高昂。昂贵的运维费用不仅大量中小型企业无力承担，就连大型企业也难以承担。

2. 云计算出现的必然性

自从云计算出现以来，越来越多的应用被迁移到云计算中，可以预见未来还会有更多的应用扩展到云计算领域。例如，我们手中的智能手机、平板电脑或个人计算机（Personal Computer，PC）都将成为云计算终端设备。云计算逐步取代传统数据中心已经是大势所趋，其根本原因在于它能解决传统数据中心存在的根本问题，实现用户所需的计算和存储从局域网向互联网迁移、软件从终端向云端迁移，以及软件和硬件的解耦，实现硬件共享，如图 1-1 所示。

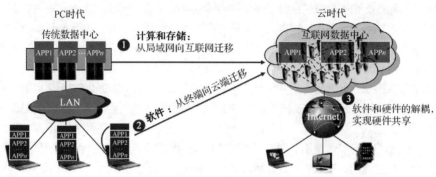

图 1-1　云计算的应用

（1）计算和存储从局域网向互联网迁移

在传统 IT 时代，企业提供的 IT 服务都依赖于计算和存储能力，因此都需要采购大量昂贵的服务器和存储设备。在云计算广泛应用的时代，企业不需要自行创建物理数据中心，只需在云服务商那里租用虚拟数据中心。用户是通过互联网访问这些虚拟数据中心的应用和服务的，这就能够实现计算和存储能力向互联网迁移。

（2）软件从终端向云端迁移

在传统 IT 时代，企业自建的数据中心除了硬件设备外，还需要各类系统软件和应用软件。软件资源（如数据库等应用软件）的价格也是不菲的，此外，往往还需要厂商的技术支持。其实用户需要的并非软件本身，而是软件所提供的 IT 服务。在云计算环境下，由于系统软件和应用软件都由云服务商提供，用户只需要有浏览器即可访问云端的各类应用服务，而不必真正拥有软件本身。这样既可以节省软件的采购费用，又可以避免相应的管理开销，简化了用户端的复杂程度，真正使用户的关注点集中到服务而非软件本身。

（3）软件和硬件的解耦，实现硬件共享

云服务商提供给用户的计算、存储和网络资源通常不是真正的硬件资源，而是在虚拟化资源池中为用户分配的虚拟资源。用户对虚拟资源的访问都是通过共享底层的硬件设备实现的。共享硬件的主要原因在于传统 IT 架构下硬件资源的有效使用率通常低于 20%，有的甚至低于 5%。过低的硬件利用率浪费了硬件资源，无谓增加了能源消耗。因此，将物理服务器转变为虚拟服务器，使多台这样的虚拟服务器运行在同一台物理服务器上，这样不但能提高硬件资源的利用率，减少硬件采购成本，而且能降低电力消耗，实现节能减排、绿色环保。同时，云计算还可以提供更高的可靠性，即物理设备发生故障或停机检修时，可以将虚拟机迁移（热迁移或冷迁移）至其他物理设备，从而保证业务的连续运行。

1.1.3　云计算的发展史

1959 年 6 月，克里斯托弗（Christoper）发表虚拟化相关论文，标志着虚拟化技术的诞生。虚拟化技术是云计算技术发展的基石。1963 年，美国国防部高级研究计划局向麻省理工学院（简称麻省理工）提供经费，要求麻省理工开发"多人可同时使用的计算机系统"。当时麻省理工构想了"计算机公共事业"，即让计算能力成为像电力一样的公共资源。这个项目产生了"云"和虚拟化技术的雏形。云和虚拟化技术的雏形有了，但访问云还需要网络。1969 年，美国国防部委托开发的 ARPANET 诞生了，并成功完成了两台计算机之间的数据传输试验，ARPANET 就是今天互联网的雏形。ARPANET 的拓扑结构如图 1-2 所示。

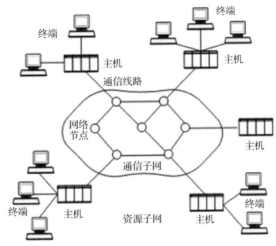

图 1-2　ARPANET 的拓扑结构

1977 年美国硅谷"狂人"拉里·埃里森（Larry Ellison）创办了著名的软件开发公司——甲骨文。在 20 世纪 80 年代，甲骨文公司一直是世界最大的数据库软件公司，但随着美国微软公司开发的数据库软件 SQL Server 问世，微软公司开始逐渐占领数据库市场。甲骨文公司为了应对这巨大的竞争挑战，推出了"互联网计算机"。这个"互联网计算机"没有硬盘，也不需要安装操作系统软件和应用软件。系统软件和应用软件运行在远端的服务器中，这种设备的价格比当时的 PC 便宜了三分之二。"互联网计算机"其实就是云计算的一个雏形。然而这个设想非常好的产品在后期却未能成功，原因在于当时的互联网网速很慢，无法支撑众多应用的在线操作，还有当时互联网普及率较低，所以在经过两年的试验后最终失败。后来随着互联网日益普及和网速的飞速提高，从 20 世纪 90 年代开始，虚拟计算技术逐渐流行起来，推动了云计算基础设施的发展。

2006 年 8 月 9 日，谷歌公司首席执行官埃里克·施密特（Eric Schmidt）在搜索引擎大会（SESSan Jose 2006）上首次提出"云计算"（Cloud Computing）概念。在云计算概念提出之前，市场上已经出现了云计算的商业产品。2006 年 3 月，亚马逊（Amazon）推出弹性计算云（Amazon Elastic Compute Cloud，Amazon EC2）服务。亚马逊是靠网络书店起家的，为了处理庞大的商品和用户资料，建立了庞大的数据中心。但亚马逊随后发现它的数据中心在大部分时间内只有不到 10% 的利用率，超过 90% 的资源除了缓冲购物旺季的流量外，大部分时间都在空转和闲置中度过。于是亚马逊将资源从单一的、特定的业务中解放出来，在空闲时提供给其他用户使用。亚马逊将这种服务命名为亚马逊网络服务（Amazon Web Service，AWS）。AWS 当时还不叫云计算，所提供的服务类似超市购物，把计算资源当成一种服务，把服务器当成资源。当然它卖的不是物理服务器，不是让用户直接搬走一台服务器，而是需要先建好数据中心。用户需要多少台服务器所提供的计算能力，就申请多少台可以满足要求的虚拟机，只要在网上支付费用就可以使用这些逻辑资源。亚马逊在提供资源的过程中，使用虚拟化技术把物理服务器"切成"很多的逻辑服务器，即把虚拟机卖出去，这样就有了亚马逊公有云。2006 年，亚马逊发布了名声大噪的 EC2，这是一个里程碑式的产品，是一款向公众提供基础架构的云服务产品。

随着云计算概念的提出，越来越多的 IT 厂商推出了自己的云计算解决方案。2007 年 11 月，IBM 公司首次发布云计算商业解决方案，推出"蓝云（Blue Cloud）"计划。2008 年 4 月，谷歌公司发布 Google App Engine。2009 年 4 月，WMware 公司推出业界首款云操作系统 VMware vSphere 4。2009 年 7 月，我国首个企业云计算平台诞生——中化企业云计算平台。2009 年 9 月，VMware 公司启动 vCloud 计划构建全新云服务。2009 年 11 月，中国移动启动云计算平台——大云计划。2010 年 1 月，微软公司正式发布 Microsoft Azure 云平台服务。通过厂商之间的深度竞争，市场上逐渐形成主流平台的产品和标准，产品功能比较健全，市场格局也相对稳定。云服务自此进入成熟阶段，增速放缓。2014 年，阿里云启动"云合计划"。2015 年，华为公司在北京正式对外宣布"企业云"战略。2016 年，腾讯云战略升级，并宣布"出海计划"。

除了上述企业自己研制的云计算平台外，在 2010 年基于开源的云计算管理平台项目出现了，即 OpenStack。OpenStack 是 NASA（美国国家航空航天局）和 Rackspace 公司联合开发的产品。Rackspace 公司也是提供公有云服务的云服务商，就像阿里云一样，它也想学习亚马逊，但是它的规模没有亚马逊那么大。于是它把架构开源出来，形成一个 OpenStack 开源社区，让大家都在 OpenStack 上面开发、改进，从而让这个架构变得更完善。目前 OpenStack 汇聚了全球的研发力量帮它完善架构，并得到了全球大部分主流 IT 厂商的支持，形成了云计算领域一个全新的强大生态系统。自 OpenStack 社区的架构公开后，各个企业都可以看到这个现成的新技术产品，可以将它直接移植到自己企业的产品中。所以很多企业都开始基于 OpenStack 做自己的私有云，让自己的 IT 产品变得效率更高、资源更"浓缩"。

2014 年以后，很多企业经过多年的云计算系统建设，基本都走上了公有云和私有云这两条路。私有云就是自建自用，不对外开放。公有云如同亚马逊、阿里或者华为公有云那样，用户需要花钱买服务。同时也有很多企业将一部分业务部署在公有云上，另一部分业务部署在私有云上，这样就形成了混合云的状态。

随着云计算技术走向成熟，在"混合云时代"，企业对云计算相关技术的成熟度问题已经不太关注了。企业追求的是如何将公有云、私有云和混合云资源进行统一的管理。这既涉及管理方面的理念，也涉及云构建的核心。随着网络的不断升级，以及大数据和人工智能的兴起，云计算正在改变全球几十亿人的信息服务模式，最终让计算、应用等资源像水、电、气一样走进人们的生产和生活中。

1.1.4 云计算技术的演进历程

随着人类对计算能力需求的与日俱增，计算机技术自出现后便进入了高速发展的"快车道"。从计算机技术的出现到云计算技术的诞生，经过了并行计算—分布式计算—网格计算—云计算 4 个阶段，如图 1-3 所示。

1. 并行计算

并行计算一般是指许多指令可以同时运行的计算模式。在同时进行的前提下，计算任务（Problem）被分解成小部分（Part），之后以并发方式进行计算。例如把一个大的工作任务拆成 1000 份，每人一份同时工作，以前 1 个人可能需要干 1000 小时，现在 1000 个人 1 小时就干完了。

2. 分布式计算

分布式计算是一门独立的计算机科学，研究如何把一个需要用非常强的计算能力才能解决的工作（Job）分成许多子工作（SubJob），然后把这些子工作分配给许多计算机进行处理，最后把计算结果综合起来得到最终的结果。整个数据处理流程需要通过集中管理实现。

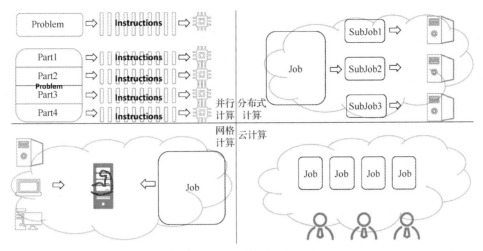

图 1-3　云计算技术的演进历程

3. 网格计算

网格计算是一种跨地区的甚至是跨国家和跨洲的独立管理的资源集合。网格资源采用独立的管理方式，不需要进行统一部署、统一安排，并且都是异构的。网格的使用通常是让分布的用户构成虚拟组织（Virtual Organization，VO），在统一的网格基础平台上以虚拟组织形态在不同的自治域访问资源，从而协同完成一个复杂的工作任务（Job）。

4. 云计算

云计算是网格计算、并行计算、分布式计算、网络存储、虚拟化、负载均衡等计算机技术和网络技术发展融合的产物。云计算的用户直接将多个计算任务（Job）交给云计算系统，再借助云计算系统强大的计算、存储能力完成各个计算任务。

【疑难解析】

Ⅰ. 并行计算和分布式计算的区别是什么？

答：在并行计算中，一台计算机配备多个处理器，多个处理器共同协作计算，计算的最终结果由一台计算机处理。而在分布式计算中，多台连网的计算机有各自的主机和处理器，通过网络分配共享计算任务和计算信息。

Ⅱ. 网格计算和分布式计算的区别是什么？

答：网格计算将异构的计算机资源组成一个虚拟计算集群，用于解决大规模的复杂计算问题。网格计算的焦点放在支持跨管理域计算的能力，这是与传统的计算机集群或传统的分布式计算的区别。网格计算主要面向科研领域，强调组合强大的分布式计算能力，通常不以营利为目的。分布式计算一般针对特定计算需求，是利用互联网上的闲置计算资源来解决大型计算问题的计算科学技术。

Ⅲ. 网格计算和云计算的区别是什么？

答：区别主要有以下几点

a. 任务不同。

* 网格计算：尽可能地聚合网络上的各种分布资源，支持具有挑战性的应用或者完成某一个特定的任务。它使用网格软件将庞大的项目分解为相互独立、相关性弱的若干子任务，然后交由各个计算节点进行计算。

* 云计算：是为了通用的应用而设计的，云计算的资源相对集中，以 Internet 的形式获得底层资源并可对其加以使用。

b. 应用领域不同。

- 网格计算：主要面向科研领域，强调强大的分布式计算能力，往往是非营利性的。
- 云计算：主要面向商业领域，强调计算资源的服务化。

c. 计算方式不同。

- 网格计算：以并行计算为主。
- 云计算：以集中计算为主。

1.2 云计算的发展动力和优势

1.2.1 云计算的发展动力

回顾云计算十多年的发展历程，我们不难发现，云计算的进步是需求推动、技术进步和商业模式转变共同促进的。

1. 需求推动

政务和企业客户有低成本获得高性能的信息化需求；同时，个人用户对互联网、移动互联网应用的需求强烈，追求更好的用户体验。

2. 技术进步

虚拟化技术、分布式计算与并行计算、互联网技术的发展与成熟，使基于互联网提供 IT 基础设施、开发平台、软件应用成为可能。宽带技术的发展使基于互联网的服务应用模式逐渐成为主流。

3. 商业模式转变

少数云计算先行者（如亚马逊的 IaaS、PaaS）所提供的云计算服务已开始运营，市场对云计算商业模式也广泛认可，越来越多的用户开始接受并使用云计算服务。

1.2.2 云计算的优势

云计算的优势体现在以下几个方面。

1. 资源整合，提高硬件资源利用率

微课视频

原本一台服务器只能分配给一个用户使用，现在利用云计算的虚拟化技术可以创建多个虚拟机，分配给多个用户同时使用，从而使一定量的物理资源得到充分利用，实现服务器整合，如图 1-4 所示。此外，云计算还可以通过灵活调整虚拟机的规格（如 CPU、内存等），增加或减少虚拟机数量，从而快速适应业务对计算资源需求量的动态变化。

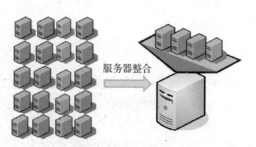

服务器整合

图 1-4　服务器整合

2. 快速部署，弹性伸缩

快速部署是指在很短的时间内借助云计算系统的部署功能，实现业务虚拟机的快速部署，从而快速实现业务的发布。弹性伸缩是指在使用云计算系统的各类资源时的自由伸缩性，是云计算技术中最重要的特征之一。顾名思义，弹性伸缩允许用户以可大可小、可增可减的方式利用计算资源。弹性伸缩的主要目的是用户在使用云计算资源时，既不必担心资源的过度供给导致的额外开销，也不必担心资源的供给不足导致应用程序不能很好地运行。所有资源将以自适应、可伸缩的方式提供。例如某企业决定采购可以满足未来 2 年发展要求的基础设施，却发现实际设备利用率都较低，但是买来的设备无法退货，只能闲置贬值。众所周知，电子设备的贬值速度是非常快的，几乎 3 年后设备就会被淘汰掉，企业的投入成本浪费严重。此外，像中国铁路 12306 和淘宝网等电商网站，在节假日时业务访问量会迅速增长，短时间内需要十多倍于平时的资源量。如果提前采购部署更多的设备资源，这些设备又会在业务量低的时候被闲置和浪费。利用云计算的弹性服务可以很好地摆脱以上困境，用户可以根据实际需求申请资源，云计算可根据任务负载和用户请求的资源量弹性地调整资源的配置。

3. 数据集中，信息安全

在传统 IT 时代，数据被分散保存在各服务器或存储设备内。数据的分散存放会带来较为严重的数据安全性问题。这里的安全性主要是指数据的可用性、完整性和隐私性。

（1）数据可用性

数据可用性是指受到黑客攻击或物理设备发生故障等问题时，不会发生数据丢失的特性。云计算系统内的所有数据都被放置到云端，本地不保存数据，对数据的访问都是通过访问云端设备来实现的。为了防止重要的数据因计算机病毒、电源故障等问题而丢失，可以在云计算系统中采用多副本机制。用户数据往往被保存 2 份、3 份甚至多份，并且分散到各个不同设备上保存，可避免单点故障带来的影响，这样就能提高数据的可用性。

（2）数据完整性

数据完整性是指数据在传输、存储的过程中，确保不被未授权的用户篡改，或在篡改后能被系统迅速发现的特性。数字签名为数据提供防护服务，防止数据在传输过程中被伪造或篡改，同时可以验证发送方与接收方身份。传统方式下，数据的分散保存由于涉及设备众多，往往很难做到在每个设备上配置数字证书和设置相应的加密算法来防止非法篡改。云计算系统统一保存数据，使用数字证书等技术来防止数据被篡改，可确保数据的完整性。

（3）数据隐私性

数据隐私性是指在海量数据的传输、存储和处理的每个环节，保护用户个人数据和信息的私密性。传统方式下，对分散保存的数据难以实现统一的访问权限管理和控制，因为所有设备不可能设置统一的访问密码，而且访问密码也需要定期逐个更改。云计算系统通过基于共享密钥、生物学特征和公开密钥加密算法共 3 种身份验证方法来保护数据隐私。当用户接入云端时，采用证书或账号密码的方式进行用户身份验证，其中系统用户账户等管理数据被加密存放，并且用户使用的虚拟机进行了安全加固，以保证不同用户虚拟机之间的隔离。当用户虚拟机被释放时，磁盘会被全盘擦除，避免数据被恢复的风险。此外，漏洞保护、虚拟机扫描、数据隔离等技术也常被用于保障数据隐私和安全。

4. 自动调度，节能减排

云计算数据中心通过虚拟化技术实现基于迁移策略的虚拟机热迁移功能。这种热迁移功能使自动调度和节能减排成为可能。云数据中心的耗电量惊人，几乎相当于一座中等城市的用电量，通过自动调度、节能减排可以节约电力资源，降低运营成本。云数据中心基于策略的智能化、自动化资源调度，实现资源的按需取用和负载均衡，削峰填谷，达到节能减排的效果。白天，基于负载策略进行资源监控，自动负载均衡，实现高效能源管理，当系统监控发现服务器之间负载明显不均衡时，会将虚拟机迁移到负载较轻的服务器上运行，这样既维持了负载平衡，又有利于保证业务的服务质量，如图 1-5 所示。夜间，业务量通常有明显的下降，因此采取基于时间策略进行负载整合，将多余服务器关机，最大限度降低耗电量，如图 1-6 所示。

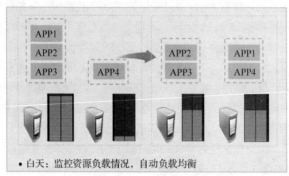

图 1-5　基于负载策略

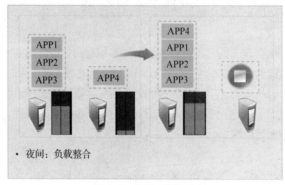

图 1-6　基于时间策略

节能减排是通过分布式电源管理（Distributed Power Management，DPM）优化数据中心的能耗来实现的。开启 DPM 功能后，在集群中某些服务器的资源使用率比较低时，可以将其虚拟机迁移到其他服务器，并关闭空闲主机，实现节能减排。当虚拟机所需资源增加时，DPM 对下电的服务器自动上电，确保有足够的资源。

5. 降温去噪，绿色办公

在传统 IT 时代，PC 会释放大量的热量，产生较大的噪声，影响办公环境，降低工作效率。在桌面云环境下，PC 被瘦终端（Thin Client，TC）所取代，从而降低办公环境中的发热量，同时避免了 CPU 散热风扇、硬盘电机和机箱风扇等部件产生的较大噪声污染，极大地改善了办公环境。瘦终端是一种小体积、低功耗的接入终端，用户提供输入、输出设备接口，用于与云数据中心的服务器进行通信。

6. 高效维护，降低成本

在传统 IT 时代，办公的 PC 在选型、购买、存放、分发和维护等多个流程都需要 IT 工作人员参与，往往会存在以下几方面的困扰。

① 从立项购买到投入使用所需流程复杂且时间较长。

② 传统 PC 能耗较高，导致企业成本增加。

③ 传统 PC 出现故障，从报修到重新使用所需时间较长，影响企业办公效率。

④ 传统 PC 一般 3 年就需要更新换代，无法长期使用。

⑤ PC 数量多且分布于各个办公地点，维护所需的人力成本较高。

云时代的桌面办公使用 TC 替代 PC，TC 的耗电量仅为几瓦至二十几瓦，远低于 PC，可有效降低能耗。当出现故障后，用户可以按照如下维护流程处理：故障（死机）→员工自助重启→完成。整个维护流程只需要约 3 分钟，业务中断时间短，所需维护人员大幅减少，人均可维护 1000 台桌面，大幅降低了维护成本，几乎可实现 TC 的免维护。

7. 无缝切换，移动办公

伴随着"互联网+"时代的到来，越来越多的办公人员需要在旅途中不间断地处理公务，这催生了移动办公应用。移动办公是云计算技术、通信技术与终端硬件技术融合的产物，成为继无纸化办公、互联网远程化办公之后的新一代办公模式，现在已经是大势所趋。桌面云技术易于满足移动办公需求，通过办公室、旅途中、家里的不同终端可随时随地实现远程接入，桌面立即呈现。数据和桌面都集中保存和运行在数据中心，所以用户可以不必中断应用运行，实现热插拔更换终端。

8. 升级扩容不中断业务

传统数据中心随着业务量的逐渐扩大，需要经常对系统进行升级更新或扩容操作，而这样的操作往往需要先中断业务，再执行升级。对于某些用户而言，中断业务会导致较大的损失。用户希望升级扩容时保持业务的持续性，这种需求在云数据中心完全可以实现。系统更新升级分为管理节点升级和业务节点升级两种场景。

（1）管理节点升级

由于有主、备两个节点，管理节点升级时可先升级一个节点，实现主、备切换后再升级另外一个节点。

（2）业务节点升级

业务节点升级可以先将待升级节点的应用（即业务虚拟机）迁移至备用节点，并完成数据备份；再执行升级操作，完成之后将数据迁回；最后完成应用迁回。业务节点在线升级步骤如图 1-7 所示。

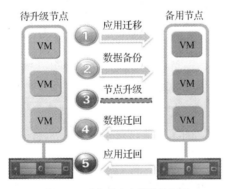

图 1-7　业务节点在线升级步骤

9. 软硬件系统统一管理

目前 IT 行业中，由于不同厂家的设备共同存在于云数据中心，因此设备异构化是非常普遍的。异构可以加剧厂商竞争，在一定程度上降低企业 IT 建设成本，同时也可降低全局性灾难风险，避免单一厂商的"绑架"，所以企业需要异构。虽然异构对于企业用户是有利的，却不受数据中心管理员们的欢迎。采购异构设备就意味着添加多个不同的管理系统，并需要管理员学习不同的操作技能。系统升级、技能储备和人员流动等因素也会导致企业的成本上升。为了降低管理难度，提高运维效率，用户可以通过统一的云平台对异构虚拟化资源和异构硬件资源进行统一管理，即对服务器、存储设备、网络设备、安全设备、虚拟机、操作系统、数据库和应用软件等进行统一的管理。软硬件系统统一管理可以提升管理的便利性，降低购置成本和人力成本。

1.3 云计算的服务模式

云计算可将用户从机房、设备维护、管理与软件升级等既复杂又烦琐的专业任务中解放出来。用户根据自身的需求租借云服务，如同获得水、电一样，可随时按需获取计算、存储、网络服务和应用等资源。

云计算可组合不同虚拟化的计算、存储和网络资源，通过云服务层向用户直接提供各类应用和服务。云计算提供各类服务的方式也就是云计算商业模式。云计算的商业模式按照服务层次分为 3 种类型：基础设施即服务（Infrastructure as a Service，IaaS）、平台即服务（Platform as a Service，PaaS）和软件即服务（Software as a Service，SaaS）。

微课视频

1.3.1 如何理解 3 种不同类型的服务模式

在理解云计算的服务模式前，先看一个生活中的浅显例子。例如，我们来到一个陌生的城市生活，首先需要解决居住问题，通常有图 1-8 所示的几种解决方式。

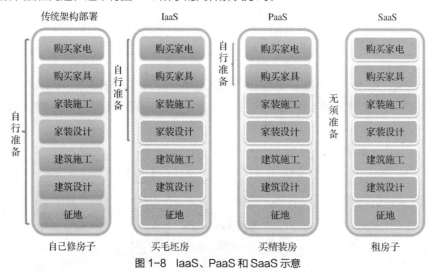

图 1-8 IaaS、PaaS 和 SaaS 示意

1. 自己修房子

如果需要一处完全私人定制的住所，那么需要在心仪的地方购买相应面积的土地。自己去联系建筑设计单位，根据自己的个性化要求完成建筑设计，然后联系具有资质的建筑施工方，按照设计规划完成房屋修建。房屋修建完毕后，联系家装设计师，根据个人喜好进行室内装修设计，再由家装公司根据家装设计图完成家装施工。家装完成后，购买各类家具、家电和装饰品，最终满足住房需求。整个工程非常复杂，费时费力，需要联系和协调的环节非常多。如果缺少相应的渠道资源（如申请政府部门批文以及通过各类验收检查），房屋是无法修建起来的。因此，对于大多数人而言，采用这种方式往往是不现实的。在传统 IT 时代，企业依靠自身搭建数据中心的做法就类似上述的方式。

2. 买毛坯房

现在从事商品房销售的开发商非常多，可以选择直接向开发商购买毛坯房。待交房后，就可以找家装设计师和家装公司，按照自己喜欢的风格装修房屋。装修完毕后，购买家具、家电和装饰品。购买毛坯房的好处在于不需要考虑房屋的修建事项，而且家装风格可以做到个性化设计。只要对开发商推出的商品房满意即可满足需求，这种方式就好比 IaaS。

3. 买精装房

如果我们对烦琐的家装过程感到厌倦，并且对家装个性化风格不是很在意的话，可以直接向开发商购买精装房。交房后只需要另外购买家具、家电和装饰品，即可入住。购买精装房的好处在于，不需要与家装设计师和家装公司打交道，房屋家装效果所见即所得，省时省力，这就好比 PaaS。

4. 租房子

如果我们只需要临时解决住宿问题，可以直接租房居住。出租房通常已经完成了家装，并且常用的生活用具一应俱全。租客可以直接拎包入住，完全不需要操心家装、家具和家电等事项，一步到位实现主题——"我要住房子"，这种直接服务方式就好比 SaaS。

总而言之，作为企业负责人，应弄明白一件事情：既然房子不一定非要自己来修，那么企业需要的信息化服务也不一定需要自己来搭建。于是负责人去找了云服务商，云服务商告诉了负责人如何才能租到满足要求的各类服务。接下来，我们就走进 IaaS、PaaS 和 SaaS，看看它们是如何提供服务的。

1.3.2　IaaS、PaaS、SaaS 是如何提供服务的

云服务商基于 3 类商业模式提供服务，即 IaaS、PaaS 和 SaaS。这其实就是云计算的 3 个分层，基础架构层在最下面，平台层位于中间层，而软件层则位于顶层。如果用户还需要额外的软件功能，可以在这 3 个层次之上再继续添加。IaaS、PaaS 和 SaaS 的层次关系如图 1-9 所示。SaaS 自身的功能不仅依赖 IaaS 所提供的基础设施服务，而且同样依赖 PaaS 所提供的服务，即提供虚拟资源服务的 IaaS 是实现 PaaS 和 SaaS 的基础。这 3 层之间的关系可以通过一个比喻来说明，单独的 IaaS 毫无作用，只能通过为高层提供资源来实现其价值，就好比道路的价值就体现在汽车运送乘客和货物上。若将道路比作 IaaS，汽车就好比位于基础设施上的工具（PaaS），运送的货物和人员就好比软件和信息（SaaS）。简而言之，网络建筑师（架构师）使用 IaaS 构建底层虚拟化的计算、存储和网络资源；应用开发者使用底层基础资源搭建各类应用开发环境；用户使用在 PaaS 上开发的各类软件、应用，得到所需要的网络服务。

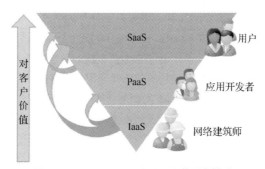

图 1-9　IaaS、PaaS 和 SaaS 的层次关系

1. IaaS

IaaS 就是出租计算、存储和网络资源，使用户不必花大价钱购买各类硬件设备就能获得具备弹性伸缩的各类资源，即在业务增长时增加资源租用量，在业务下降时减少资源租用量。需要指出的是，

出租的资源通常不是指真实的硬件资源，而是指虚拟化资源池内的虚拟服务器、存储、网络和防火墙等逻辑资源。提供 IaaS 的大公司包括华为、阿里巴巴、腾讯、VMware、红帽公司等。

IaaS 应用举例：在华为云首页上，所有的资源都是明码实价的，如图 1-10 所示。用户可以根据自己的需求，定制化地购买虚拟资源。用户购买虚拟资源后，在资源范围内创建各个虚拟机，设定其规格参数，然后依次进行操作系统安装、系统配置和各类应用软件部署。IaaS 给了用户最大的灵活性，能很好地满足用户个性化的定制服务需求。

图 1-10　IaaS 应用举例

2. PaaS

PaaS 是在 SaaS 出现后，也就是线上软件之后兴起的一种新架构。它提供完整的云端开发环境，意味着软件开发者无须在本地安装开发工具，可直接在远端进行开发，不但可以节省搭建开发平台所需的成本和时间，而且可以加快产品或业务的上线时间。

为什么会出现 PaaS 呢？因为 IaaS 虽然能解决物理部署的弊端，以低成本的方式实现业务部署的灵活性，但用户仍然需要自己维护操作系统，配置所有与开发、部署相关的操作。如果用户不具备这些专业技能，就无法基于 IaaS 搭建所需的应用。PaaS 可解决这一矛盾，用户只需要直接租用云服务商已经搭建好的平台，直接在其上开发应用，就可以在最短的时间内完成应用的部署和实施。

PaaS 应用举例：华为公有云 PaaS 包含微服务云应用平台 ServiceStage。微服务云应用平台 ServiceStage 提供面向企业的一站式 PaaS，提供应用的云上托管解决方案，帮助企业简化部署、监控、运维和治理等应用生命周期管理问题；提供微服务框架，兼容主流开源生态，不绑定特定开发框架和平台，帮助企业快速构建基于微服务架构的分布式应用。例如，ServiceStage 通过创建 Web 应用，实现 Web 功能的快速部署，可以通过在网页上创建一个天气预报应用，为登录网页的用户提供天气预报服务。同样，用户也可以在 ServceStage 上创建 MBaaS 应用（MBaaS 是华为云提供的一项移动后端服务），实现移动终端的应用开发，其流程如图 1-11 所示。

3. SaaS

SaaS 是指软件放在云端，用户通过浏览器或客户端在线使用软件，不必在本地下载安装。例如，经常使用的 EverNote、iCloud、Hotmail、Office 365 等都属于 SaaS 应用。除了计算机之外，手机也可以登录同一服务，实现数据的实时同步。随着互联网技术的发展和应用软件的成熟，SaaS 是自 21 世纪开始兴起的全新的软件应用模式。它是云计算领域发展最成熟、应用最广泛的服务类型，是一种通过互联网为用户提供软件和应用程序的服务方式。用户只有在需要的时候才会使用 SaaS，因而 SaaS 也被称为"按需"软件。软件的 SaaS 应用模式可大幅降低软件的使用成本。由于软件托管在云服务商的服务器上，在降低客户的管理维护成本的同时，可靠性会更高。SaaS 应用举例如下。

图 1-11　公有云实现移动终端的应用开发流程

案例 1：某企业开发了一个会员系统，可以给其所有的客户使用。每个客户可以独立管理其会员信息，包括会员积分、消费管理、充值、微信端消息推送等。

案例 2：某省需要开发一个云医疗集中数据采集平台，需要每家医院定期统计并上报数据，同时平台的管理员可以对来自所有医院的数据进行汇总。

案例 3：某企业使用桌面云代替 PC，作为企业员工办公设备。

1.4　云计算的关键特征

虽然各个公司所推出的云计算产品在架构和实现方式上存在很大的区别，但也有一些相同或相似的核心点，即云计算产品通常具备如下特征。

1. 大规模、分布式

云服务商所提供的云计算服务往往是大规模的，一些知名的云服务商，如谷歌公司、亚马逊、IBM 公司、微软公司、阿里等都拥有百万级的服务器。这些庞大的数据中心分布于多个国家或地区，利用分布式技术，可组合成一个超大规模的分布式虚拟资源池。

2. 按需自助服务

用户使用云资源，如同在银行自助柜员机上操作，只需要在网页上单击几个按钮，就可以迅速得到所需资源；不再需要使用资源时，通过单击释放按钮，即可实现资源的快速释放。这种资源的使用方式对管理者和使用者来说都是最简单的。自助式的简单操作意味着更多的人可以使用 IT 产品和服务。从历史上看，IT 产品的使用难度每降低一个层次，IT 产业就会获得一次质的变化，因为客户数量会因此有指数级的提升。例如，从大型机时代到 PC 时代、从 PC 时代到智能手机时代都是如此。云计算实现了 IT 产业由技术服务向自助服务的演进，同样将推动 IT 产业又一次的飞跃。

3. 广泛的网络接入

用户可以在全球各地"7×24 小时"内随时、随地、随心、随意地使用 IT 服务，这可以极大地提升用户工作的灵活性和工作效率。

4. 资源池化

用户可以随时从资源池获取所需要的资源，并按需分配，而不是像以往那样，需要先做采购计划，然后把数据中心建起来。简而言之，云计算是先建好一个池，让用户直接从资源池获取资源并使用。

5. 快速弹性伸缩

用户所需资源能够快速供应和释放，而不是在申请后需要等待很长时间才会得到资源。相应地，当业务需求量下降以后，用户可以立即释放多余资源。

6. 可计量服务

云计算服务不仅可以由独立的 IT 部门提供，而且可以由第三方云计算服务商提供。如果是由第三方提供，就需要有计费的功能。计费依据就是所使用的资源数量，而且计量得越精细，运营效率就越高。例如，可以按小时进行计费，也可以按照使用的服务器 CPU 个数、占用存储空间、网络带宽等综合因素进行计费，还可以按照包时、包天、包月的套餐模式进行计费。

1.5　云计算的部署模式

根据消费者和管理者的关系，云计算分为私有云、公有云和混合云 3 种部署模式，如图 1-12 所示。

图 1-12　云计算的部署模式

1. 私有云

私有云一般由一个组织来使用和运营管理。例如华为数据中心属于这种模式，华为是运营者，也是使用者，即使用者和运营者是一体的，这就是私有云。华为 FusionCloud 就是典型的私有云解决方案，可以为企业内部提供云计算服务，确保企业业务的敏捷性。

2. 公有云

公有云为外部客户提供云计算服务，其服务对象是公众，而不是运营者自己。例如电信运营商维护的程控交换网络，它的用户是普通大众，这就是公有云。典型的公有云有国外微软公司的 Windows Azure Platform、亚马逊公司的 AWS，国内的阿里云和华为公有云。

3. 混合云

混合云的基础设施由两种或更多的云组成，但对外呈现一个完整的实体。企业正常运营时，把重要的隐私数据（如财务数据等）保存在自己的私有云，而非隐私的公共服务数据则放到公有云，两种云组合形成一个整体，就是混合云。例如某电子商务网站，平时业务量比较稳定，自己购买服务器搭建私有云并负责运营，当促销季来临时，业务量变得非常巨大，就需要从云服务商的公有云那里租用服务器来分担高负荷流量。这时网站统一调度这些资源，构成混合云。

1.6 云计算的流派

云计算服务商向公众推出云计算服务时，通常有两种截然不同的方式，即大分小模式和小聚大模式。其中以谷歌公司和亚马逊最为典型，形成了云计算的两种流派，如图 1-13 所示。

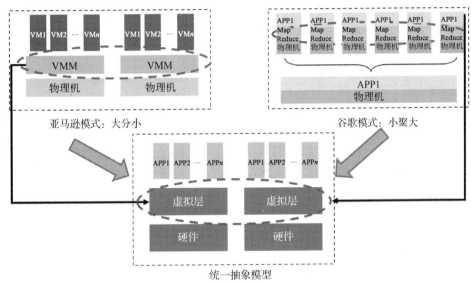

图 1-13 云计算流派

1. 大分小模式

大分小是指资源在应用间时分复用。关键技术包括计算、存储和网络虚拟化以及虚拟机监控、调度和迁移。典型代表是 Amazon EC2，它把物理服务器切成很多逻辑服务器（虚拟机），再把虚拟机出租给用户使用。

2. 小聚大模式

小聚大是指应用对资源需求大，可以划分为多个子任务，由多个中低端设备共同完成。关键技术点包括任务分解、调度、分布式通信和全局一致性。典型代表有 Google App Engine。谷歌公司借助全球领先的分布式计算和分布式存储技术，将数十万台廉价服务器组合起来，形成性能更强大的虚拟服务器。

1.7 项目总结

本项目较全面地介绍了云计算技术的产生、发展背景和技术优势，较为详细地分析了云计算的 3 种服务模式以及关键特征、部署模式等相关知识。通过本项目的学习，读者可以了解云计算的基本概念等，为后续内容的学习做好相应的知识准备。

1.8 思考练习

一、选择题

1. 出租计算能力、存储空间、网络容量等资源的是云计算的哪种服务模式？（　　　）

    A. 基础设施即服务（IaaS）   B. 平台即服务（PaaS）

    C. 软件即服务（SaaS）   D. 数据即服务（DaaS）

2. 下面哪些技术属于云计算技术体系？（多选）（　　　）

    A. 虚拟化技术   B. 存储技术   C. 网络技术   D. 分布式技术

3. 云计算服务商在提供各种服务时，客户只需提出要求，服务商就会即时提供客户所需的资源或应用，并在客户需要扩展或减容时，能在原服务的基础上做相应的变更，以上内容体现了云计算的哪个特征？（　　　）

    A. 广泛网络接入   B. 资源池化   C. 可计量服务   D. 快速弹性伸缩

4. 云计算的产生是哪些因素共同促进的结果？（　　　）

    A. 需求推动   B. 技术进步   C. 商业模式转变   D. 行业变革

5. IT 基础架构经历了下面哪几个时代？（　　　）

    A. 分布式计算   B. 大型机时代   C. PC 时代   D. 云计算时代

6. 某用户从云服务商租用虚拟机进行日常使用，外出旅游时把虚拟机归还给云服务商，这体现了云计算的哪个关键特征？（　　　）

    A. 按需自助服务   B. 与位置无关的资源池

    C. 按使用付费   D. 快速弹性伸缩

二、判断题

1. 云计算是一种模式，而不仅是一种技术，这种模式既可以是商业模式，也可以是服务模式。（　　　）

2. 云盘应用属于 SaaS 应用的一种形式。（　　　）

三、简答题

1. 云计算的商业模式有哪些？有什么不同？

2. 简述云计算的定义和部署模式。

3. 云计算的关键特征有哪些？

4. 云计算的部署模式有哪些？有什么不同？

5. 云计算给传统 IT 行业带来哪些价值？

项目 2

云计算的虚拟化技术

02

项目导读

云计算是 IT 业三大热门技术（云计算、大数据和人工智能技术）之一，是大规模分布式计算技术及其配套商业模式演进的产物，也是虚拟化、分布式和信息安全等多种技术及产品共同发展的结果。在云计算涉及的诸多技术中，虚拟化技术无疑是最为关键的技术之一，其奠定了云计算发展的基石。借助计算虚拟化、存储虚拟化和网络虚拟化，工程师能够完成资源的动态调整和业务的灵活分配，为云计算服务的实现提供了物质基础。

拓展阅读

知识教学目标

1. 了解云计算的关键技术
2. 理解虚拟化技术的优势、本质、基本术语和类型
3. 理解计算虚拟化基本原理
4. 理解存储虚拟化基本原理
5. 理解网络虚拟化基本原理
6. 了解大二层网络技术基本原理

2.1 云计算的关键技术

云计算是以数据为中心的一种数据密集型超级计算，综合运用了多项技术，其中虚拟化技术与虚拟机、分布式存储技术、数据中心管理技术、云计算安全技术、容灾和备份技术等是最为关键的技术。

2.1.1 虚拟化技术与虚拟机

虚拟化技术可实现软件与硬件的解耦，以虚拟机作为应用的载体，允许高层应用脱离所依赖的硬件设备，在集群范围内自由迁移，从而提高硬件资源的有效利用率，实现业务的敏捷和灵活性。在单个设备故障或设备升级维护时，虚拟化技术可以实现业务无中断、数据零丢失。

虚拟机是虚拟化技术的产物，是指运行操作系统和应用程序的虚拟计算机。同一台物理主机上可以同时运行多个虚拟机，同时为虚拟机提供所需的 CPU、内存资源和网络连接及存储访问能力。

2.1.2 分布式存储技术

企业存储通常采用存储区域网络（Storage Area Network，SAN）类型的存储设备，这类设备往往成本高、维护复杂。并且如果大量的虚拟机同时访问同一个存储阵列上的逻辑单元号（Logical

云计算技术基础应用教程
（HCIA-Cloud）（微课版）

Unit Number，LUN）或者两个控制器同时出现故障，存储阵列就容易出现性能瓶颈，甚至无法被访问，导致业务系统故障。

分布式存储技术是通过网络将数据分散到多台主机的硬盘上，以构建分布式的存储资源池，是一种用于替代 SAN 的存储技术。分布式存储系统使用廉价的 SATA/SAS 硬盘主机构建存储资源池，可降低存储系统建设成本，通过分布式资源池和多副本备份机制，解决海量信息的存储和系统可靠性、安全性问题。存储区域网络采用集中式的 SAN 架构，而分布式存储系统则采用分布式 Server SAN 架构。Server SAN 是指通过分布式软件将多个独立主机的存储组成一个分布式存储资源池。SAN 和分布式 Server SAN 架构的对比如图 2-1 所示。

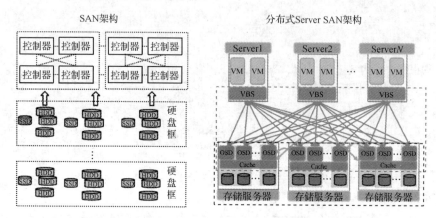

图 2-1　SAN 和分布式 Server SAN 架构的对比

图 2-1 中分布式存储将无状态的虚拟块系统（Virtual Block System，VBS）（即虚拟块存储管理组件）部署在所有需要使用存储资源的服务器上。大量的、分散的 VBS 控制器摆脱了 SAN 存储的集中式控制器的弊端，可提供比集中式控制器更高的每秒输入输出量（Input/Output Operations Per Second，IOPS）和吞吐量。假设有 20 台服务器需要访问分布式存储所提供的存储资源，每台服务器提供的带宽为 10Gbit/s。如果每台服务器中部署 1 个 VBS 模块（1 个 VBS 模块相当于 1 个存储控制器），20 台服务器意味着可部署 20 个存储控制器，吞吐量最高可达 20×10Gbit/s=200Gbit/s。随着集群规模的不断扩大，存储控制器的数量（VBS 数量）还可以线性增加，这样就可以突破传统 SAN 存储系统因控制器数量受限所产生的性能瓶颈。

2.1.3　数据中心管理技术

数据中心是信息化社会的重要信息载体，承担着企业核心业务的运行、关键信息数据的存储和备份任务。因此大型企业的数据中心规模庞大，光某一类业务的服务器就会多达成百上千台。如何高效地维持这些设备在“7×24 小时”内不间断地工作，成为数据中心管理的关键问题。云计算系统管理技术是数据中心的核心技术，构成了云计算系统的“神经网络”。通过系统管理技术可协调大量服务器，快速、方便地部署业务，并及时发现和恢复系统故障。云计算管理技术允许通过自动化、智能化的方式来实现大规模系统的高效运营管理。例如，谷歌公司通过其卓越的云计算管理系统维持着全球上百万台 PC 服务器协同、高效地运行，谷歌公司的云计算系统管理技术也被视为企业核心机密，至今没有公布任何相关的技术资料。

20

2.1.4　云计算安全技术

云计算系统由于保存了大量用户数据，成为网络攻击的重点目标，因此云计算系统的信息安全问题显得尤为重要。云计算安全技术从隔离用户数据、控制数据访问、保护剩余信息、维护数据的可靠性等方面保障用户数据的安全性和完整性。云计算安全主要涉及以下几方面的技术。

① 虚拟机隔离技术：实现同一物理机上不同虚拟机之间的资源隔离，避免虚拟机之间的数据窃取或恶意攻击，同时保证虚拟机的资源使用不受周边虚拟机的影响。终端用户使用虚拟机仅能访问属于自己的虚拟机资源（如硬件、软件和数据），不能访问其他虚拟机的资源，从而保证虚拟机数据的安全性。

② 网络传输安全技术：通过网络平面隔离、防火墙和传输加密等手段，在传输过程中保障业务数据的安全性。

③ 运维安全技术：不但可以从账号、密码、管理员和用户权限、日志等日常管理方面加强安全防护，而且可以通过 Web 应用漏洞修复、操作系统和数据库加固、安装安全补丁和防病毒软件等手段保证各物理主机的安全。

2.1.5　容灾和备份技术

自然灾害无处不在，来自国际权威机构——瑞士再保险公司的统计数据表明，全球每年因自然灾害和人为事故造成的直接经济损失高达千亿美元。我国近年来频繁受到洪涝、台风、干旱、地震等自然灾害的影响，每年造成的经济损失超过 3000 亿元。一旦发生自然灾害，数据中心的数据和业务就必然会丢失和中断。对企业而言，数据丢失所带来的损失往往是灾难性的。美国明尼苏达大学的研究表明，在遭遇灾难又没有数据备份计划的企业中，将有超过 60%的企业在两到三年后退出市场。随着企业对数据处理依赖程度的递增，破产比例还有上升的趋势，因此备份和容灾技术已经成为企业数据中心的必备技术。

① 备份技术：备份是容灾的基础。备份是指在数据中心内，将全部或部分数据集合从应用主机的硬盘或存储阵列复制到其他存储介质的过程。备份技术的主要目的是保护业务数据不丢失。备份技术通常采用镜像、克隆和快照技术实现对数据的保护。

② 容灾技术：容灾是指在相隔较远的异地，建立两套或多套功能相同的 IT 应用系统，以保障 IT 应用系统的可持续性。如果主数据中心因意外（如火灾、地震等）停止工作，整个 IT 应用系统可以切换到另一个数据中心，从而维持系统的正常工作。多个数据中心的业务切换功能是通过相互之间的业务健康状态监视实现的。容灾技术通常采用本地备份结合远程数据复制，从而实现完善的数据和业务保护，其目的是维持 IT 应用系统的持续运行。

2.2　虚拟化技术

云计算被视为科技界的下一次革命，带来了工作方式和商业模式的根本性改变。追根溯源，云计算与虚拟化的关系非常密切，没有虚拟化就不可能有后来的云计算。虚拟化技术从产生到现在，已经走过了大半个世纪的历程。

2.2.1　虚拟化的起源

1959 年，克里斯托弗发表的一篇学术报告被认为是虚拟化技术的最早论述。虚拟化作为一个术语被正式提出即从此时开始。由于科学计算主要使用的仍然是大型机，人们希望通过虚拟化技术将大型机的强大运算能力分解为多个性能稍弱、数量较多的逻辑计算机，这样就可以共享使用昂贵大型机的计算资源。美国 IBM 公司于 1965 年推出的 IBM 7044 是全世界第一个在商用系统上实现虚拟化的产品，第一次实现了在一台物理主机上运行多个不同的操作系统。由于当时 x86 微型机在性能方面存在局限性，通常只能应付一两个应用，根本不具有切分资源的可能性，因此虚拟化技术无法适用于当时的 x86 微型机。

随着计算机硬件技术的飞速进步，CPU 的运算速度有了巨大的提升，使得 x86 微型机应用虚拟化技术成为现实。1999 年，VMware 公司在 x86 微型机上推出可以流畅运行的虚拟化商业软件 VMware Workstation。这款软件可以让当时的微型机同时运行多个 Windows 系统。VMware Workstation 的广泛应用让 VMware 这个品牌在信息行业内打响了名号，为 VMware 公司的后续发展打下了良好的基础。自此，虚拟化技术终于从大型机进入 x86 架构的服务器中。在随后的时间里，虚拟化技术在 x86 平台上得到突飞猛进的发展。尤其是 CPU 进入多核时代之后，PC 具有了前所未有的强大处理能力，人们开始思考如何有效利用这些资源。

从 2006 年到现在，可以说是虚拟化技术的爆发期。诸多厂商的虚拟化产品如雨后春笋般涌现，VMware 公司后续又推出基于服务器虚拟化的产品 VMware vSphere，微软公司推出了虚拟化产品 Hyper-V，美国思杰公司推出了应用虚拟化产品 Citrix XenApp、桌面虚拟化产品 Citrix XenDesktop、服务器虚拟化产品 Citrix XenServer，华为也推出了服务器虚拟化产品 FusionCompute 和桌面虚拟化产品 FusionAccess。

2.2.2 什么是虚拟化技术

虚拟化（Virtualization）是一种资源管理技术，它将主机的各种物理资源（如处理器、网卡、内存、存储和物理网络设备等）加以抽象、转换后以虚拟资源的形式呈现出来。虚拟化打破了物理结构间不可切割的障碍，允许用户以更加灵活的方式来应用这些资源。通过在系统中加入一个虚拟化层实现资源的逻辑表示，将下层的物理资源抽象成另一种形式的资源，提供给上层应用。

微课视频

如图 2-2 所示，虚拟化前各主机所拥有的计算资源（CPU 和内存等）、存储资源（磁盘）和网络资源（网卡等）是独立的，不同主机之间不能共享彼此的资源。虚拟化后形成了共享的计算资源池、存储资源池和网络资源池，允许跨越物理主机在统一的资源池中分配资源用于创建虚拟机。各个虚拟机操作系统与底层硬件不再具有紧耦合关系，实现了软件与硬件的解耦。根据相关定义，耦合是指两个或两个以上的体系或两种运动形式间通过相互作用而彼此影响以至联合起来的现象；而解耦则是指将这两种体系或运动形式分开割裂，使它们彼此运动发展不具有这种关联性。

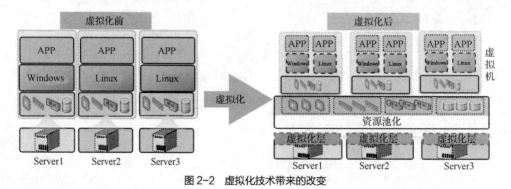

图 2-2 虚拟化技术带来的改变

2.2.3　为什么使用虚拟化技术

通常主机只能同时运行一个操作系统，并且多数情况下仅运行一种应用。其原因在于，如果一个主机同时运行多种应用，应用之间会产生资源竞争问题，可能会因为某个应用崩溃而相互影响。因此为了实现最佳的性能和稳定性，每个主机仅运行一种应用。但这种浪费主机优异性能的做法也是顾此失彼，导致大多数主机的硬件利用率很低。硬件利用率过低导致能源消耗不断增加，成本压力变大，相关管理效率变低。那么性能、稳定性与硬件利用率之间是否存在不可调和的矛盾呢？

企业实施虚拟化战略的核心目的就是提高 IT 部门作为业务支撑部门的工作效率，达到节约成本与提高效率并重的目的。解决以上困境需要实施虚拟化战略，虚拟化不仅可以提高资源利用率，而且可以实现业务、应用之间的隔离性，最终减少物理设备的采购数量，简化管理。

通过虚拟化技术，网络应用和服务的载体不再是物理主机，而是运行在物理主机之上的虚拟机。在不同配置的主机上合理部署一定数量的虚拟机，能有效提高硬件资源利用率，减少硬件资源的浪费。同时借助软硬件的解耦功能，虚拟机可以摆脱当前服务器的禁锢，在集群范围内实现动态迁移，并且在迁移过程中实现业务无中断、用户无感知。这种动态迁移功能是实现高可用（High Available，HA）、动态资源调度（Dynamic Resource Scheduler，DRS）和分布式电源管理等高级特性的基础。虚拟机的动态迁移也叫作虚拟机热迁移，是指虚拟机在持续工作的情况下，从一台物理主机迁移到另一台物理主机的功能特性。

2.2.4　虚拟化的本质

虚拟化技术可以实现软硬件解耦，支持虚拟机的热迁移，其根本原因在于虚拟化具有 4 个本质属性：分区、隔离、封装和相对硬件独立。

1. 分区

分区意味着虚拟化层可以将主机硬件资源划分给多个虚拟机。每个虚拟机同时运行一个单独的操作系统和一种应用，最终达到主机同时运行多个应用的目的。每个操作系统只能看到虚拟化层为其提供的"虚拟硬件"（虚拟网卡、CPU、内存等）。分区功能可解决以下两个方面的问题。

① 每个分区划分资源配额，防止虚拟机超配额使用资源。

② 每个虚拟机单独安装操作系统，彼此互不影响。

2. 隔离

隔离是指在通过分区建立的虚拟机之间采取逻辑隔离措施，防止相互影响。隔离功能可解决以下问题。

① 故障与病毒隔离：通过将感染病毒、蠕虫或发生故障的虚拟机隔离，使某个虚拟机的崩溃或故障（如操作系统故障、应用程序崩溃、驱动程序故障等）不会影响同一主机上的其他虚拟机。逻辑隔离如同物理机器之间的物理隔离一样，可以实现资源控制功能。

② 性能隔离：通过资源控制提供虚拟机之间的性能隔离，即为每个虚拟机指定最小和最大的资源使用量，确保某个虚拟机不会占用所有的资源而使其他虚拟机无资源可用。性能隔离使单一物理主机上即使同时运行多个负载/应用程序/操作系统，也不会因为传统 x86 体系架构的局限性导致出现应用程序冲突、动态链接库（Dynamic Link Library，DLL）文件冲突等问题。

3. 封装

封装是指将整个虚拟机（包括硬件配置、BIOS 配置、内存状态、磁盘状态、CPU 状态）存储在独立于物理硬件的一小组文件中。封装意味着只需复制几个文件就可以随时随地复制、保存和移动虚拟机。对于虚拟机的迁移而言，封装是虚拟化所有本质属性中最为重要的属性。只要虚拟机成为独立于硬件的文件，虚拟机就会具备热迁移等功能。

4. 相对硬件独立

相对硬件独立意味着将虚拟机封装为独立文件后，只需要把该虚拟机的设备文件和配置文件或磁盘文件复制到另一台主机上运行即可实现虚拟机迁移，而不用关心底层的硬件类型是否兼容。因为底层的硬件差异被虚拟机监控器（Virtual Machine Monitor，VMM）屏蔽，VMM 之上的虚拟机只需要关心目标主机是否也存在相同的 VMM，而不用关心底层的硬件规格、配置等信息。例如，使用 Windows 7 主机的 Word 软件编辑文档后，将该文档复制到 Windows 10 主机上仍然可以打开（只要安装有相同或更高版本的 Word 软件），这就是 Word 软件屏蔽了操作系统的差异所带来的独立性。

2.2.5 虚拟化的基本术语

运行虚拟机的物理主机称为宿主主机，即 Host Machine。宿主主机所运行的操作系统称为宿主操作系统，即 Host OS。宿主主机之上的虚拟机称为客户机，即 Guest Machine。客户机运行的操作系统称为客户机操作系统，即 Guest OS。

屏蔽底层硬件的虚拟化软件称为虚拟机监控器，即 VMM。虚拟化的基本术语如图 2-3 所示，物理架构下主机只有两个层次，即硬件层（Host Machine）和操作系统层（Host OS），应用安装在 Host OS 之上；虚拟架构下主机分为 4 个层次，由下至上分别是硬件层（Host Machine）、虚拟机监控器（VMM）、虚拟机（Guest Machine）和虚拟机上的操作系统（Guest OS），应用安装在 Guest OS 上。Host Machine 上可以建立并运行多个 Guest Machine。

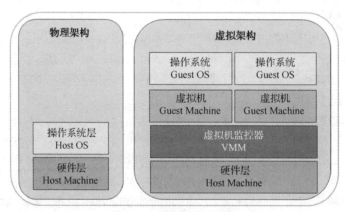

图 2-3 虚拟化的基本术语

2.2.6 虚拟化的类型及其对比

虚拟化基于不同的角度有不同的分类，较为常见的分类方式如下。

1. 按虚拟平台分类

按照虚拟平台实现角度进行分类，虚拟化分为全虚拟化、半虚拟化和硬件辅助虚拟化。

（1）全虚拟化：客户机操作系统与底层硬件完全隔离，由 VMM 转换客户机操作系统对底层硬件的调用代码，无须更改客户机操作系统，兼容性好。全虚拟化的典型代表有 VMware Workstation、VMware ESX Server 早期版本和 Microsoft Virtual Server。

微课视频

（2）半虚拟化：修改客户机操作系统，加入特定的虚拟化指令，虚拟机监控器通过识别这些特殊指令，直接调用硬件资源，免除指令转换带来的性能开销。半虚拟化的典型代表有 Microsoft Hyper-V、VMware vSphere。

（3）硬件辅助虚拟化：在 CPU 中加入新的指令集和处理器运行模式，完成客户机操作系统对硬件资源的直接调用。典型的硬件辅助虚拟化技术有 Intel VT、AMD-V。

2. 按虚拟化的层次分类

按虚拟化层次划分，虚拟化主要分为软件辅助虚拟化和硬件辅助虚拟化。

（1）软件辅助虚拟化：通过软件方式让客户机操作系统的特权指令陷入异常，从而触发宿主机进行虚拟化，主要使用的技术就是优先级压缩和二进制代码翻译。

（2）硬件辅助虚拟化：在 CPU 中加入新的指令集和处理器运行模式，完成客户机操作系统对硬件资源的直接调用，典型的实现技术就是 Intel VT、AMD-V。

3. 按 VMM 的实现结构分类

按照 VMM 的实现结构，虚拟化可以分为寄居虚拟化、裸金属虚拟化、操作系统虚拟化和混合虚拟化。

（1）寄居虚拟化（OS-Hosted，也叫宿主模型虚拟化或Ⅱ型虚拟化）：它由宿主操作系统（如 Windows、Linux 等）管理硬件资源，虚拟化功能由虚拟化层提供。虚拟化层只是作为底层的宿主操作系统之上的一个普通应用程序，通过其再创建相应的虚拟机，共享底层硬件资源。虚拟化层通过调用宿主操作系统提供的服务来获得资源，实现 CPU、内存和 I/O 设备的虚拟化。虚拟化层创建出虚拟机后，宿主操作系统通常将虚拟机作为宿主操作系统的一个进程参与调度。寄居虚拟化如图 2-4 所示，采用该结构的虚拟化产品主要有 VMware Workstation、Virtual PC 等。

（2）裸金属虚拟化（也叫 VMM 虚拟化、裸机或Ⅰ型虚拟化）：它是直接运行在底层物理硬件之上的 VMM。虚拟化层接管硬件资源，主要实现两个基本功能：识别、捕获和响应虚拟机所发出的 CPU 特权指令或保护指令；负责处理虚拟机队列和调度，并将物理硬件的处理结果返回给相应的虚拟机。也就是说，虚拟化层负责管理所有的资源和虚拟环境。虚拟化层可以看作一个为虚拟化而生的完整操作系统，掌控和管理所有资源（CPU、内存和 I/O 设备等），并向高层提供虚拟资源以创建虚拟机。裸金属虚拟化如图 2-5 所示，采用该结构的虚拟化产品主要有 VMware ESX Server、Citrix XenServer 和 FusionCompute 等。

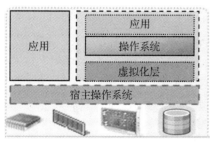

图 2-4　寄居虚拟化

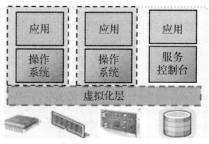

图 2-5　裸金属虚拟化

（3）操作系统虚拟化（也被称为容器型）：它没有独立的虚拟化层，宿主操作系统本身就负责在多个虚拟机之间分配硬件资源，并且让这些虚拟机彼此独立。如果使用操作系统虚拟化，所有虚拟机必须运行同一种操作系统（每个实例仍有各自的应用程序和用户账户）。虚拟机运行在宿主操作系统上，每个虚拟机就是一个独立的虚拟化实例，由宿主操作系统直接管理硬件，操作系统虚拟化如图 2-6 所示，采用该结构的虚拟化产品有 Parallels Virtuozzo。

（4）混合虚拟化：该类型与寄居虚拟化一样使用宿主操作系统，但不是将虚拟化层放在宿主操作系统之上，而是将一个内核级驱动器插入宿主操作系统的内核。这个驱动器称为虚拟硬件监控器（Virtual Hardware Monitor，VHM）。VHM 协调虚拟机和宿主操作系统之间的硬件访问。混合虚拟化依赖内存管理器和现有内核的 CPU 调度工具，由于内存管理器和 CPU 调度工具不存在冗余，因此混合虚拟化的性能会大幅提高。混合虚拟化如图 2-7 所示，目前采用该结构的虚拟化产品仅有一个，即美国红帽公司的 KVM。KVM 产品的出现时间相对较晚，问世时基于硬件辅助虚拟化技术已经产生。因此 KVM 产品在设计时，利用已有的硬件辅助虚拟化技术，使宿主操作系统直接支持虚拟化功能，即令虚拟化成为宿主操作系统的一部分。需要注意的是，混合虚拟化技术必须依赖硬件对虚拟化的直接支持。

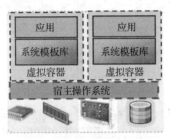

图 2-6　操作系统虚拟化

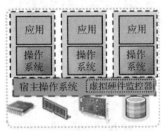

图 2-7　混合虚拟化

4. 按照虚拟化功能分类

按照虚拟化技术所实现的功能来划分，虚拟化可以分为计算虚拟化、存储虚拟化和网络虚拟化 3 种。

（1）计算虚拟化：是指在虚拟系统和底层硬件之间抽象出 CPU 和内存等虚拟资源，以供虚拟机使用。它需要模拟出一套操作系统的运行环境，在运行环境中可以安装各类不同的操作系统，并保证虚拟机相互独立，互不影响。

（2）存储虚拟化：是指通过对存储（子）系统或存储服务的内部功能进行抽象、隐藏或隔离，使存储或数据管理与应用管理分离，从而实现应用和存储的独立管理。

（3）网络虚拟化：是指对物理网络及其组件（如交换机、路由器等）进行抽象，并从中分离网络业务流量的一种方式。网络虚拟化可以将多个物理网络抽象为一个虚拟网络，或者将一个物理网络分割为多个虚拟网络。

5. 部分虚拟化类型的对比

寄居虚拟化、裸金属虚拟化、操作系统虚拟化和混合虚拟化特点对比如下。

（1）寄居虚拟化

- 优点：简单、易于实现。
- 缺点：虚拟化程序的安装和运行依赖宿主操作系统对设备的支持；管理开销较大，性能损耗大。

（2）裸金属虚拟化

- 优点：虚拟机不依赖宿主操作系统，支持多种操作系统、多种应用。

- 缺点：虚拟化内核开发难度大。

（3）操作系统虚拟化

- 优点：简单、易于实现，管理开销非常低。
- 缺点：隔离性差，多容器共享同一操作系统。

（4）混合虚拟化

- 优点：相对于寄居虚拟化架构，没有冗余，性能高，虚拟机可支持多种操作系统。
- 缺点：需要底层硬件支持虚拟化功能。

【疑难解析】

Ⅰ．为什么寄居虚拟化软件开发容易但性能损耗较大？

答：寄居虚拟化软件是直接运行在宿主操作系统上的应用程序。在宿主操作系统看来，VMM 与 QQ、Office、暴风影音等应用程序没有区别。由于有宿主操作系统的存在，VMM 的开发无须考虑底层硬件的共享管理问题。VMM 对底层硬件资源的使用是通过宿主操作系统提供的调用接口实现的，因此开发难度较小、成本低，易于实现。寄居虚拟化的调用路径如图 2-8 所示，应用使用底层硬件时需要从顶层开始，第①步应用通过操作系统提供的调用接口发出使用设备的指令给操作系统；第②步操作系统把调用指令发送给虚拟化层；第③步虚拟化层发送调用设备指令给宿主操作系统；第④步宿主操作系统向底层硬件发出调用命令。应用对底层硬件资源的使用都要经过上述第①～④步，因而性能损耗较大，导致应用等待时间过长，严重影响用户对业务的感受度。

Ⅱ．为什么裸金属虚拟化软件开发难度大，但性能损耗较小？

答：裸金属虚拟化软件是直接安装在物理硬件上的系统管理软件，不仅需要掌控和管理所有 CPU、内存和 I/O 设备等硬件资源，而且需要解决多虚拟机环境的资源共享管理和资源分区、隔离问题。裸金属虚拟化软件虽然开发难度较大，但应用调用的路径较短，仅需第①～③步即可，因而性能损耗较小，如图 2-9 所示。

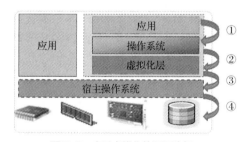

图 2-8　寄居虚拟化的调用路径

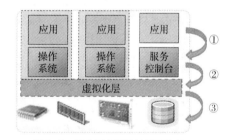

图 2-9　裸金属虚拟化的调用路径

Ⅲ．为什么操作系统虚拟化的管理开销非常低，但隔离性差？

答：该类型的宿主操作系统自身具备虚拟化功能，它通过容器技术创建虚拟机，无须另外安装虚拟化监控器。该类型应用调用硬件的路径最短，仅需第①～②步即可，故性能损耗非常低，如图 2-10 所示。由于所有的虚拟机都是同一个宿主操作系统之上的虚拟容器，因而它们只能使用相同的操作系统。此外，虚拟容器相互之间共享大量底层的操作系统内核、库文件和二进制文件，导致隔离性差。虚拟机在开始运行之前就已经获得统一的底层授权（对于 Linux 环境来说通常是 root 权限）。因此，针对宿主操作系统漏洞的病毒、木马更有可能通过底层的操作系统，转移到其他虚拟容器（虚拟机）中。

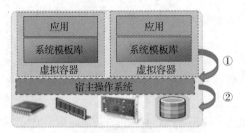

图 2-10　操作系统虚拟化的调用路径

2.3　计算虚拟化

在现代计算机架构中，提供计算功能的硬件设备主要有 CPU、内存和 I/O 设备等。要想实现计算资源的虚拟化，需要对硬件设备进行虚拟，使其成为可以被虚拟机使用的逻辑资源。因此计算虚拟化根据所使用的硬件设备不同，分为 CPU 虚拟化、内存虚拟化和 I/O 虚拟化。

2.3.1　CPU 虚拟化

物理主机必须拥有 CPU、内存和 I/O 设备才能正常工作，虚拟机同样如此。由于物理主机仅有少量的 CPU，因而只能通过共享的方式为虚拟机提供 CPU 资源。CPU 共享是基于 CPU 虚拟化技术实现的。首先让我们了解 CPU 虚拟化的基本术语和实现原理。

微课视频

1. CPU 保护模式

以 x86 处理器为例，CPU 保护模式一共有 4 个不同的优先级，即 Ring0、Ring1、Ring2 和 Ring3，如图 2-11 所示。不同的 Ring 优先级所执行的指令不同，其中 Ring0 用于执行操作系统内核指令，优先级最高，拥有最高的"特权"；Ring1 和 Ring2 用于执行操作系统服务指令，优先级次之；Ring3 用于执行应用程序指令，优先级最低。目前 64 位架构的 CPU 已非常普遍，因为必须支持页表模式，所以只需要两个优先级：Ring0 和 Ring3。

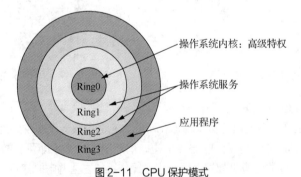

图 2-11　CPU 保护模式

【疑难解析】

Ⅳ. 为什么 CPU 需要设计不同级别的保护模式？

答：主流的操作系统都是多用户和多任务系统，其系统中有多道程序的进程存于内存中。这些进程等待被操作系统调度给 CPU 执行。如果 CPU 指令没有权限区别，一方面会导致某些进程长时间占有 CPU 资源而不释放；另一方面，如果有两个进程同时申请使用 CPU，会导致操作系统内核无法为两个进程同时调度 CPU 资源。因此为 CPU 设计不同级别的保护模式可以解决这些问题，操作系统内核占用最高级别 Ring0，用户程序占用最低级别 Ring3，则系统内核可以控制 CPU 的调度执行权限，优先执行权限高的指令。

2. 特权指令、普通指令和敏感指令

非虚拟化环境下，操作系统所发出的指令有特权指令和普通指令两种类型，但在虚拟化环境下，虚拟机操作系统可发出以下 3 种类型的指令。

① 特权指令：是指用于操作和管理关键系统资源的指令，这些指令只有在最高特权级别 Ring0 上才能够运行。

② 普通指令：是指在 CPU 优先级 Ring3 上就能够运行的指令。

③ 敏感指令：虚拟化环境下有一种特殊指令称为敏感指令。敏感指令是指修改虚拟机的运行模式或宿主主机状态的指令，即将 Guest OS 中原本需要在 Ring0 模式下才能运行的特权指令剥夺特权后，交给 VMM 所执行的指令。

3. 大型机 CPU 虚拟化

基于"特权解除-陷入模拟"的经典虚拟化方法首先被用到 IBM 大型机上，其基本原理是将 Guest OS 的所有指令运行在非特权级（特权解除），而 VMM 运行于最高特权级（完全控制系统资源）。

如果 Guest OS 发出特权操作指令应该怎么执行呢？由于所有虚拟机的操作系统都被解除了特权（"特权解除"），这时"陷入模拟"就发挥作用了。VMM 解除 Guest OS 的特权后，Guest OS 的大部分指令仍可以在硬件上直接运行，只有当执行到特权指令时，才会陷入 VMM 模拟执行（"陷入模拟"），由 VMM 代替 Guest OS 向真正的硬件 CPU 发出特权操作指令。

CPU 经典虚拟化方法结合原始操作系统具有的运行中断机制，就可以完美解决 CPU 虚拟化的问题。如果虚拟机 VM1 发送特权指令 1 到 VMM，此时触发中断，VMM 会将特权指令 1 陷入 VMM 中进行模拟，再转换成 CPU 的特权指令 1′，VMM 根据调度机制将特权指令 1′ 调度到硬件 CPU 上执行，并返回结果给 VM1，如图 2-12 所示；当虚拟机 VM1 和虚拟机 VM2 同时发出特权指令到 VMM 时，指令都陷入模拟，VMM 调度机制进行统一调度。首先执行指令 1′，然后执行指令 2′，如图 2-13 所示。通过定时器中断机制和"特权解除-陷入模拟"方法实现了 CPU 的虚拟化。

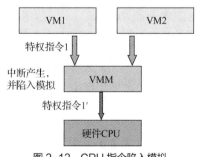

图 2-12 CPU 指令陷入模拟

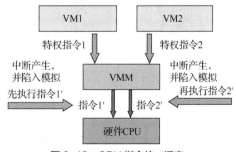

图 2-13 CPU 指令统一调度

【疑难解析】

Ⅴ. 什么是操作系统运行中断机制？

答：操作系统在执行程序时，如果系统内部、外部和现行程序本身出现紧急事件，CPU 立即中止现行程序的运行，自动转入相应的处理程序（中断服务程序）。待处理完后，再返回原来的程序继续运行，整个过程称为程序中断。例如，正在看视频时 QQ 突然有信息弹出，就会触发操作系统的中断机

制。CPU 会暂停视频播放进程，转去执行 QQ 进程，待处理完成后，继续执行视频播放进程。由于这个中断时间非常短暂，因而用户是无感知的。

4. x86 CPU 虚拟化

随着 x86 主机性能越来越强大，如何将 CPU 虚拟化技术应用到 x86 主机成为实现 x86 虚拟化的主要问题。人们自然而然想到曾经用于大型机上的 CPU 虚拟化技术。然而大型机的经典虚拟化方法却无法直接移植到 x86 主机上。这是为什么呢？要回答这个问题，需要了解 x86 架构的 CPU 和大型机 CPU 的不同之处。

大型机（包括后来发展的小型机）采用的是 PowerPC 架构，即精简指令集计算机（Reduced Instruction Set Computer，RISC），而微型机采用的是 x86 架构，即复杂指令集计算机（Complex Instruction Set Computer CISC）。RISC 的 CPU 指令集内，虚拟化特有的敏感指令是完全包括在特权指令中的，如图 2-14 所示。Guest OS 被解除特权后，特权指令和敏感指令都可被正常"陷入模拟"并执行。因为特权指令包含敏感指令，所以 RISC 的 CPU 采用"特权解除"和"陷入模拟"是没有问题的。但是 CISC 的 CPU 指令集与 RISC 的 CPU 指令集是不同的，如图 2-15 所示。

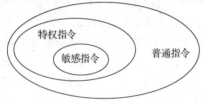

图 2-14　RISC 的 CPU 指令集

图 2-15　CISC 的 CPU 指令集

由图 2-14 与图 2-15 可见，在 CISC 中，CPU 指令集的特权指令和敏感指令并不重合。具体来说，采用 x86 架构的 CISC CPU 指令集有 19 条敏感指令不属于特权指令的范畴。这部分敏感指令运行在 CPU 的 Ring1 用户态上会带来什么问题呢？当 Guest OS 发出这 19 条敏感指令时，由于这些指令不属于特权指令，不能以"陷入模拟"方式被 VMM 捕获，因此 x86 架构的 CPU 无法使用"特权解除"和"陷入模拟"的经典虚拟化技术，这称为虚拟化漏洞问题。既然基于大型机的 CPU 虚拟化方案无法直接移植到 x86 主机上，那么 x86 主机应该采用什么方式去实现 CPU 虚拟化呢？IT 架构师想出了 3 种解决方案，分别是：CPU 全虚拟化、CPU 半虚拟化和 CPU 硬件辅助虚拟化。

（1）CPU 全虚拟化

【问题分析】

经典虚拟化方案不适合 x86 主机，根本原因在于有 19 条超出特权指令范畴的敏感指令。如果可以识别出这些指令，使其可以被 VMM 执行"陷入模拟"操作，则 CPU 虚拟化难题就解决了。但是如何识别出这 19 条指令呢？

【解决思路】

如果将所有 Guest OS 发出的请求转发到 VMM，再由 VMM 对请求进行二进制翻译（Binary Translation）。这里的二进制翻译是一种直接翻译可执行二进制程序的技术，能够把一种处理器上的二进制程序翻译到另一种架构的处理器上执行。如果发现是特权指令或敏感指令，则陷入 VMM 模拟执行，然后调度到 CPU 特权级别 Ring0 上执行；如果是应用程序指令则直接在 CPU 非特权级别 Ring3 上执行。这种方法由于需要过滤和翻译所有 Guest OS 发出的请求指令，因而称为全虚拟化方式，如图 2-16 所示。

全虚拟化方式最早由 VMware 公司提出并实现。在运行过程中 VMM 对 Guest OS 的二进制代码进行翻译。全虚拟化方式的优点是不需要修改 Guest OS，虚拟机的可移植性和兼容性较强，支持广泛的操作系统。但缺点是二进制翻译会带来较大的代码转换开销，性能损耗较大，并且引入了新的复杂性，导致 VMM 开发难度较大。由于全虚拟化具有上述的缺点，后来提出了改进的半虚拟化解决方案。

（2）CPU 半虚拟化

【问题分析】

虚拟化漏洞问题来源于 19 条敏感指令，如果修改 Guest OS 以规避虚拟化漏洞，就可以很容易地解决该问题了。

【解决思路】

通过修改 Guest OS，让它意识到自己是被虚拟化的，则 Guest OS 会主动将敏感指令通过超级调用发给 VMM 处理，从而实现虚拟化。而应用程序指令则直接在 CPU 非特权级别 Ring3 上执行，如图 2-17 所示。半虚拟化所具有的优点是可以同时支持多个不同的操作系统，提供与原始系统相近的性能，但缺点是只有开源的 Guest OS（如 Linux 开源操作系统）才支持被修改，而对于未开源系统（如 Windows 操作系统），则无法实现半虚拟化。此外，被修改过的 Guest OS 可移植性较差。

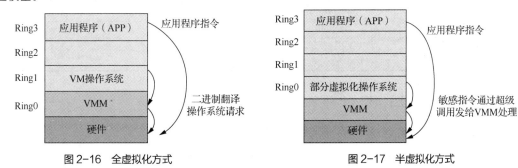

图 2-16　全虚拟化方式　　　　　　　　　图 2-17　半虚拟化方式

（3）CPU 硬件辅助虚拟化

【问题分析】

无论是全虚拟化方式还是半虚拟化方式，在解决虚拟化漏洞问题上都默认一个前提，即物理硬件是不具备虚拟化识别功能的。因此必须由软件识别出这 19 条敏感指令，并通过 VMM 进行"陷入模拟"。如果物理 CPU 直接支持虚拟化功能，且可以识别敏感指令，那么 CPU 虚拟化技术就将发生巨大的变化。

【解决思路】

目前主流 x86 架构的 CPU 都支持硬件虚拟化技术，例如 Intel 推出的 VT-x 技术、AMD 推出的 AMD-V 技术。VT-x 和 AMD-V 技术都为 CPU 增加了新的执行模式——root 模式。root 模式位于 CPU 保护模式的 Ring0 下层，VMM 就运行在 root 模式下。CPU 具有以下两种操作模式。

① 根模式（VMX Root Operation）：即 VMM 所处的模式，简称根模式。

② 非根模式（VMX Non-Root Operation）：即虚拟机所处的模式，简称非根模式。

这两类模式都具备相应的指令级别 Ring0~Ring3，即 VMM 可以运行在 Ring0 指令级别，Guest OS 也可以运行在 Ring0 指令级别。当系统初始化时，VMM 使 CPU 处于根模式，VMM 开始执行系统指令；当 Guest OS 需要执行用户指令时，VMM 使 CPU 由根模式切换到非根模式，执行 Guest OS 的指令，因此可避免修改 Guest OS。这种借助硬件辅助虚拟化解决虚拟化漏洞问题的方式能简化 VMM

软件，被称为 CPU 的硬件辅助虚拟化技术。硬件辅助虚拟化的实现方式如图 2-18 所示。

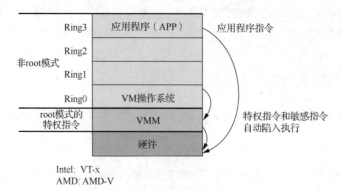

图 2-18　硬件辅助虚拟化的实现方式

以上 3 种 CPU 虚拟化方式的特点对比如表 2-1 所示。

表 2-1　全虚拟化、半虚拟化和硬件辅助虚拟化特点对比

虚拟化方式	实现技术	Guest OS	性能	虚拟化厂商
全虚拟化	二进制翻译执行	无须修改	较差	VMware 公司等
半虚拟化	超级调用	需修改	较好	Xen 公司
硬件辅助虚拟化	特权指令转为 root 模式执行	无须修改	最好	所有厂商

2.3.2　内存虚拟化

1. 内存虚拟化的原因

通常情况下物理主机在使用内存空间时都按照如下方式进行。

① 内存地址都是从物理地址 0 开始分配的。

② 内存地址空间都是连续分配的。

但引入虚拟化后出现了如下问题：首先是要求内存地址分配都从物理地址 0 开始，而物理地址空间只包含一个 0 地址，无法同时满足所有虚拟机的要求；其

微课视频

次是地址连续分配问题，如果为所有虚拟机都分配连续的物理地址空间，会导致内存使用效率不高，缺乏灵活性。

2. 内存虚拟化技术

解决内存共享问题需要引入内存虚拟化技术。内存虚拟化会对物理内存的真实物理地址进行统一管理，包装成多份虚拟内存并分配给若干虚拟机使用。内存虚拟化技术的核心在于引入一层新的地址空间——客户机物理地址空间。虚拟机以为自己运行在真实的物理地址空间中，实际上它是通过 VMM 访问真实的物理地址，在 VMM 中保存客户机物理地址空间和物理地址空间的映射表。内存虚拟化的基本原理如图 2-19 所示。

3. 内存地址转换原理

内存虚拟化的内存地址转换涉及 4 种内存地址，即客户机虚拟内存地址（Guest Virtual Address，GVA）、客户机物理内存地址（Guest Physical Address，GPA）、宿主主机虚拟内存地址（Host Virtual Address，HVA）和宿主主机物理内存地址（Host Physical Address，HPA）。这 4 种地址的含义如下。

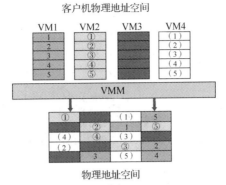

图 2-19　内存虚拟化的基本原理

① 客户机虚拟内存地址：是指 Guest OS 分配给应用程序使用的虚拟地址空间。

② 客户机物理内存地址：是指由 VMM 抽象后，分配给 Guest OS 的伪物理地址空间。

③ 宿主主机虚拟内存地址：是指宿主主机分配给 Guest OS 的虚拟地址空间。

④ 宿主主机物理内存地址：是指真正的物理地址空间。

虚拟机通过 GVA→GPA→HVA→HPA 的地址转换方式使用内存空间，如图 2-20 所示。Guest OS 使用客户机页表控制应用程序从 GVA 到 GPA 的映射，但是 Guest OS 不能直接访问宿主主机物理内存，因此 VMM 负责从 Guest OS 分配的 GPA 到宿主主机分配的 HVA 的映射，再根据宿主主机页表把 HVA 转换成 HPA。因此，内存虚拟化需要经历两次地址转换，即 GVA→GPA 的转换由客户机页表实现，GPA→HVA→HPA 的转换由 VMM 的宿主主机页表实现。

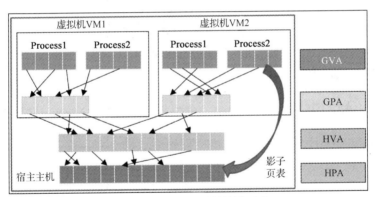

图 2-20　内存虚拟化地址转换原理

为了减少地址转换带来的开销，VMM 采用影子页表技术，直接将 GVA 转换为 HPA。Intel 公司的 CPU 提供了 EPT（Extended Page Tables，扩展页表）技术，直接在硬件上支持 GVA→GPA→HPA 的地址转换，从而降低了内存虚拟化实现的复杂度，也进一步提升了内存虚拟化性能。

4．内存虚拟化实现超分配功能

内存虚拟化技术不仅可以实现多个虚拟机共享同一个物理内存，而且可以实现物理内存的超分配。超分配是一种实现虚拟机内存规格之和大于宿主主机内存总容量的技术。内存超分配的根本原因在于，虚拟内存与物理内存其实并不是一一对应的关系，物理内存在被 VMM 接管之后由 VMM 统一进行分配，分配使用的时候会有一些优化机制，使虚拟内存的分配容量大于物理内存的总量，这就是内存的超分配。

内存超分配也称为内存复用技术。内存复用技术的实现原理如图 2-21 所示，图中 3 个虚拟机的内存中有相同的数据，仅需在物理内存中保存一份即可。图中如果每个虚拟机的内存规格为 2GB，3 个虚拟机的内存规格之和为 6GB。实际上物理内存只有 4GB，显然通过内存超分配实现了多余内存的分配。实际使用中，内存复用技术也有多种具体的实现方式，详见项目 4 的内存复用技术部分。

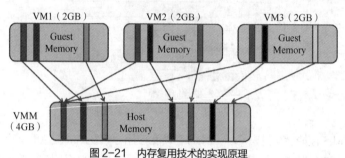

图 2-21　内存复用技术的实现原理

【疑难解析】

Ⅵ．内存复用技术的价值是什么？

答：内存复用技术可以降低企业的内存采购成本。当服务器的内存数量固定时，可以提高服务器上运行的虚拟机密度；当服务器上运行的虚拟机密度固定时，可以节省服务器的内存数量。

Ⅶ．内存复用技术真的可以把物理内存容量变大吗？

答：首先物理内存容量不可能因为某种技术而增加。内存超分配是指虚拟机内存规格总和大于物理内存。需要特别注意"规格"二字，这句话隐含的意义是虚拟机实际使用的内存容量往往小于其规格容量。例如，两个虚拟机内存规格为 4GB，实际每个虚拟机只使用了 3GB，因此物理主机只需要 6GB 的内存容量即可满足需求，内存的超容量分配就是基于这个原理实现的。当然，如果一个虚拟机内存使用容量超过 3GB，那么物理主机就必须分配更多内存，直到规格容量的 4GB 用完为止，在这种情况下无法实现内存超分配。

2.3.3　I/O 虚拟化

在主流的计算机架构中，I/O 设备扮演着重要的角色，是计算机与外界相互沟通的桥梁。常见的键盘、鼠标、网卡、声卡、麦克风等设备都是通过 I/O 通道连接到计算机的，虚拟机也不例外，也需要访问物理主机的 I/O 设备。但 I/O 设备的数量毕竟是有限的，为了满足多个虚拟机共同使用 I/O 设备的需求，VMM 需要参与实现 I/O 设备的虚拟化，即 I/O 虚拟化。实现 I/O 虚拟化的方式主要有 3 种：全虚拟化、半虚拟化和硬件辅助虚拟化，其中硬件辅助虚拟化技术是目前 I/O 虚拟化的主流技术。

微课视频

① 全虚拟化：VMM 为虚拟机模拟出一个与真实设备类似的虚拟 I/O 设备。当虚拟机对 I/O 设备发起请求时，VMM 截获虚拟机下发的 I/O 访问请求，再由 VMM 将真实的访问请求发送到物理设备进行处理。这种虚拟化方式的优点在于，无论使用何种类型的操作系统，都不需要为 I/O 虚拟化做任何修改。但缺陷是 VMM 需要实时截获每个虚拟机下发的 I/O 请求，截获请求后再模拟到真实的 I/O 设备中去执行。实时监控和模拟的操作都是通过 CPU 运行程序来实现的，因此会给服务器带来较严重的性能损耗。因而全虚拟化方式通常适用于对性能要求不高的键盘和鼠标设备。

② 半虚拟化：需要建立一个特权级别的虚拟机，即特权虚拟机。半虚拟化方式要求各个虚拟机运

行前端驱动程序，当需要访问 I/O 设备时，虚拟机通过前端驱动程序把 I/O 请求发送给特权虚拟机的后端驱动，再由后端驱动收集每个虚拟机发出的 I/O 请求，并将收集到的 I/O 请求发送给特权虚拟机。特权虚拟机运行真实的物理 I/O 设备驱动，将 I/O 请求发送给物理 I/O 设备，I/O 设备处理完成后再将结果返回给虚拟机。半虚拟化方式的优点在于，主动让虚拟机把 I/O 请求发送给特权虚拟机，再由特权虚拟机去访问真实的 I/O 设备，这样就可以减少 VMM 的性能损耗，提高 I/O 性能。因而半虚拟化通常适用于硬盘和网卡这类对性能有较高要求的设备。但这种方式也有一个缺陷，即需要修改虚拟机操作系统，改变操作系统对自身 I/O 请求的处理方式，从而将 I/O 请求全部发给特权虚拟机处理。这就要求虚拟机的操作系统属于可以被修改的类型（通常都是 Linux 类型）。I/O 半虚拟化的前后端驱动模型如图 2-22 所示。

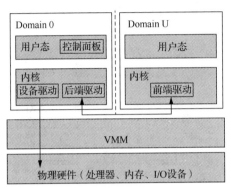

图 2-22　I/O 半虚拟化的前后端驱动模型

图 2-22 中，Domain 0 就是特权虚拟机，Domain U 则为 Domain 0 之外的普通用户虚拟机。所有用户虚拟机的设备信息保存在特权虚拟机 Domain 0 中，用户虚拟机的前端驱动通过与 Domain 0 的后端驱动通信，获取设备信息，加载设备对应的前端驱动程序。当用户虚拟机有 I/O 请求时，前端设备驱动将数据通过接口全部转发到后端驱动，后端驱动则对 I/O 请求的数据进行分时分通道处理。最终通过 Domain 0 的物理 I/O 设备驱动，将 I/O 请求发送给物理 I/O 设备。

下面举例说明全虚拟化和半虚拟化两种方式的区别。全虚拟化就相当于 VMM 扮演一个情报分析员的角色，它需要自己在浩如烟海的信息中去分析、筛选和提炼有用的信息；而半虚拟化则相当于事先安插的线人及时将情报主动报告给"分析员" VMM，VMM 再统一处理这些信息。由于半虚拟化可显著减少 VMM 的性能损耗，因而能获得更好的 I/O 性能。但也要注意，全虚拟化和半虚拟化这两种方式都有一个共同的特点，即 I/O 访问处理都需要由 VMM 介入，这势必造成虚拟机在访问 I/O 设备时的性能损耗。

③ 硬件辅助虚拟化：它直接将 I/O 设备驱动安装在虚拟机操作系统中，不需要对操作系统做任何改动即可使用。这与传统 PC 的操作系统直接访问方式是相同的，虚拟机访问 I/O 硬件所需的时间与传统 PC 访问所需的时间也是相同的。因此硬件辅助虚拟化在 I/O 性能上远远超过全虚拟化、半虚拟化方式，但是其功能需要特殊的硬件支持。

【疑难解析】

Ⅷ. 为什么全虚拟化和硬件辅助虚拟化在 I/O 性能方面差异巨大？

答：我们以网卡 I/O 处理流程为例比较两者的区别。如图 2-23 所示，图 2-23 左侧是全虚拟化实现方式，右侧是硬件辅助虚拟化的实现方式。全虚拟化在接收数据包方面的处理流程如下。

① 主机物理网卡接收到数据包之后，由网卡驱动程序接收数据，放到物理内存中专门为每个网卡

开辟的内存空间。

　　② VMM 在该内存空间中接收数据，再转移至 VMM 管理的虚拟交换机所维持的内存空间。

　　③ VMM 再次将数据从虚拟交换机的内存空间中读出，传输给虚拟机操作系统所维持的内存空间。

　　④ 虚拟机操作系统从自己管理的内存空间中读取数据，传输到需要接收数据的应用程序所维持的内存空间。最后数据在主机内部的传输过程得以完成。

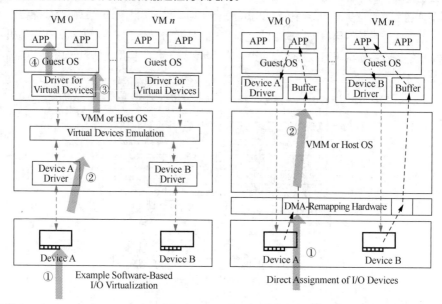

图 2-23　全虚拟化与硬件辅助虚拟化的 I/O 路径区别

　　上述过程中，网卡接收的 I/O 数据在同一个物理内存的不同空间被反复写入、读取，这是因为全虚拟化需要软件模拟每一个传输环节，而每个环节都在内存中有各自的存储空间，因此才需要反复多次操作。而硬件辅助虚拟化的数据接收过程如下。

　　① 数据包发送至物理网卡后，由网卡驱动程序接收数据，并将数据放到网卡中专门的直接存储器访问（Direct Memory Access，DMA）芯片中。

　　② 由于 DMA 芯片可以感知虚拟机以及其上运行的高层应用，因此 DMA 芯片将数据直接写入虚拟机的应用程序所维持的内存空间，使应用程序可直接读取数据。

　　上述全虚拟化和硬件辅助虚拟化的 I/O 数据在内存中的迁移过程对比如图 2-24 和图 2-25 所示。

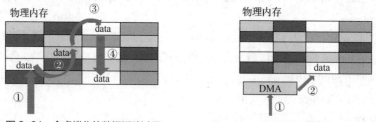

图 2-24　全虚拟化的数据迁移过程　　　　图 2-25　硬件辅助虚拟化的数据迁移过程

　　综上所述，由于不同的应用、模块各自在内存中维持的空间是不相同的，物理网卡接收的 I/O 数据并不能直接放入高层应用所管理的内存空间中。I/O 硬件辅助虚拟化化繁为简，采用直接、简单的方式即可实现高性能的 I/O 虚拟化，成为目前主流的 I/O 虚拟化应用方式。

微课视频

2.3.4　QoS 特性

1. QoS 特性

QoS（Quality of Service，服务质量），是指服务能够满足某种需求的特征和特性的总和。虚拟机 QoS 支持在资源紧张的情况下，对计算资源（CPU、内存）进行灵活的服务质量控制。由于物理主机资源是多个虚拟机共享的，虚拟机业务繁忙时，就会出现资源竞争问题。QoS 用于解决资源竞争情况下，识别和保障关键虚拟机有序、有量获得资源的问题。

计算虚拟化的 QoS 可以实现可衡量的计算能力，在一定范围内用于保证虚拟机的计算能力，避免虚拟机间由于业务变化而导致的相互影响，满足不同业务虚拟机的计算性能要求。同时，还可以更好地控制计算资源，最大限度地复用资源，降低成本，提高用户满意度。华为 FusionCompute 支持 CPU、内存、网络、存储多维度 QoS 控制，满足灵活的 QoS 控制需求，保障 VIP 业务可用。

2. 虚拟机 CPU QoS

虚拟机 CPU QoS 功能包括 3 个特性。

① CPU 上限：控制虚拟机占用物理资源的上限。如果一个两核 vCPU（虚拟 CPU）的虚拟机设置 CPU 上限为 3GHz，则每个 vCPU 计算能力被限制为 1.5GHz。

② CPU 份额：CPU 份额是指在多个虚拟机竞争物理 CPU 资源时按比例分配计算资源。

以一个主频为 2.8GHz 的单核物理主机为例。A、B、C 是 3 个单核 vCPU 的虚拟机，份额分别为 1000、2000、4000。当 3 个虚拟机的 CPU 满负载运行时，份额为 1000 的虚拟机 A 获得的计算能力约为 400MHz，份额为 2000 的虚拟机 B 获得的计算能力约为 800MHz，份额为 4000 的虚拟机 C 获得的计算能力约为 1600MHz。

③ CPU 预留：CPU 预留是指在多个虚拟机竞争物理 CPU 资源时最低分配的计算资源。

以一个主频为 2.8GHz 的单核物理机为例。A、B、C 是 3 个单核 vCPU 的虚拟机，份额分别为 1000、2000、4000，预留值分别为 700MHz、0MHz、0MHz。当 3 个虚拟机的 CPU 满负载运行时，虚拟机 A 按照份额本应分配到的计算能力为 400MHz，但由于其预留值大于 400MHz，最终计算能力按照预留值 700MHz 分配，多出的部分（700MHz-400MHz=300MHz）将按照 B 和 C 各自的份额比例，从 B 和 C 中扣除。虚拟机 B 获得的计算能力约为 800MHz-100MHz=700MHz，虚拟机 C 获得的计算能力约为 1600MHz-200MHz=1400MHz。

> **注意**　CPU 份额和 CPU 预留只在各虚拟机竞争计算资源时发挥作用，如果没有竞争情况发生，有需求的虚拟机可以独占物理 CPU 资源。

3. 虚拟机内存 QoS

内存 QoS 功能包括两个特性：内存预留和内存份额。

（1）内存预留

内存预留是指为虚拟机预留的最低物理内存量。预留的内存会被虚拟机独占，即一旦内存被某个虚拟机预留，即使该虚拟机实际内存使用量不超过预留量，其他虚拟机也无法抢占该虚拟机的空闲内存资源。

（2）内存份额

内存份额是指虚拟机按照比例分配物理内存资源。内存份额适用于资源复用场景，以规格为 6GB

内存的主机为例，假设其上运行有 3 个 4GB 内存规格的虚拟机，内存份额分别为 20480、20480、40960，那么其内存分配比例为 1∶1∶2。当 3 个虚拟机内存使用量逐步加大时，策略会根据 3 个虚拟机的份额按比例分配调整内存资源，最终 3 个虚拟机获得的内存量稳定为 1.5GB、1.5GB、3GB。

> **注意**　内存份额仅在各虚拟机竞争内存资源时发挥作用，如果没有竞争情况发生，有需求的虚拟机可以最大限度获得内存资源。例如，如果虚拟机 B 和 C 没有内存压力且未达到预留值，在虚拟机 A 的内存需求压力增大后，可以从空闲内存、虚拟机 B 和 C 中获取内存资源，直到虚拟机 A 达到上限或空闲内存用尽且虚拟机 B 和 C 达到预留值。

2.3.5　典型产品

计算虚拟化的典型产品是 Xen 和 KVM。Xen 作为十分优秀的半虚拟化引擎，在基于硬件虚拟化技术的帮助下，现在完全支持虚拟化微软的 Windows 系统。Xen 被设计成一个独立的内核，其自身具备调度程序、内存管理器、计时器和机器初始化程序。KVM 属于混合虚拟化解决方案，它以 KVM 作为 Linux 可加载的内核模块，通过使用标准 Linux 调度程序、内存管理器和其他服务，将虚拟化技术建立在 Linux 内核上而不是去替换内核，从而实现虚拟化功能。

1. Xen 概述

Xen 是由英国剑桥大学计算机实验室开发的一个开源项目，目的是实现在物理硬件上安全地执行多个虚拟机。Xen 是直接运行在计算机硬件之上的用以替代操作系统的软件层，它能够在计算机硬件上并发地运行多个 Guest OS。目前，Xen 已经在开源社区的推动下得以完善，在其管理程序上支持 Linux、NetBSD、FreeBSD、Solaris、Windows 和其他主流的虚拟机操作系统。

（1）Xen 基本组件

Xen 的运行环境主要由 3 个组件组成，即 Hypervisor、Domain 0 和 Domain U，这 3 个组件的功能如下。

① Hypervisor：也称为虚拟机监控器（VMM）。Hypervisor 位于计算机硬件和虚拟机之间，也是会在运行时率先被载入硬件，其载入后才能部署虚拟机。Hypervisor 不仅会为虚拟机提供硬件的逻辑接口，而且会控制虚拟机的执行，让虚拟机共享通用的处理环境；同时，还负责在各虚拟机之间进行 CPU 调度和内存分配，但不负责处理网络、外部存储设备、视频或其他通用的 I/O 需求。

② Domain 0：Domain 0 是一个修改了 Linux 内核且运行在 Hypervisor 之上的独一无二的特权虚拟机，其拥有访问物理 I/O 资源的特权。它是其他虚拟机的管理者和控制者，不仅能执行管理任务（如虚拟机的休眠、唤醒和迁移），而且可以创建多个虚拟机 Domain U。所有的 Xen 虚拟环境都需要先运行 Domain 0，然后才能运行其他的虚拟客户机。Domain 0 用于实现虚拟机 I/O 的半虚拟化，包含两个驱动程序——Network Backend Driver（网卡后端驱动）和 Block Backend Driver（硬盘后端驱动），用于支持其他 Domain U 虚拟机对网络和硬盘的 I/O 访问请求。

③ Domain U：是指多个同时运行在 Hypervisor 之上的非特权客户虚拟机。Domain U 虚拟机没有直接访问物理网卡和硬盘的权限，需要借助 Domain 0 实现 I/O 访问。Domain U 有半虚拟化和硬件完全虚拟化两种类型，所有半虚拟化类型的 Domain U 都是被修改过的基于 Linux 或 UNIX 的操作系统，例如 Solaris、FreeBSD 等；所有硬件虚拟化类型的 Domain U 则是标准的 Windows 和其他任何一种未被修改过的操作系统。无论是半虚拟化的 Domain U，还是硬件虚拟化的 Domain U，

以及 Hypervisor 都允许多个 Domain U 同时运行，使其都拥有自己所能操作的虚拟资源（如内存、磁盘等），并维持它们相互独立，避免 Domain U 之间相互影响。

Xen 各组件的逻辑架构如图 2-26 所示。Xen Hypervisor 作为硬件与虚拟机之间的层次，最先被加载运行。特权虚拟机 Domain 0 位于 Xen Hypervisor 之上，用于管理其他非特权用户虚拟机 Domain U，并管理虚拟 I/O 设备。

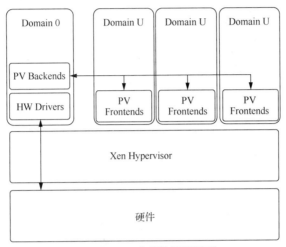

图 2-26　Xen 各组件的逻辑架构

（2）Xen 虚拟化类型

Xen 实现的虚拟化类型分为半虚拟化和硬件虚拟化两大类。

① 半虚拟化：半虚拟化技术是由 Xen 主导的，包括 CPU 半虚拟化、内存半虚拟化和 I/O 半虚拟化 3 种类型。

a. CPU 半虚拟化（Para Virtualization，PV）：使 Guest OS 感知到自己是以虚拟机的方式运行在 Xen Hypervisor 上，而非直接运行在硬件上，同时也可以识别出其他运行在相同环境中的 Guest OS。为了避免虚拟化漏洞问题，Xen 采用修改 Guest OS 内核的方法，对这些敏感指令进行替换。Xen 自身运行在最高特权的 Ring0 级别，Guest OS 的特权被解除后运行在 Ring1 级别，而应用程序则运行在 Ring3 级别，构成了图 2-27 所示的"0-1-3 模型"。

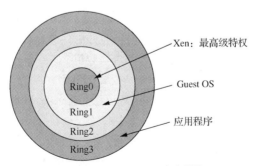

图 2-27　Xen 实现 CPU 虚拟化

b. 内存半虚拟化：Xen 在虚拟内存地址和物理内存地址之间引入新的一层中间地址——客户物理地址，让 Guest OS 感觉到自己的内存是一段从 0 开始的连续地址空间。Xen 将这层中间地址真正映射到物理地址时是不连续的，这样就保证所有的物理内存可以被分配给不同的 Guest OS。

c. I/O 半虚拟化：采用前后端驱动模型来实现 I/O 的半虚拟化。Xen 的 I/O 半虚拟化架构如图 2-28 所示。

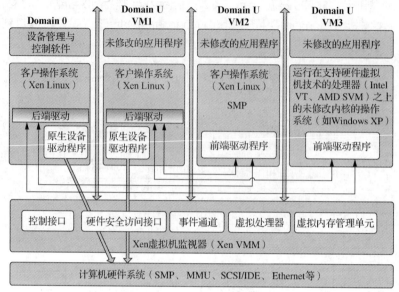

图 2-28　Xen 的 I/O 半虚拟化架构

在虚拟机 Domain U 上安装 PV Driver 软件可实现前端驱动程序的功能，PV Driver 软件包含 PV Network Driver 和 PV Block Driver 等组件。PV Network Driver 负责为 Domain U 提供网络访问功能，PV Block Driver 负责为 Domain U 提供磁盘操作功能。如果虚拟机没有安装 PV Driver，则 I/O 虚拟化将按照全虚拟化的方式进行。Xen 的半虚拟化方式需要 Guest OS 具备可修改特性，因此只适合可以被修改的操作系统，而 Windows 这类操作系统因为不具备可修改特性（仅微软公司可以修改内核），因而不适合半虚拟化方式。

【疑难解析】

Ⅸ. 图 2-28 中除了特权虚拟机 Domain 0 外，还存在一个虚拟机 VM1 也具有原生设备驱动程序，这是为什么？

答：图 2-28 中 VM1 也是一个拥有特权的虚拟机，称为隔离设备驱动域（Isolated Driver Domain，IDD）。在早期的 Xen 结构中，仅有一个特权域（也称为控制域）Domain 0。Domain 0 如同一个硬件抽象层，隐藏了复杂的 x86 架构，控制所有的 I/O 硬件访问。但这种结构存在巨大的风险，如果某个设备的原生驱动程序有漏洞，就可能导致整个 Domain 0 内核面临风险。从安全性角度考虑，将设备原生驱动程序同时移到另一个特权域 IDD 中，不仅可以减轻 Domain 0 的负担，而且可以降低系统风险。IDD 经过 Domain 0 授权，仅为 Domain U 提供驱动程序，除此之外并不会完成其他任务。

② 硬件虚拟化（Hardware Virtual Machine，HVM）：Xen 3.0 引入了硬件虚拟化，它允许 Xen 运行不修改内核的虚拟机 Domain U。半虚拟化是在最开始没有硬件虚拟化技术支持情况下的一种解决方案，运行过程中也存在修改 Guest OS 及性能开销等问题。随着虚拟化技术的进步，现在 Intel、AMD 产品都在硬件层面上支持虚拟化。在硬件虚拟化技术的支持下，可以将存在虚拟化缺陷的指令直接移植到硬件上加以捕获，因而无须修改 Guest OS 内核。这种不需要修改 Guest OS 内核、直接通过硬件实现虚拟化的方式被称为硬件虚拟化。硬件虚拟化方式不需要修改虚拟机操作系统内核，能够

提高系统的可移植性。

采用硬件虚拟化方式的虚拟机始终感觉自己是直接运行在硬件之上的,并且感知不到在相同硬件环境下运行的其他虚拟机。基于硬件虚拟化技术的支持,Xen Hypervisor 上运行的虚拟机操作系统都是标准的操作系统,即无须任何修改的操作系统。这类操作系统虽然不存在半虚拟化驱动程序,但都需要使用 Domain 0 中存在的一个特殊程序,这个程序被称为 QEMU-DM。QEMU 是一种通用的开源计算机仿真器和虚拟器,能够在任意支持的架构上为任何计算机运行一个完整的操作系统,也可以模拟一个能够独立运行操作系统的虚拟机。QEMU-DM 让虚拟机以为自己在使用真实的硬件,而实际上其只是在与 QEMU 虚拟出的虚拟硬件打交道。QEMU-DM 帮助采用硬件虚拟化的虚拟机(Domain U HVM Guest)获取网络和磁盘的访问操作。Xen 硬件虚拟化方式依赖支持 I/O 虚拟化的硬件设备。这类硬件设备通常采用 Intel VT-d、AMD IOMMU 或 SR-IOV 等技术实现 I/O 虚拟化。Xen 硬件 I/O 虚拟化的实现方式如图 2-29 所示。

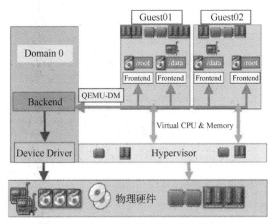

图 2-29　Xen 硬件 I/O 虚拟化的实现方式

2. KVM 概述

基于内核虚拟机(Kernel-Based Virtual Machine,KVM)是一个嵌在 Linux 操作系统标准内核中的虚拟化模块(基于 Linux 内核方式实现的虚拟化),是建立在 x86 硬件虚拟化技术(Intel VT 或者 AMD-V)之上的开源 Linux 全虚拟化解决方案(也称为混合虚拟化解决方案)。

KVM 虚拟化技术最初是由以色列 Qumranet 公司开发的应用于虚拟桌面的产品。为简化开发,KVM 的开发人员并没有选择从底层开始重新写 Hypervisor,而是选择在 Linux Kernel 基础上通过加载新的模块,使 Linux Kernel 本身变成 Hypervisor。2006 年 10 月,Qumranet 公司正式对外宣布了 KVM 的诞生。同年 10 月,KVM 模块的源代码被正式纳入 Linux Kernel,成为内核源代码的一部分。

2008 年 9 月,红帽公司收购 Qumranet 公司,由此获得了 KVM 的虚拟化技术。红帽公司在有了自己的虚拟化解决方案后,就开始在自己的产品中用 KVM 替换 Xen。2010 年 11 月,红帽公司发布企业级 Linux 的 6.0 版本(RHEL 6.0),这个版本将默认安装的 Xen 虚拟化机制彻底去除,仅提供 KVM 虚拟化机制。

KVM 基本工作原理如下:基于 KVM 方式的虚拟机以常规 Linux 进程方式存在,由标准 Linux 调度程序进行调度。每个由 KVM 创建的 Guest OS 都是 Host OS(或 VMM)上的一个单进程,而 Guest OS 运行的用户应用程序则可以理解为进程中的线程。

需要指出的是，KVM 只是虚拟化解决方案的一部分，并不是一个完善的模拟器，仅仅提供虚拟化功能的内核插件，它的模拟工作是借助工具 QEMU 来完成的。这是因为 KVM 本身不执行任何硬件模拟，需要客户空间程序通过/dev/kvm 设备设置客户机虚拟的地址空间，向它提供模拟的 I/O，并将它的视频显示映射回宿主的显示屏。目前实现 I/O 虚拟化的应用程序是 QEMU。KVM 实现原理如图 2-30 所示。

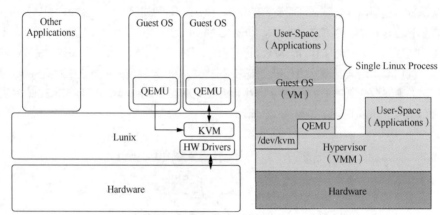

图 2-30　KVM 实现原理

图 2-30 中 KVM 必须运行在支持虚拟化的硬件平台上（Intel VT 或 AMD-V 处理器），通过加载 KVM 内核模块使 Linux 内核成为 Hypervisor。KVM 使 Linux 内核模块产生/dev/kvm 设备。虚拟机通过该设备，可以使自身的地址空间独立于内核或其他运行的虚拟机地址空间。虽然/dev 下的设备对每个虚拟机都是通用的，但各个虚拟机打开/dev/kvm 设备所看到的空间映射却是不一样的，从而实现虚拟机之间的空间隔离。KVM 同样借助/dev/kvm 设备提供内存虚拟化功能，使每个 Guest OS 都有不同的地址空间，它在实例化 Guest OS 时建立映射，即映射给 Guest OS 的物理内存实际上是映射给这个虚拟机进程的虚拟内存。为了支持 Guest OS 的物理地址到主机物理地址的转换，系统维护了一组影子页表（Shadow Page Table）。

处理器可直接提供虚拟化支持，而内存可以通过 KVM 进行虚拟化处理，I/O 虚拟化功能则是由 QEMU 提供的。QEMU 软件是基于二进制指令翻译技术来实现虚拟化的，其主要方法是提取客户端的代码，将其翻译成中间代码，最后将中间代码翻译成指定架构的代码。正因为 QEMU 是纯软件实现的，所有的指令都要由 QEMU 处理，导致其性能非常低，所以实际使用中 QEMU 是配合 KVM 来完成虚拟化工作的。通过对 QEMU 基于 x86 架构的部分稍加改造，即形成可控制 KVM 内核模块的用户空间工具 QEMU-KVM。因此，CPU 虚拟化和内存虚拟化由 KVM 负责，而 I/O 虚拟化由 QEMU-KVM 负责，这样两种技术就可以发挥各自优势，共同实现虚拟化功能。

3. Xen 与 KVM 对比

Xen 和 KVM 都是基于开源的虚拟化技术。Xen 作为典型的半虚拟化引擎，在硬件虚拟化的帮助下也支持 Windows 系统。KVM 通过使用标准 Linux 调度程序、内存管理器和其他服务，将虚拟化技术建立在内核上。KVM 与 Xen 的实现方式对比如图 2-31 所示，这两种方式各自的特点如下。

（1）KVM 的特点

① 虚拟化内核：通过向 Linux 内核植入虚拟化模块，使内核成为 Hypervisor，便于充分使用 Linux 内核实现调度、内存共享、QoS 和电源管理等功能。

② 虚拟化方式：仅支持硬件虚拟化。

③ 对硬件虚拟化的依赖：硬件必须支持 Intel VT 或 AMD-V 虚拟化技术。

（2）Xen 的特点

① 虚拟化内核：采用轻量级内核，直接运行在硬件上，可实现 CPU 虚拟化和内存虚拟化。

② 虚拟化方式：支持半虚拟化和硬件虚拟化。

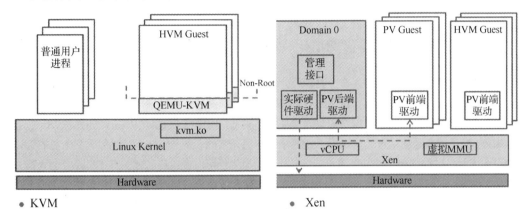

图 2-31　KVM 与 Xen 的实现方式对比

Xen 与 KVM 有各自的特点，分别适用于不同的场景，如图 2-32 所示。Xen 环境下为保证安全性，Domain U 对内存共享区域的访问和映射必须通过 Hypervisor 授权（图中的 Grant 机制）；KVM 环境下的虚拟机以及宿主机 Host 的内核对共享区域的访问和映射无须 Hypervisor 进行授权，故整个访问路径较短，所以 Xen 平台架构侧重于安全性，而 KVM 平台架构侧重于性能。

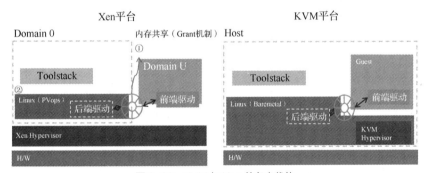

图 2-32　KVM 与 Xen 的各自优势

2.4　存储虚拟化

虚拟化解决方案就好像一个虚拟现实（Virtual Reality，VR）游戏。当游客想象他正在城市上空滑翔时，传感器就会把相应的真实感觉传递给游客，并同时隐藏真实的力学环境。同样，存储虚拟化也可以实现类似的功能。首先建立一个虚拟的框架，让数据感觉自己是存储在一个真实的物理环境里，之后操作者就可以任意改变数据的存储位置，同时保证数据的安全。

2.4.1　什么是存储虚拟化

存储虚拟化（Storage Virtualization）是指对存储硬件资源进行抽象化表现，统一提供全面的存储功能服务，简化相对复杂的存储基础架构，克服存储架构差异所带来的使用上的复杂性。全球网络存储工业协会（Storage Networking Industry Association，SNIA）认为，存储虚拟化通过对存储（子）系统或存储服务的内部功能进行抽象、隐藏或隔离，使存储或数据的管理与应用、服务器、网络资源的管理分离，从而实现应用和网络的独立管理。存储虚拟化的思想是将存储资源的逻辑映像与物理存储分开，从而为系统和管理员提供简化、无缝的资源虚拟视图。

2.4.2　为什么需要存储虚拟化

存储虚拟化在存储设备上加入一个逻辑层，通过逻辑层访问存储资源，从而屏蔽系统的复杂性，增加或集成新的功能，实现仿真、整合或分解现有的服务功能等。存储虚拟化的实施一方面是由于不同厂商的存储设备都有自己的管理方式，通过存储虚拟化，可以屏蔽底层存储设备的差异，向上层用户提供统一的存储资源使用方式，如图 2-33 所示；另一方面，对于许多既消耗时间又重复的工作，例如备份/恢复、数据归档和存储资源分配等，存储虚拟化都可以通过自动化的方式来完成，大幅减少了人工作业量。对数据中心而言，支持存储虚拟化的存储设备具有更好的性能和易用性；对于用户而言，虚拟化的存储资源就像是一个巨大的"存储池"，用户不会看到具体的磁盘、磁带，也不必关心自己访问的数据位于哪一个具体的存储设备内，如图 2-34 所示。

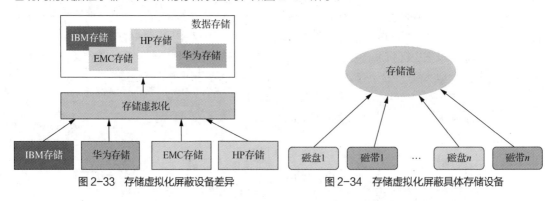

图 2-33　存储虚拟化屏蔽设备差异　　　　　图 2-34　存储虚拟化屏蔽具体存储设备

2.4.3　存储虚拟化实现方式

从广义来看，物理磁盘做 RAID（Redundant Arrays of Independent Disks，独立磁盘冗余阵列），然后在其上划分逻辑单元号，再映射给主机操作系统使用，这也是一种存储虚拟化。存储虚拟化往前可溯源到 IBM AIX LVM（逻辑卷管理器）和 HP EVA 的 vDisk 技术。当前主流的存储虚拟化实现方式有 3 种：裸设备+逻辑卷、存储设备虚拟化和主机存储虚拟化+文件系统。

1. 裸设备+逻辑卷

裸设备+逻辑卷是最直接的存储使用方式，首先设备驱动层提供访问不同存储设备所需的驱动程序，然后通用块层将存储设备的存储空间以 1GB 为单位进行逻辑分块，再由虚拟卷层根据虚拟机数量和虚拟磁盘容量来为每个虚拟机创建相应容量的逻辑卷，最后通过驱动将逻辑卷在后端挂载给虚拟机，如图 2-35 所示。在 I/O 半虚拟化方式下，首先由用户虚拟机发起磁盘的 I/O 操作，读取映射的逻辑卷，然后用户虚拟机发现磁盘，并完成分区格式化操作。这种方式将逻辑卷管理的工作交给 VMM 来负责，虚拟机通过 I/O 半虚拟化的方式访问逻辑卷，宿主主机对裸设备的读取不经过操作系统，且未使用文件系统，因此相较于使用文件系统的方式而言，存储性能更优。

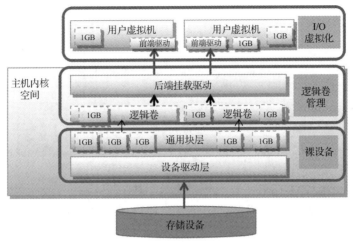

图 2-35　裸设备+逻辑卷的实现方式

2. 存储设备虚拟化

存储设备虚拟化是指通过存储设备实现卷的维护操作，提供一些存储高级功能，例如精简配置、快照和链接克隆等。存储设备虚拟化可以将部分存储操作（模板部署、删除清零等）下移到存储侧进行，这样既不浪费主机侧的资源，又能提升操作效率，即存储卸载。目前，华为支持该功能的产品有华为 OceanStor 系列存储阵列和 FusionStorage。存储设备虚拟化的实现方式如图 2-36 所示。

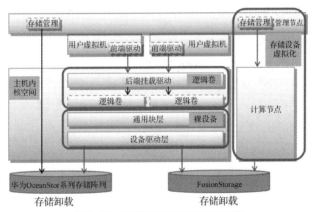

图 2-36　存储设备虚拟化的实现方式

存储设备虚拟化可改变由 VMM 管理逻辑卷的方式，通过存储设备自身功能实现对卷的管理，从而提供更多的高级存储特性。需要注意的是，存储设备虚拟化也同样支持裸设备+逻辑卷的方式，可直接将存储设备的块存储提供给主机，由主机的 VMM 来实施管理。因此，支持存储设备虚拟化的设备同时支持两类应用方式。

3. 主机存储虚拟化+文件系统

主机存储虚拟化+文件系统是指主机通过文件系统管理虚拟机磁盘文件，所有的虚拟机磁盘均以文件的形式存放在文件系统上。这种类型的存储设备可以通过虚拟化层提供很多高级业务，例如精简置备磁盘、差量快照、存储冷热迁移、磁盘扩容、链接克隆等。主机存储虚拟化+文件系统的实现方式如图 2-37 所示。

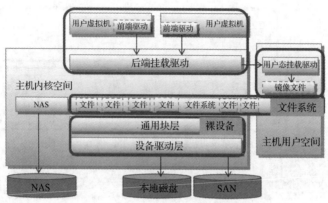

图 2-37　主机存储虚拟化+文件系统的实现方式

2.5　网络虚拟化

计算虚拟化推动了网络虚拟化的发展，传统数据中心的网络固有形态并不利于虚拟机的大范围迁移，因此传统网络形态必须发生改变，以适应业务部署的敏捷性和灵活性，由此促使了网络虚拟化技术的诞生。

2.5.1　为什么要网络虚拟化

1. 传统数据中心网络的缺点

传统数据中心的主机网卡接口和交换机端口是紧耦合的关系，即每个主机都固定连接到某个交换机的端口上，这种连接关系很少发生变动。同时传统数据中心的网络结构基本都是按照三层架构的方式来组织的，如图 2-38 所示。

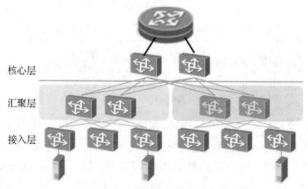

图 2-38　传统数据中心的网络结构

来自外部的数据流量首先到达核心层的核心交换机，然后借助路由转发功能，经过汇聚层交换机到达接入层交换机，最终被主机所接收；主机发送的数据通过相反的路径到达外部网络。因此数据中心的绝大部分流量都是往返于核心层—汇聚层—接入层，其传递方向由南至北或由北至南，因而被称为南北流量，如图 2-39（a）所示。与此类似的是，主机水平横向之间的数据交互流量被称为东西流量。由于传统数据中心的主机之间需要交互的流量相对较少，因此传统数据中心有所谓的"二八原则"，即东西流量占 20%，南北流量占 80%。

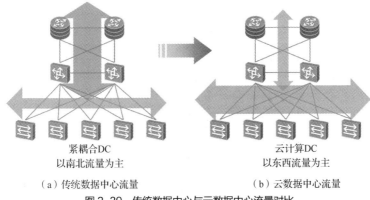

（a）传统数据中心流量　　　　　　（b）云数据中心流量

图 2-39　传统数据中心与云数据中心流量对比

现在，传统数据中心的网络架构随着计算虚拟化的应用发生了根本性改变，促进了云计算数据中心的产生。云计算数据中心是一种基于云计算架构的完全虚拟化各种 IT 设备的模块化程度较高、自动化程度较高、具备较高绿色节能水平的新型数据中心。

由于云计算数据中心的虚拟机频繁地动态迁移，各个物理主机相互之间不仅需要传递虚拟机的配置文件、设备文件甚至内存、磁盘数据，同时为了保证动态迁移的正常进行，还需要传递心跳流量或备份流量等，这样会不可避免地带来大量的东西流量。因而传统数据中心原有的"二八原则"发生了颠覆，东西流量占比达到 80%，如图 2-39（b）所示。当数据中心的流量模式发生巨大改变后，原有的网络架构已经不再适应新的变化。

（1）传统数据中心的网络架构不适合大量的东西流量

传统数据中心架构主要是围绕南北流量来设计的，树形架构从接入层开始，所有的流量都会逐级汇聚至核心层。整个网络流量越往上层走，在汇聚层和核心层越容易出现网络拥塞。云数据中心有大量虚拟机的迁移需求，带来了极大的东西流量。在图 2-39 所示的网络架构中，如果大量的东西流量都需要经历自下而上，再自上而下的迂回传递，核心层就一定会出现网络拥塞甚至瘫痪。因此传统数据中心不适合大量的东西流量。

（2）传统数据中心的网络架构不适合虚拟机迁移

传统数据中心的网络架构在设计之初，就没有考虑到服务和应用有迁移的需求。接入层、汇聚层和核心层的交换机采用虚拟局域网（Virtual Local Area Network，VLAN）和路由技术分割了冲突域和广播域，成功地解决了广播风暴和链路层环路问题。但由此带来的问题是，虚拟机无法脱离所在的 VLAN 或子网，否则其 IP 地址就必然发生变化。如图 2-40 所示，运行在主机 Host01 上的虚拟机 VM01 拥有子网 1 的 IP 地址，如果它迁移到右侧的主机 Host02，则该虚拟机承载的业务必定中断。因为高层应用之间的连接（如 TCP 连接等）通常就是依靠 IP 地址和端口号来标识的。如果 IP 地址改变，势必导致业务中断，因而在传统架构下，虚拟机是不适合进行大范围频繁动态迁移的。

（3）传统流量控制方法不适合对虚拟机流量实施流量控制

传统数据中心使用物理交换机实现对各类业务和应用的流量控制。计算虚拟化使得同一台物理主机发出的流量来自内部不同的虚拟机，物理交换机无法针对虚拟流量进行识别和处理，甚至有时候虚拟机之间的流量根本不会到达外部网络，会直接在内部完成交换，因而物理交换机无法感知流量，也无法针对虚拟机流量实施流量控制。

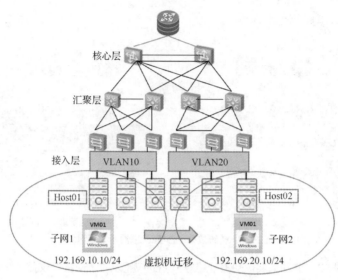

图 2-40　虚拟机迁移导致 IP 地址变化

2. 云计算数据中心的特点

云计算数据中心为了支持虚拟机的大范围迁移，其网络架构应该具有如下特点。

① 一个物理网络端口对应数量不固定的虚拟机。

② 虚拟机会频繁进行跨主机的迁移，不再固定属于某台物理主机或某个网络。

③ 以传统南北流量为主的网络架构改变为以东西流量为主的网络架构。

云计算数据中心的网络应该具备灵活变化的特性，根据不同的网络需求，灵活组织网络的拓扑形态，将虚拟化技术从计算虚拟化延伸到网络虚拟化。如图 2-41 所示，在同一个物理网络上通过网络虚拟化创建出两个不同的虚拟网络 A 和 B，构成两个彼此隔离的网络环境。同时，网络形态的变化对于虚拟机而言是透明的，虚拟机认为自身运行于独立的物理网络上。

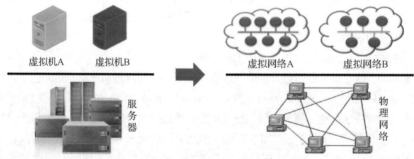

图 2-41　物理网络之上创建的虚拟网络

网络虚拟化将原有的拓扑变为扁平化的结构，并在很短的时间内（秒级）根据需求在数据链路层、网络层至应用层上创建所需的网络服务。例如，在链路层创建虚拟交换机，在网络层创建虚拟路由器，在应用层创建虚拟防火墙或虚拟负载均衡组件。网络虚拟化所创建的虚拟网络独立于底层的网络硬件，可以按照业务需求配置、修改、保存、删除，而无须重新配置底层物理硬件或更改拓扑。网络技术的革新为实现软件定义数据中心奠定了基础。简而言之，计算虚拟化使虚拟机按需可得，而网络虚拟化使虚拟网络实现了灵活配置。

2.5.2 网络虚拟化的特点

网络虚拟化改变了网络的原有结构，支持虚拟机的迁移，具有如下特点。

1. 隔离性

隔离性是指使用虚拟网络资源的不同租户（不同的组织机构用户）相互之间不能访问的特性。不同租户的 IP/MAC 地址可以独立规划，也可以相互重叠。例如，某企业有多个职能部门，为了保护数据安全，要求禁止各部门的相互访问。借助网络虚拟化技术，在同一个物理网络上为每个部门创建各自的虚拟网络，即可实现虚拟网络的相互隔离，如图 2-42 所示。同时，这种隔离性可以根据实际需求随时快速地调整，体现出网络虚拟化的隔离性和灵活性的优势。

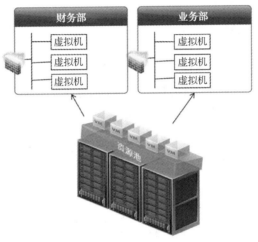

图 2-42　虚拟网络实现网络隔离

2. 可移动性

传统网络架构不支持虚拟机的热迁移，但虚拟化的诸多高级功能需要虚拟机实现跨越二层或三层，甚至是广域网的迁移。为满足虚拟机大范围迁移的需求，逻辑网络和物理网络必须解耦。目前，大二层网络技术是最热门的网络虚拟化技术之一，可以充分满足虚拟机大范围动态迁移的需求，保证了迁移过程中的业务连续性。

3. 可扩展性

可扩展性是指逻辑网络规模和逻辑网络数量可以根据网络需求动态调整，以适应计算虚拟化的需求。可扩展性能够合理分配虚拟化所需的网络资源，保证虚拟网络有足够的数量和规模。

2.5.3 网络虚拟化技术

1. 网络虚拟化全景图

网络虚拟化需要解决的问题包括主机内部网络虚拟化、物理通信设备虚拟化等多个方面，如图 2-43 所示。

2. 主机内部网络虚拟化

主机内部网络虚拟化涉及以下的虚拟化技术。

① 网卡虚拟化技术：主机内部的网络虚拟化主要是通过网卡虚拟化技术来实现的。网卡虚拟化有 3 种实现方式，如图 2-44 所示。

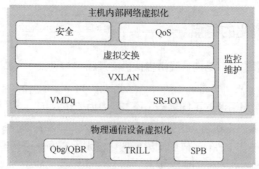

图 2-43 网络虚拟化全景图

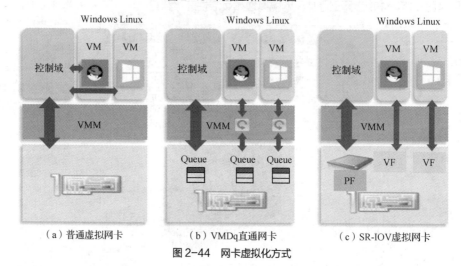

图 2-44 网卡虚拟化方式

a. 普通虚拟网卡：即全虚拟化方式，采用软件模拟的方式产生虚拟网卡设备。虚拟机将待发送的数据传输给 VMM，VMM 将数据放入控制域的队列中，再依次传输给物理网卡发送。这种方式灵活、成本低，适用于对网络 I/O 要求不高的场景。

b. VMDq（Virtual Machine Device Queue）直通网卡：即虚拟机设备队列直通网卡，VMM 为每个虚拟机建立一个发送数据的网卡队列。当虚拟机发送数据时，VMM 仅需完成一次地址转换，将数据包放入对应的队列即可，对 VMM 的资源消耗较小，I/O 性能较普通虚拟网卡方式更高。同时，VMDq 技术是实现虚拟机直通技术的基础。

c. SR-IOV（Single Root IO Virtualization）虚拟网卡：该网卡可以直接访问虚拟机的内存空间，是硬件辅助虚拟化技术在 I/O 虚拟化上的具体应用。SR-IOV 可以为每个虚拟机分配一个虚拟功能（Virtual Function，VF）接口，每个 VF 接口都有一个虚拟机对应的内存空间。SR-IOV 技术是基于 PCI-e（Peripheral Component Interconnect Express）的虚拟多设备技术，允许将虚拟机直接连接到 I/O 设备，可以获得与物理主机性能相媲美的 I/O 性能。

以上 3 类虚拟网卡的区别和特点如表 2-2 所示。

表 2-2 不同网卡虚拟化方式的区别和特点

比较项目	普通虚拟网卡	VMDq 直通网卡	SR-IOV 虚拟网卡
差异点	Domain 0 网桥队列	虚拟机独立报文队列	SR-IOV 硬件技术完成地址转换
	一次数据复制	VMM 完成一次地址转换，带来少量计算损耗	VMM 无须进行地址转换，减少计算损耗

续表

比较项目	普通虚拟网卡	VMDq 直通网卡	SR-IOV 虚拟网卡
特点	主机 CPU 资源开销大，影响虚拟机密度，无损热迁移、快照等特性	主机 CPU 资源开销小，无损热迁移、快照、MAC 地址与 IP 地址捆绑功能	主机 CPU 资源开销小，会损失热迁移、快照等特性
网卡吞吐量	9.1Gbit/s	9.15Gbit/s	9.5Gbit/s

② 虚拟交换、安全隔离：虚拟交换技术就是在物理主机内部虚拟出一个虚拟交换机，由该虚拟交换机完成内部虚拟流量的交换，并且将内部流量发送到外部网络。虚拟交换技术一方面可以对多个虚拟交换机统一配置、管理和监控，另一方面也可以保证虚拟机在主机之间迁移时的网络配置一致性。虚拟交换技术的实现原理参见项目 7。

用户根据虚拟机安全需求创建安全组，每个安全组可以设置一组访问规则，实现流量的安全隔离。当虚拟机加入安全组后，即受到该安全组的保护。用户对虚拟机进行安全隔离和访问控制，是通过在创建虚拟机时选定要加入的安全组来实现的。

3. 物理通信设备虚拟化

① Qbg：即 802.1Qbg，于 2008 年 11 月由 HP 公司和 IBM 公司提出。这是由服务器厂商主导的、以 VEPA 模式（基于 MAC 地址识别虚拟机）作为网络虚拟化的基本实现手段。

② QBR：2008 年 5 月，Cisco 公司和 VMware 公司在 IEEE 提出 802.1Qbh，并于 2011 年 7 月改名为 802.1BR。QBR 是网络设备生产厂商提出的网络虚拟化解决方案，它采用基于新增 Tag 标识的方式来识别虚拟机发出的数据流量。

③ TRILL（Transparent Interconnection of Lots of Links，多链路透明互联）技术：其核心思想是将成熟的三层路由控制算法引入二层交换中，规避 STP/MSTP 等技术的缺陷，实现健壮的大规模组网。

④ SPB（Shortest Path Bridge，最短路径桥接）技术：采用"MAC-in-MAC"方式，实现基于以太核心网络的 L2VPN 技术。

TRILL 技术和 SPB 技术是将以太网的二层与动态路由 IS-IS 相结合的大二层技术，也是实现大二层协议的主要方式。

2.5.4 大二层网络技术

1. 大二层网络概述

大二层网络通常指在计算虚拟化之后的数据中心内，为满足虚拟机大范围甚至跨地域的动态迁移需求而出现的一种特定类型的网络。这样的网络不仅覆盖范围广，而且在同一个二层网络内至少要容纳一万台以上的主机，因而被称为大二层网络。

微课视频

传统数据中心通常采用二层+三层的网络架构，它与园区网络的架构是一样的，是一种非常成熟的应用形态。与之相关的二、三层网络技术（如生成树协议（Spanning Tree Protocol，STP）、三层路由等）都是非常成熟的技术。根据网络规模可以很容易地进行网络部署，这种架构也符合数据中心分区、分模块的业务特点。但是随着计算虚拟化技术的出现，传统网络架构出现了不支持虚拟机迁移等问题。

如图 2-45 所示，如果虚拟机 VM1 从源主机（VLAN10 内）迁移至目标主机（VLAN20 内），由于 IP 地址发生改变，将导致网络连接中断。如果需要保证虚拟机迁移时的 IP 地址不发生改变，则只有局限在同一个二层网络内才能做到。然而网络基础知识"告诉"我们，同一个二层网络不能过大。

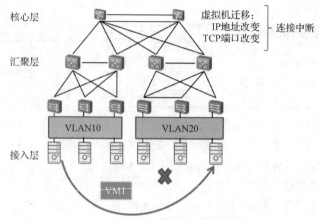

图 2-45　虚拟机迁移导致业务中断

为什么传统的二层网络不能过大呢？因为二层网络面临的主要问题是二层网络环路和广播风暴。为了提高网络可靠性，网络部署通常会采用冗余设备和冗余链路，这样就不可避免地会产生环路。而二层网络处于同一个广播域下，广播报文会在环路中反复传递，无限循环，导致广播风暴。为了解决广播风暴问题，往往会采取以下两种方式。

① 通过划分 VLAN 来缩小广播域，如图 2-46 所示。不同的 VLAN 由于是二层隔离的，广播报文就被限制在同一个 VLAN 内，不会扩散到整个物理二层网络。VLAN 虽然可以降低广播风暴的强度，但是依然无法解决环路的问题。

② 采用 STP 防止环路的产生，避免广播风暴。如果广播风暴的出现是因为环路问题，那么只要防止环路出现就可以避免广播风暴。防止环路的方式有很多种，常用阻塞链路的方式来解决。阻塞链路最常见的做法就是使用 STP，如图 2-47 所示。

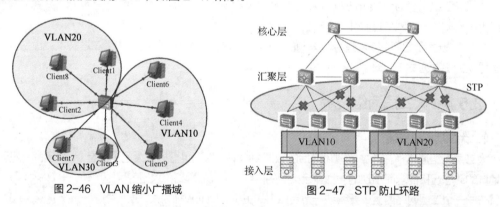

图 2-46　VLAN 缩小广播域　　　　图 2-47　STP 防止环路

综上所述，VLAN 的核心思想是通过划分 VLAN 缩小二层网络范围，而大二层网络恰好需要将同一个二层网络尽可能扩大，这与 VLAN 的初衷是背道而驰的，因此 VLAN 本身就不能很好地支持大二层网络。此外，采用 STP 的网络是需要时间收敛的，网络规模越大，收敛速度就越慢。并且由于 STP 会阻塞链路，降低网络资源的带宽利用率，因此 STP 也无法很好地支持大二层网络。

通过对 VLAN 技术和 STP 的分析可知，传统网络不支持虚拟机的大范围迁移。如果要满足这种需求，就必须改变原有网络架构，引入大二层网络解决方案。

2. 大二层网络解决方案

既然 VLAN 技术和 STP 技术都无法满足大二层网络的需求，什么方案可以实现大二层网络呢？

目前解决方案主要有以下 3 种。

（1）网络设备虚拟化方案

网络设备虚拟化方案通过交换机堆叠技术 CSS（Cluster Switch System，集群交换机系统）和链路聚合技术（Eth-Trunk），使多节点多链路的结构变成逻辑上的单节点单链路结构，杜绝环路的出现，无须再部署破环协议。因此二层网络规模不再受破环协议的限制，从而实现大二层。实现此方案的常见技术有：框式设备的堆叠技术（CSS）、盒式设备的堆叠技术（iStack）和框盒/盒盒之间的混堆技术（SVF）等。如图 2-48 所示，左侧的两台核心交换机采用冗余链路分别连接到另外两台接入层交换机，形成了二层环路。CSS 交换机虚拟化技术将两台物理核心交换机整合为一台逻辑交换机，将存在环路的网状拓扑在逻辑上改变为没有环路的星形拓扑，从而避免环路问题。

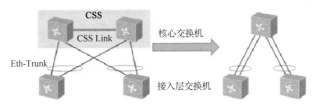

图 2-48　网络设备虚拟化方案

基于网络设备虚拟化技术所构建的大二层网络具有逻辑简洁和管理、维护简单的特点，但网络规模相对其他技术而言要小一些。同时这类技术都是各厂商的私有技术，只能使用同一厂商设备进行组网，通常用于构建中小规模的大二层网络。

（2）路由化二层转发方案

路由化二层转发技术解决环路问题，既不像 STP 那样阻塞环路，也不像网络设备虚拟化那样杜绝环路，而是借用了三层网络的逻辑破环方式。那么三层网络的逻辑环路是如何破环的呢？三层网络由于有路由协议实现网络拓扑的收集、同步、更新，每个网络节点都可以识别最佳的转发路径。因此即使存在物理环路，也不会出现转发路径的循环，从而实现逻辑破环。路由化二层转发技术正是借鉴了这种思想，把三层基于路由的转发机制引入二层网络中解决环路问题，从而克服 STP 等传统破环协议的缺陷，进而实现大二层网络。基于路由化二层转发原理实现大二层功能的技术有 TRILL 和 SPB 等。应用 TRILL 技术的网络（简称 TRILL 网络）如图 2-49 所示，它通过在原始以太帧之外封装 TRILL 帧头，再封装一个外层以太帧，实现对原始以太帧的透明传输，如图 2-50 所示。

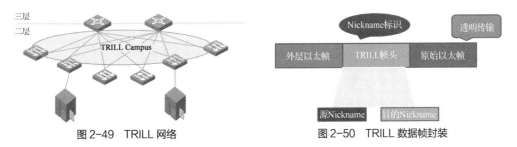

图 2-49　TRILL 网络　　　　　　　　图 2-50　TRILL 数据帧封装

TRILL 交换机可以通过 TRILL 帧头里的 Nickname 标识转发数据帧，Nickname 就像路由协议的地址字段一样，可以通过 IS-IS 路由协议进行收集、同步和更新。当虚拟机在 TRILL 网络中迁移时，各交换机上的转发表通过 IS-IS 自动完成更新，因此可以保持虚拟机的 IP 地址和状态不发生变化，最终实现虚拟机动态迁移。TRILL 构建的大二层网络不但规模更大，而且 TRILL 是 IETF 标准协议，更易于实现各厂商设备间的互联互通，适于构建大型或整个数据中心的大二层网络。但 TRILL 是新技术，部署基于 TRILL 的网络需要重新购置软硬件设备，设备投资会更大。

（3）Overlay 技术方案

网络设备虚拟化和路由化二层转发技术都是设备生产商提出和倡导的解决方案，而第三种方案则是 IT 厂商提出的方案，即 Overlay 技术方案。目前，Overlay 技术方案中应用较多的就是 VxLAN 和 NVGRE。VMware 公司提出了 VxLAN 技术方案，而微软公司提出了 NVGRE 方案。IT 厂商提出各自的方案也是为了摆脱对设备厂商的技术依赖，独立实现大二层网络。

VxLAN 本质上是一种隧道封装技术，采用"MAC in UDP"的方式将原始二层报文进行封装，再使用现有的承载网络进行透明传输，发送到目的位置后解封装，原始报文最后到达目的主机。通过隧道的封装和解封装，大二层网络相当于被叠加在承载网络上，所以又被称为 Overlay 技术方案。

在 Overlay 技术方案中，承载网络只需要满足最基本的转发和交换功能即可，而原始报文的封装和解封装都是借助主机内部的虚拟交换机来实现的，无须网络设备参与，如图 2-51 所示。虚拟机发出的原始二层数据报文，在 VxLAN 隧道断点（VxLAN Tunnel Endpoint，VTEP）交换机上加上 VxLAN 帧头，再被封装在 UDP 报头中，并使用承载网络的 IP 地址和 MAC 地址作为外层报头进行封装，如图 2-52 所示。

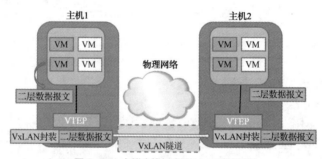

图 2-51　虚拟交换机实现 VxLAN 封装

Overlay 技术相当于将整个承载网络虚拟成一个巨大的二层交换机，所有虚拟机都直连在这个交换机的端口上。虚拟机的动态迁移也可以视为从这台巨型二层交换机的一个端口迁移到另一个端口，因此不存在环路，如图 2-53 所示。Overlay 技术在支持软件定义网络（Software Defined Network，SDN）和多租户应用方面具有明显优势，是目前最热门的大二层网络技术，可应用于整个数据中心和跨数据中心的大二层组网。但 VxLAN 技术中有 Overlay 网络和 Underlay 承载网络，存在两个控制网络平面，导致故障定位困难且管理复杂程度较高。

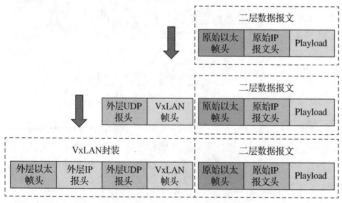

图 2-52　VxLAN 帧的封装过程

图 2-53　基于 Overlay 网络的迁移

2.6 项目总结

本项目系统介绍了虚拟化技术的发展、类型和技术优势，重点讲述了计算虚拟化（CPU 虚拟化、内存虚拟化和 I/O 虚拟化）、存储虚拟化和网络虚拟化的基本概念和实现原理。通过本项目的学习，读者可以系统掌握虚拟化技术的工作原理和常见应用方式，为后续实践环节的学习打下基础。

2.7 思考练习

一、选择题

1. 虚拟化技术可以将一台物理主机虚拟成多台虚拟机，从而提高物理主机的硬件性能。（　　）

    A. 对　　　　　　　　B. 错

2. 从实现方式来看，虚拟化可以分哪几种？（多选）（　　）

    A. 全虚拟化　　　　B. 半虚拟化　　　　C. 硬件虚拟化　　　　D. 混合虚拟化

3. 以下说法正确的是？（　　）

    A. Xen 平台架构侧重安全性

    B. KVM 平台架构侧重性能

    C. KVM 是在 Linux 操作系统标准内核中的一个虚拟化模块

    D. Xen 直接运行于硬件之上

二、简答题

1. 简述虚拟化优势。

2. 简述虚拟机监控器的作用。

3. 虚拟化技术的本质特征是什么？按虚拟化 VMM 的实现结构可以将虚拟化分为哪些种类？

4. 传统数据中心网络的缺点是什么？

5. 为什么传统网络架构不适合虚拟机迁移？

6. 云计算的数据中心需要网络架构有哪些方面的变化？

7. 简述网络虚拟化的特点。

8. 根据虚拟化技术所使用的位置，网络虚拟化可以分为哪几种应用层次？

9. 简述服务器 I/O 虚拟化的实现方式。

三、计算题

一个主频为 2.8GHz 的单核物理机，如果运行有 3 个单核 vCPU 的虚拟机 A、B、C。虚拟机 CPU 份额分配如下：虚拟机 A 份额为 2000，预留值为 700MHz；虚拟机 B 份额为 1000，预留值为 0MHz；虚拟机 C 份额为 4000，预留值为 0MHz。当 3 个虚拟机满 CPU 负载运行时，虚拟机 A、B、C 实际获得的 CPU 资源值各是多少？

项目 3
华为云计算解决方案

03

项目导读

随着 IT 的快速发展，传统 IT 平台的规模和复杂程度大幅提高，这不仅给企业带来了极高的软硬件采购成本和运维管理成本，而且存在着业务部署周期漫长和缺乏统一管理的弊端。云计算技术彻底改变了传统 IT 行业的服务方式，实现了从购买软硬件产品向购买 IT 服务的转变，极大地提高了 IT 效率和敏捷性。用户通过 Internet 自助方式获取和使用云计算服务。不同用户对于云计算所提供的服务种类、业务可靠性和敏捷性有各自不同的需求。云计算解决方案旨在通过组合不同的云计算产品，为不同行业、不同需求的用户提供个性化的解决方法，定制不同行业和特定场景的解决方案，满足用户的个性化需求。

拓展阅读

知识教学目标

① 了解云计算解决方案的基本概念
② 理解资源管理层主要架构及功能
③ 理解融合资源池解决方案架构

④ 了解一体化解决方案 FusionCube 基本结构
⑤ 了解桌面云 FusionAccess 解决方案基本架构

3.1 FusionCloud 概述

FusionCloud 是华为私有云计算的整体品牌名称，主要包括云操作系统 FusionSphere、大数据分析 FusionInsight、一体化解决方案 FusionCube 和桌面云 FusionAccess 解决方案几大产品。FusionCloud 产品架构如图 3-1 所示。

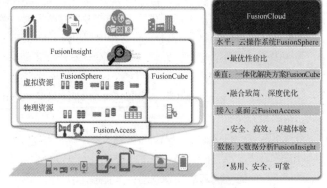

图 3-1　FusionCloud 产品架构

1. 云操作系统 FusionSphere

FusionSphere 是华为拥有自主知识产权的云操作系统，集虚拟化平台和云管理特性于一身，使云计算平台的建设和使用更加简捷，专门用于满足企业和运营商客户对云计算的需求。华为云操作系统提供了强大的虚拟化功能、资源池管理、丰富的云基础服务组件和开放的应用程序接口（Application Programming Interface，API）等，可全面支撑传统和新型的企业服务，极大地提升了 IT 资产价值和运营效率，降低了运维成本。FusionSphere 包括虚拟化引擎 FusionCompute 和云管理组件 FusionManager 等。

2. 大数据分析 FusionInsight

华为大数据分析 FusionInsight 包括 FusionInsight HD 和 FusionInsight Stream 两个组件。FusionInsight HD 包含开放社区的主要软件及生态圈中的主流组件，并进行了大量优化，让企业可以从各类繁杂无序的海量数据中洞察商机；FusionInsight Stream 是 FusionInsight 大数据分析平台中的实时数据处理引擎，它以事件驱动（Event-Driven）模式处理实时数据，解决高速事件流的实时计算问题，可以在金融、通信、交通、公共安全等领域发挥实时处理优势，提供实时分析和实时决策的能力。

3. 一体化解决方案 FusionCube

一体化解决方案 FusionCube 是华为 IT 产品线中云计算领域的旗舰产品。FusionCube 遵循开放架构标准，在 12U 机框中集成了刀片服务器、分布式存储和网络交换机，无须外置存储和交换机等设备，并预先集成了分布式存储引擎、虚拟化平台和云管理软件，可实现资源的按需调配和线性扩展。

4. 桌面云 FusionAccess 解决方案

桌面云 FusionAccess 是基于华为 FusionSphere 的一种虚拟桌面应用，通过在云平台上部署软硬件，使终端用户可通过瘦终端或者其他任何与网络相连的设备来访问跨平台的应用程序及整个客户桌面。桌面云 FusionAccess 重点解决传统 PC 办公模式给客户带来的诸多问题，例如安全性差、办公效率低等，适合大中型企事业单位、政府、军队等。

FusionCloud 私有云产品基于用户对云计算资源的需求，针对不同应用场景推出了不同的解决方案。例如，华为针对企业云计算数据中心的建设需求，推出了融合资源池解决方案；针对企业多种业务的统一部署需求，推出了一体化的 FusionCube 解决方案；针对企业桌面办公虚拟化的需求，推出了桌面云 FusionAccess 解决方案。

3.2 FusionCloud 的融合资源池解决方案

华为 FusionCloud 用于企业云数据中心的解决方案叫作融合资源池解决方案，该方案主要由云操作系统 FusionSphere 构成，可实现以下功能特性。

① 资源池统一管理：多资源池统一管理、异构资源池统一管理、多地域和多中心统一管理。
② 统一运营、运维平台：统一运营平台、资源服务化、资源池统一运维、分权分域。
③ 网络安全与隔离：网络安全与隔离方案为业务提供安全保证。

融合资源池解决方案按照实现层次，由下至上分别是基础设施层、虚拟化层、资源管理层和云服务层，如图 3-2 所示。

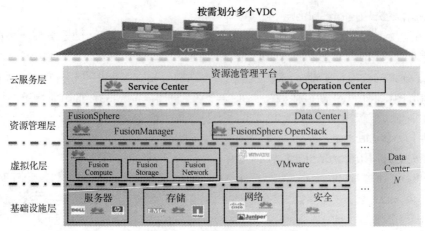

图 3-2　融合资源池解决方案

3.2.1　基础设施层

基础设施层是指构成云计算解决方案的底层硬件设备。云计算不是孤立存在的技术，需要借助底层的交换机、路由器、服务器和防火墙等网络基础设备才能顺利运行。云计算通过虚拟化技术将许多 IT 硬件资源整合起来，以分布式处理的方式向用户提供按需服务。云计算、云安全、云存储和云软件都适用于这个理念。华为云计算解决方案的硬件设施如图 3-3 所示。

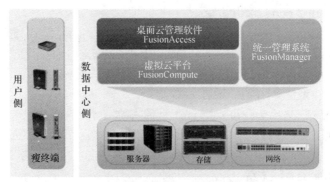

图 3-3　华为云计算解决方案的硬件设施

1. 服务器

服务器是提供计算服务的物理设备。由于服务器需要响应服务请求，并进行处理，因此服务器应具备承担服务并且保障服务的能力。服务器的构成包括处理器、硬盘、内存、系统总线等，与通用的计算机类似。但由于需要提供高可靠性计算服务，服务器在处理能力、稳定性、可靠性、安全性、可扩展性和可管理性等方面比通用计算机要求更高。

微课视频

服务器按外形可分为塔式服务器、机架式服务器和刀片式服务器。每种类型的服务器的外观与内部结构都不同，都有各自的优点与缺点。

（1）塔式服务器

塔式服务器外形如图 3-4 所示，从外观与内部结构来看，塔式服务器都与平时使用的普通台式 PC 差不多。由于服务器的主板扩展性较强，插槽也多，因此它的个头比普通台式 PC 大一些，其优点是会预留足够的内部空间以便日后进行硬件的冗余扩展。由于只有一台主机，塔式服务器即使进行升级扩容，其容量也是有限的，因此在一些对应用需求要求较高的企业中，塔式服务器就无法满足要求了。它的局限性就是个头太大，独立性太强，协同工作时占用空间大且系统管理不方便。

总的来说，这类服务器在功能、性能方面基本能满足大部分企业用户的要求，其成本通常也比较低，因此这类服务器仍有非常广阔的应用前景。

（2）机架式服务器

机架式服务器作为专为互联网设计的服务器，是一种外观按照统一标准设计的服务器，以配合机柜统一使用。机架式服务器是一种优化结构的塔式服务器，它的设计宗旨主要是尽可能减少服务器对空间的占用。对于用户而言，服务器占用空间小的直接好处就是在机房托管的时候价格会便宜很多。华为 RH2288 机架式服务器外形如图 3-5 所示。

但机架式服务器的缺点也非常明显，因为占用空间比塔式服务器小，在扩展性和散热方面受到一定的限制，配件也要经过一定的筛选，所以单机性能和应用范围比较有限，只能专注于某一方面的应用。

图 3-4　塔式服务器外形　　　　　　图 3-5　华为 RH2288 机架式服务器外形

（3）刀片式服务器

刀片式服务器是一种高可用、高密度的低成本服务器平台，是专门为特殊应用行业和高密度计算机环境设计的。每一块"刀片"实际上就是一块系统主板，可以通过本地硬盘启动自己的操作系统，类似一个个独立的服务器。在这种模式下，每一个主板运行自己的系统，服务于指定的不同用户群，相互之间没有关联。此外，也可以使用系统软件将这些主板集合成一个集群服务器。在集群模式下，所有的主板可以连接起来提供高速的网络环境，实现共享资源，为相同的用户群服务。

集群整体性能随着新的"刀片"插入而获得提升。由于每块"刀片"都是热插拔的，因此系统可以轻松地替换"刀片"，将维护时间减少到最小。刀片服务器的内部格局非常紧凑，往往没有多余的空间扩展外部设备，并且一般没有散热风扇和独立电源，因此就需要与厂家特定型号的机框配合才能使用。

华为 E9000 系列刀片式服务器如图 3-6 所示。E9000 可横插 8 个全宽计算节点或者 16 个半宽计算节点，支持槽位拆分。针对不同应用场景，可自由选择 4 种类型的计算节点进行搭配使用。其计算节点的特点简述如下。

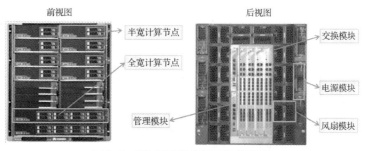

图 3-6　华为 E9000 系列刀片式服务器

59

① CH121 半宽计算节点：最大支持 2 个 8 核英特尔至强 E5-2690 CPU，具备超强计算性能；支持 24 根 1.5 倍高内存，最大内存容量为 768GB，具备超量内存。

② CH222 全宽存储扩展型计算节点：最多支持 24 根 1.5 倍高内存，最大内存容量为 768GB，具备超量内存；最多可配置 15 个 2.5 寸（1 寸≈3.33 厘米）硬盘，非常适合大数据处理和分布式计算，具备超大存储。

③ CH240 全宽计算节点：最大支持 4 个英特尔至强 E5-4600 系列 CPU，具备超强计算性能；支持 48 根 1.5 倍高内存，最大内存容量为 1.5TB，具备超量内存；最多可配置 8 个 2.5 寸硬盘，适合对性能和容量均有较高要求的数据库使用，具备超大存储。

④ CH242 全宽计算节点：最大支持 4 个英特尔至强 E7-4800 系列 CPU，具备超强计算性能；支持 32 根 1.5 倍高内存，最大内存容量为 1TB，具备超量内存；最多可配置 8 个 2.5 寸硬盘，最大硬盘容量 8TB，适合对性能和容量均有较高要求的数据库使用，具备超大存储。

E9000 不仅具有强大的计算能力和存储能力，而且具备强大的数据交换能力，其交换模块采用基于业界领先的华为数据中心交换技术。交换模块的背板交换容量达到 15.6TB，支持从 10Gbit/s 演进到 40Gbit/s、100Gbit/s，其单框上行最大 128 个 10Gbit/s 端口，同时支持 Ethernet、IB、FC 等多种接口类型。

2. 存储

云数据中心通常使用存储阵列作为外部共享存储设备。华为 OceanStor V3 系列存储采用最新的存储技术和全新的硬件架构，支持 16Gbit/s 的 FC、1Gbit/s 的 iSCSI（Internet Small Computer System Interface，Internet 小型计算机系统接口）或 10Gbit/s 的 FCoE 主机接口。它可提供高达 40Gbit/s 的系统带宽，具有 4TB 的缓存容量和 8PB 的存储空间，支持 SAN（Storage Area Network，存储区域网络）与 NAS（Network Attached Storage，网络附接存储）一体化，兼容 SAN 和 NAS 两种制式，满足业务弹性发展需求，可简化业务部署，提升存储资源利用率。SAN 是在服务器与存储设备之间建立的高速专用存储网络；NAS 是基于 IP 网络实现跨平台文件共享的专用存储设备。华为 OceanStor V3 在系统可靠性方面支持 8 控，可实现性能、容量的线性扩展，保证控制器之间的负载均衡且互为热备，可靠性更高，可将资源集中存储。华为 OceanStor 5600/5800 V3 的外观如图 3-7 所示。

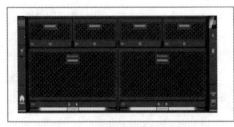
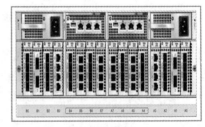

（a）控制框正面　　　　　　　　　　　　（b）控制框背面

图 3-7　华为 OceanStor 5600/5800 V3 的外观

3. 网络

云数据中心需要满足大量的虚拟机对网络的高频率访问需求。华为 S 系列以太网交换机是为满足大带宽接入和以太网多业务汇聚而推出的新一代全千兆、高性能以太网交换机。它基于新一代高性能硬件和华为统一的 VRP（Versatile Routing Platform，通用路由平台），具备大容量、高可靠、高密度的千兆端口，可提供万兆上行端口，支持 iStack 智能堆叠（iStack 是一种将多台设备堆叠起来，虚拟成

微课视频

一台设备来管理和使用的技术）。云数据中心组网推荐以下两种典型的以太网交换机。

① S5700-28C-EI-24S 交换机：支持 24 个千兆以太网光口，以及 4 个千兆 Combo 口（光电复用端口）。

② S6700 系列交换机：支持万兆接口，适用于高密度的计算场景。在 S6700-24-EI 交换机中可支持 24 个万兆接口互联，在 S6700-48-EI 交换机中可支持多达 48 个万兆接口互联。

4. TC 设备

TC 用于桌面云环境中的虚拟桌面接入。标准的 TC 设备包含 CPU、内存、硬盘等硬件，但性能较普通 PC 弱很多。例如，CT6000 的 CPU 主频仅有 1.8GHz，内存也仅有 2GB，噪声较低，能耗非常低。因此在桌面办公环境中，桌面云使用 TC 替换传统的 PC，可以降低能耗，减少采购成本。华为推出了 3 种类型的 TC 设备可供选择，外形如图 3-8 所示。3 种设备的主要区别体现在图形的显示效果上，CT3100 适用于高性能办公；CT5000 适用于高性能图形、视频播放；CT6000 适用于高性能图形处理、3D 图像制作和营业厅办公。

CT3100　　　　　CT5000　　　　　CT6000

图 3-8　华为 TC 设备

为了给用户带来最佳的使用体验，推荐用以上最适合的硬件设备来匹配华为桌面云，以消除性能瓶颈，同时避免硬件资源浪费。但华为桌面云同样可以兼容业界主流硬件，例如 IBM、HP、DELL 的服务器、存储设备等。

3.2.2　虚拟化层

虚拟化层可使数据中心摆脱业务、应用与硬件设备的绑定关系，实现软硬件解耦，以体现业务部署的灵活性和敏捷性。华为融合资源池解决方案在虚拟化层包含如下虚拟化产品。

1. 服务器虚拟化产品 FusionCompute

FusionCompute 是 FusionSphere 云操作系统的虚拟化引擎，主要提供资源的虚拟化和虚拟化资源池的管理功能。FusionCompute 包含计算节点代理（Computing Node Agent，CNA）和虚拟资源管理（Virtual Resource Management，VRM）两个逻辑组件，管理员通过浏览器使用 VRM 提供的 WebUI Portal 接口地址访问 VRM 的管理网站，如图 3-9 所示。

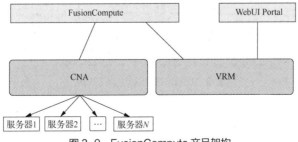

图 3-9　FusionCompute 产品架构

部署 FusionCompute 需要在所有裸物理服务器上安装虚拟化软件 UVP（Universal Virtualization

Platform，通用虚拟化平台），使所有的裸物理服务器成为 CNA 节点，从而实现单机资源的虚拟化。同时，为解决孤立、分散的虚拟资源难以统一管理、分配的问题，VRM 统一管理各个 CNA 节点，对计算资源、存储资源和网络资源进行统一管理和分配，即虚拟机的创建和管理、分布式虚拟交换机的创建和管理、存储资源的添加、数据存储的创建和管理等。

需要指出的是，FusionCompute 的主要功能是实现计算虚拟化，它并非存储和网络虚拟化的完整解决方案。它的存储虚拟化功能仅针对虚拟机提供存储（仅限于虚拟磁盘），无法针对业务和服务提供存储服务；它的网络虚拟化功能也仅针对接入层的虚拟化（虚拟交换技术），也无法完整实现包括物理网络在内的全部网络虚拟化功能。

【疑难解析】

Ⅰ．如何理解 FusionCompute 不是完整的网络虚拟化解决方案？

答：网络虚拟化可以根据不同的网络需求，灵活组织网络的连接形态，使底层的网络设备可以被高层软件定义。网络虚拟化从业务和服务的角度出发，直接部署虚拟网络而不需要越过高层软件去配置底层的网络硬件设备，使业务和应用的实现敏捷、灵动。例如，当虚拟机需要与外网通信时，FusionCompute 虚拟化平台仅能完成虚拟交换的相关配置（创建虚拟交换机和设置端口组属性等），无法自动控制底层的物理交换机完成 VLAN 配置。由于物理交换机无法被高层软件定义，仍需要以非虚拟化的方式（人工配置）完成，因而 FusionCompute 不能实现完全的网络虚拟化。

2．华为分布式存储软件 FusionStorage

FusionStorage 是基于 ServerSAN 架构的华为分布式存储软件，它采用软件定义存储的方式，可实现高性能、高可靠性、高扩展性和易管理的分布式存储功能，其结构如图 3-10 所示。FusionStorage 向上层应用和虚拟机提供标准的 SCSI（Small Computer System Interface，小型计算机系统接口）和 iSCSI 类型的接口。SCSI 是指计算机及其周边设备（如硬盘、软驱、光驱、打印机、扫描仪等）之间的系统级接口。iSCSI 是指基于 TCP/IP 和以太网协议的存储应用标准，通常用于组建 IP SAN。FusionStorage 的基本工作原理详见项目 5。

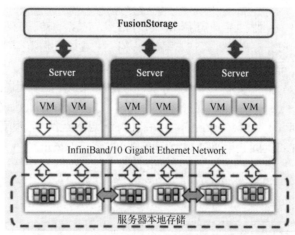

图 3-10　FusionStorage 的结构

【疑难解析】

Ⅱ．什么是 ServerSAN 架构？

答：ServerSAN 是一个由多个独立服务器自带的存储（硬盘）组成的存储资源池，每台服务器构成存储池的一个存储节点。存储节点通过底层的网络及相应的分布式存储软件进行存储资源的组织和调用，同时融合计算和存储资源。即使某台服务器硬件发生故障，也不会影响整个存储池的正常工作，由此可实现存储资源的高可靠性。

Ⅲ. FusionStorage 的数据分散在多个节点上，如何保证单个存储节点的故障不会导致数据丢失？

答：FusionStorage 采用了 3 种技术保证数据的可靠性。

- 多副本机制：FusionStorage 在存储数据时，数据分片分布在不同的存储节点上，甚至不同的机柜中。数据存储采用多副本机制，支持两副本或三副本，数据被分片打散保存到多个节点上，同时每一个分片的副本也被保存到不同的存储节点上。

- 快速数据重建：当硬件故障导致数据不一致（多副本之间不一致）时，FusionStorage 通过内部自检机制，比较不同节点上的副本分片，自动发现故障，启动数据修复机制。由于数据分散保存在不同节点上，数据修复会在不同的节点上同时启动。每个节点只修复一小部分，多个节点并行工作，避免因修复大量数据导致的性能瓶颈。

- 掉电保护：FusionStorage 使用保电介质来保护元数据和缓存数据，以防掉电丢失。目前支持的保电介质为非易失性双列直插式内存模块（Non-Volatile Dual In-line Memory Module，NVDIMM）或 SSD。

3. 华为网络虚拟化组件 FusionNetwork

网络虚拟化包括服务器内部的网络虚拟化和物理通信设备的虚拟化。由于华为目前并没有推出实施 FusionNetwork 的具体产品，因此华为云是基于云数据中心场景下的 OpenStack Neutron 组件和 SDN 实现网络虚拟化功能的。如果在服务器虚拟化场景下，则只能通过虚拟交换机实现接入层的虚拟化功能。

4. 虚拟化层总结

虚拟化层实现了软硬件解耦，提供了虚拟机迁移的敏捷性，但仍存在以下问题。

① 如何解决不同类型的虚拟化资源融合问题？

② 如何解决同类型、不同厂商的虚拟化资源融合问题？

③ 如何解决同厂商的多套虚拟化资源融合问题？

3.2.3 资源管理层

1. 资源管理层的重要性

资源管理层用于解决不同类型的虚拟化资源融合问题，从而为高层业务提供独立于底层的敏捷性。资源管理层功能举例如图 3-11 所示，位于左侧中间的组件是主机操作系统，它可屏蔽底层硬件的差异，使软件开发程序员在编写程序代码的时候，不必关注底层 CPU 的品牌是因特尔还是 AMD；CPU 型号是因特尔酷睿 i7 还是 i5；CPU 主频是 4GHz 还是 3.3GHz；内存条品牌是金士顿还是威刚；内存容量是 8GB 还是 12GB 等问题。由于硬件资源管理工作都交给操作系统来完成，因此高层应用需要使用计算和存储资源的时候，只需调用操作系统提供的调用接口即可，而不必关注操作系统自身的实现原理。借助操作系统的解耦，高层软件能实现与底层硬件无关的敏捷性。

图 3-11　资源管理层功能举例

同理，位于图 3-11 右侧的资源管理层在功能上类似操作系统，它可屏蔽虚拟化层的差异，为云服务层提供统一的接口，使云服务的开发者们可以专注于云服务软件的开发，而不必关注云服务软件与虚拟化层的兼容问题。

2. FusionSphere 解决方案

华为 FusionSphere 是华为云操作系统，也是华为云的资源管理层和云服务层解决方案。它包括 FusionCompute 虚拟化引擎和 FusionManager 等云管理相关组件，是华为云计算融合资源池解决方案的核心。需要特别指出的是，华为 FusionSphere 云操作系统在资源管理层有两个不同的产品，即 FusionSphere 和 FusionSphere OpenStack，这两个产品彼此不能兼容，可分别应用于 3 种场景。

（1）服务器虚拟化场景（IT 架构）

在服务器虚拟化场景下，FusionSphere 逻辑架构如图 3-12 所示，它包含 FusionManager 和 FusionCompute 这两个最主要的组件。FusionManager 不仅可以南向兼容 FusionCompute 和 FusionStorage，而且可以兼容 VMware vSphere 创建的 vCenter 虚拟化资源池。分布式存储组件 FusionStorage 是可选配置，可以为 FusionSphere 提供分布式存储资源。备份与容灾包含 UltraVR、eBackup 和 FuisonSphere SOI 组件。其中，UltraVR 提供跨站点的容灾功能；eBackup 提供虚拟机的备份功能；FusionSphere SOI 是性能监控和分析系统，用于对 FusionCompute 中虚拟资源的性能指标进行采集和展示，并建立模型进行分析。

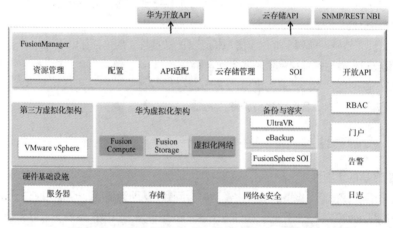

图 3-12　服务器虚拟化场景的 FusionSphere 逻辑架构

目前，FusionManager 是服务器虚拟化场景下的资源管理层软件，包含 FusionManager_Local（FusionManager_SV）和 FusionManager_Top（ManageOne_SC）两个部分，其逻辑结构如图 3-13 所示。FusionManager_SV 部署在各个数据中心内，作为管理其虚拟化资源的管理组件，可实现对华为 FusionCompute 和 VMware 虚拟化本地资源池的统一管理，同时支持对底层硬件设备的管理。如果企业有多数据中心的管理需求，则需要在主数据中心内部署 FusionManager_Top 组件，接管多地数据中心的 FusionManager_Local。

如果企业只有一个数据中心，则可以直接部署 FusionManager 的 All-In-One 架构，即仅安装部署 FusionManager_SV。但 All-In-One 架构一旦部署之后，则无法再扩展为 Top-Local 架构。FusionManager 北向接口为云服务层使用底层的虚拟化资源提供访问接口，南向仅能兼容华为 FusionCompute 虚拟化资源池和 VMware vCenter 虚拟化资源池。

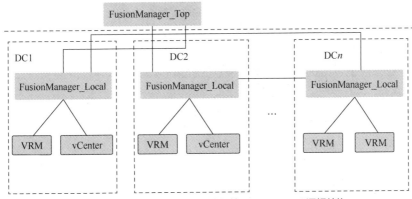

图 3-13　FusionManager 的分级管理 Top-Local 逻辑结构

【疑难解析】

Ⅳ．服务器虚拟化场景的 FusionSphere 适用于什么类型的数据中心？

答：服务器虚拟化场景的 FusionSphere 南向接口仅能对接 FusionCompute 和 VMware vCenter 虚拟化资源池，并且与 vCenter 虚拟化资源池的兼容性不如 FusionCompute 好。因此该产品适合于企业内部全部采用 FusionCompute 的场景，即单一虚拟化场景下，FusionSphere 能充分发挥其成熟、稳定的优势。

Ⅴ．如果底层的虚拟化资源池采用的是 Hyper-V 或 KVM，能使用 FusionSphere 来接管吗？

答：服务器虚拟化场景的 FusionSphere 无法对接 Hyper-V 或者 KVM 类型的虚拟化资源。如果企业已经建立该类型的虚拟化资源池，则需要使用基于云数据中心场景的 FusionSphere 产品，即 FusionSphere OpenStack。FusionSphere OpenStack 具备强大的南向接入能力，能对接主流的虚拟化产品，包括 FusionCompute、vCenter、Hyper-V 和 KVM 等。

（2）云数据中心场景（ICT 架构）

由于 FusionSphere 南向接入资源的种类较少，为了兼容更多种类的虚拟化资源池，华为推出了基于云数据中心场景的云操作系统产品 FusionSphere OpenStack。该产品基于通用的开源 OpenStack 平台，具备更好的兼容性和南向接入能力。

① OpenStack 概述：OpenStack 是一个由 NASA 和 RackSpace 合作研发的、以 Apache 许可证授权的自由软件和开放源代码项目，也是一个开源的云计算管理平台项目。它由几个主要的组件组合起来完成具体工作，几乎支持所有类型的云环境，其目标是提供实施简单、可大规模扩展、丰富、标准统一的云计算管理平台。OpenStack 通过各种互补的服务组件提供基础设施即服务（IaaS）的解决方案，为每个服务提供 API 以进行集成。API 是一些预先定义的接口（如函数、HTTP 接口等），应用程序通过这些接口来获取操作系统提供的服务。

OpenStack 作为一个云操作系统，能将各类硬、软件资源抽象成资源池，并且可根据管理员或用户的需求来分配资源。另外 OpenStack 也是一个模块化的分布式软件，其内部集成了大量组件。管理员可以通过这些组件的共同协作，完成底层资源的组织，因此 OpenStack 几乎可以适应所有场景，具备强大的异构产品兼容性。OpenStack 的设计与开发遵循如下基本思想。

- 开放：采用开源方式，并尽最大可能重用已有的开源项目。
- 灵活：不使用任何不可替代的私有/商业组件，采用插件化的方式进行架构设计与实现。
- 可扩展：由多个相互独立的项目组成，每个项目包含多个独立服务组件，采用无中心、无状态架构。

② FusionSphere OpenStack 概述: FusionSphere OpenStack（为了便于叙述, 将 FusionSphere OpenStack 简称为 FSO）基于开源的社区版 OpenStack 进行了商业加固开发, 保持了社区版 OpenStack 的核心主干代码不变, 方便无缝集成, 其所有扩展和增强都是基于 OpenStack 自带的原生标准插件机制/驱动机制实现的, 并且其他厂商的驱动也可以集成到华为的 FSO 解决方案中, 保持了 FSO 的开放性。FSO 在部署上相对社区版具有如下特点。

- 易部署: 提供图形化的 OpenStack 自动化部署组件、配置及角色修改, 简化安装和 OpenStack 管理。
- 易运维: 通过 Web 界面和命令行界面对系统升级。
- 高可靠性: 管理服务均以主备或负载分担的方式部署, 防止单点故障。
- 扩展性: 支持对接 FusionCompute、FusionStorage。

③ FusionSphere OpenStack 逻辑架构:云数据中心场景下,FSO 的逻辑架构如图 3-14 所示。云数据中心场景的 FSO 取代了服务器虚拟化场景下的 FusionManager_SV 组件, 成为云数据中心的资源管理层软件, 提供虚拟资源的基础设施服务。FSO 基于开源的 OpenStack 开发, 因此其内部也有与 OpenStack 相同的组件, 例如 Keystone、Swift、Nova、Glance、Cinder、Neutron、Heat、Ceilometer、Ironic 等。这些组件的主要功能如下。

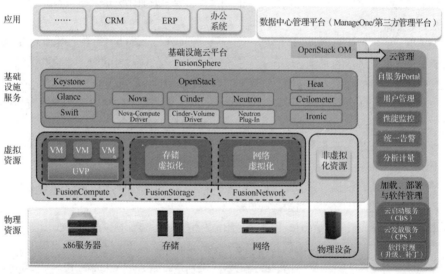

图 3-14　FSO 的逻辑架构

- Keystone: 提供认证服务, 为所有的 OpenStack 组件提供认证和访问策略服务, 主要对 Swift、Glance、Nova 进行认证与授权。
- Swift: 提供分布式对象存储服务, 在 OpenStack 中负责为 Glance 组件提供镜像存储空间。
- Nova: 提供计算服务功能, 负责云的计算资源管理。Nova 管理虚拟机的生命周期, 按需执行生成、调度、回收虚拟机等操作, 并不提供任何具体的虚拟化能力, 它通过 Web 服务的 API 来对外提供处理接口。
- Glance: 提供虚拟机镜像的存储、查询和检索工能, 为 Nova 提供服务。
- Cinder: 提供块存储服务, 为虚拟机提供持续的块存储服务, 有管理卷和快照的功能。
- Neutron: 提供网络服务, 为 OpenStack 提供网络支持, 包括二层交换、三层路由和负载均衡等, 可通过代理程序 Agent 对接华为接入控制器实现 SDN。

- Heat：提供业务编排服务，将用户定义的任务模板交给 Heat 执行，Heat 负责执行定义好的任务。
- Ceilometer：提供监控、计量服务，收集整个 OpenStack 系统各类信息、资源使用情况，为计费软件提供原始数据。
- Ironic：提供裸金属服务，在 OpenStack 环境下，为 Nova 组件调用裸金属设备提供服务。

（3）运营商场景（NFVI 架构）

运营商为了避免被设备厂商锁定，在虚拟化层选择上往往会避免使用单一厂商的产品，而更侧重一些通用的开源软件产品。因此运营商场景下，虚拟化层产品由 FusionCompute 更换为 KVM，资源管理层使用 FusionSphere OpenStack，云服务器层使用 FusionSphere OpenStack OM。

【疑难解析】

Ⅵ. 华为在资源管理层为什么要放弃更新 FusionManager，而采用 FSO 作为替代产品？

答：FusionManager 作为资源管理层软件，必须能够兼容异构虚拟化资源。FusionManager 南向接口仅能兼容华为自己的 FusionCompute 和 VMware 公司的 vCenter，无法兼容 KVM 或 Hyper-V 等其他类型的资源池。如果要让 FusionManager 能够兼容更多的异构虚拟化资源，则华为必须负责开发和升级维护针对每种虚拟化产品的接口驱动。这不仅会极大地增加开发工作量，而且花费如此巨大的代价到资源管理层，无疑是不值得的。作为提供云计算解决方案的厂商，更应该关注的是云服务层，因为它才是直接为用户提供服务的层次，也是当前市场竞争的焦点。因此华为在云计算产品的开发中，放弃一个自我维护的封闭架构，转向一个开源的云开发平台 OpenStack，这无疑是正确的选择。这意味着只要任何厂商的虚拟化产品可以兼容 OpenStack，无须华为进行任何定制开发就可以对接华为 FusionSphere OpenStack，这就为华为云提供了极为良好的兼容性。

3.2.4 云服务层

1. 华为云服务产品

云服务是指在云计算架构支撑下对外提供的按需分配、可计量的一种 IT 服务模式。华为云计算在云服务层也有两类产品，即基于 IT 架构的 ManageOne 和基于 ICT 架构的 ManageOne。需要注意的是，这两种 ManageOne 产品分别对接不同场景下的资源管理层软件。如果资源管理层采用的是基于 IT 架构的 FusionManager_SV，则云服务层也必须采用基于 IT 架构的 ManageOne；反之，如果资源管理层采用的是基于 ICT 架构的 FSO，则云服务层也必须采用基于 ICT 架构的 ManageOne。

ManageOne 软件包括 SC（Service Center，服务中心）、OC（Operation Center，操作中心）这两个组件，其中 SC 负责业务发放，OC 负责运维监控。

2. ManageOne 的功能

华为 ManageOne 可对接 IaaS 资源池、大数据资源池，可为租户提供云主机、云硬盘、虚拟数据中心（Virtual Data Center，VDC）、弹性 IP、备份（Backup）、容灾（Disaster Recovery，DR）等大数据服务，如图 3-15 所示。

图 3-15 ManageOne 的功能

3.3 一体化解决方案 FusionCube

随着云计算和大数据时代的来临，虚拟化技术和数据处理技术得到越来越广泛的运用。与此同时，新业务对业务部署、设备管理和处理性能等方面提出了新的挑战。面对新的挑战，传统多业务系统的弊端日益明显。

传统企业数据中心的 IT 系统为了满足多种业务系统的需求，往往是分离部署的。例如，订单处理是一个系统，交易处理是一个系统，设备监控和管理又是另外一个系统。由于每套系统都需要计算、存储、网络等资源，因此这种多系统的分离部署存在着设备投资成本较高、硬件资源使用率较低、存储空间占用大、易导致"孤岛"形态、管理和维护复杂等问题。那么有没有将多业务系统重构整合为一体化系统的解决方案呢？FusionCube 一体化解决方案正是为解决这样的问题而设计的。

华为 FusionCube 把传统的计算、存储和网络分离的系统整合到一个统一的系统中，搭载业界领先数据库（SAP HANA、Oracle、DB2、MySQL 等），为企业 ERP、数据仓库等关键应用加速，助力企业迅速分析和获取关键数据。如图 3-16 所示，FusionCube 通过 FusionSphere 和 FusionStorage 软件实现分布式部署。FusionCube 解决方案的硬件载体使用 E9000 系列刀片式服务器，通过服务器自带的 GE/10GE/FCoE/IB（InfiniBand）/FC 交换模块实现数据高速交换。FusionStorage 采用分布式 Server SAN 架构，通过高速 InfiniBand 连接和高速 SSD 存储，具有更高的性能和更好的扩展能力。

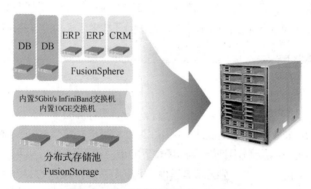

图 3-16　一体化解决方案 FusionCube

FusionCube 一体化解决方案支持线性平滑扩容，支持增加刀片、增加机框、增加机柜这 3 种横向形式（Sacle-Out）的扩容，使上层应用对扩容无感知。当前各种技术正走向融合，FusionCube 融合了服务器、存储、网络设备和管理软件，可大幅提升业务性能和效率，并可大幅降低运维成本。它作为 IT 基础设施，可应用于企业虚拟化平台、数据仓库、桌面云、数据中心建设等场景中。

3.4 桌面云 FusionAccess 解决方案

3.4.1 华为 FusionAccess 桌面云解决方案

1. 桌面云的优势

① 数据安全性高：企业的业务数据由于保存在本地主机，很容易被人通过 U 盘等方式窃取。此

外，还存在众多端口难以管控、使用者行为难以约束、计算机失窃导致数据丢失等安全性问题。桌面云通过将用户终端与实际的数据分离，让用户通过安全加密和访问控制访问保存在云端的数据，从而完美地解决数据安全问题。

② 数据可靠性高：存储在硬盘中的数据容易因故障而丢失，存在着较大的安全隐患。桌面云的云端硬软件设备采用高可靠性架构，可有效防止因单一设备和单一系统故障导致的数据丢失。

③ 运维效率高：传统的 PC 主机招标采购和故障维护时间长、效率低，同时软硬件多样化导致运维管理难度大，运维效率很低。桌面云可实现桌面的快速发放、集中运维，可在很短时间内集中发放大量的桌面，从而大幅提高运维效率（人均维护 1500 个桌面），同时具备故障的快速恢复能力。

④ 支持远程接入和移动办公：桌面云可满足移动办公需求，通过虚拟机承载桌面应用，将本地存储、计算和应用程序全部迁移到云数据中心，形成"云-管-端"架构，随时随地实现远程接入，从而解决企业员工在出差中无法实现在线办公、难以访问企业内网资源的问题。

2. FusionAccess 桌面云组件

FusionAccess 桌面云是基于华为云平台的一种虚拟桌面应用，以服务器虚拟化为基础，允许多个用户桌面以虚拟机的形式独立运行，同时可共享 CPU、内存、网络连接和存储器等底层物理硬件资源。终端用户可通过瘦终端或者其他任何与网络相连的设备来访问跨平台应用程序及整个桌面。桌面云通过虚拟化的隔离技术实现隔离，保护用户桌面不受到其他应用崩溃和操作系统故障的影响。FusionAccess 桌面云组件如图 3-17 所示。

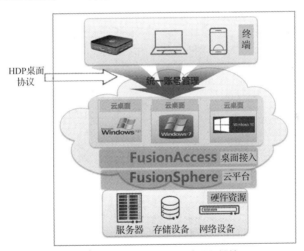

图 3-17　FusionAccess 桌面云组件

FusionAccess 由四大组件组成：终端部分通过瘦终端或客户端软件等部件，为用户提供桌面云的接入服务；桌面接入部分，采用华为自研的高清保真 HDP 桌面协议，可将授权用户安全连接至虚拟桌面；云平台采用华为自研的云操作系统 FusionSphere，实现对底层服务器、存储设备和网络设备的虚拟化以及对虚拟资源、物理资源的管理；硬件资源包括底层的服务器、存储设备和网络设备，可为虚拟化以及高层应用提供硬件支持。

3.4.2　桌面云典型应用场景

桌面云服务主要应用于普通办公、安全办公、工作站、呼叫中心和公用终端等场景。FusionAccess

可以根据不同场景下的用户需求，提出适宜的实现方案。桌面云详细内容详见项目 8。

3.5 项目总结

本项目基于不同用户对云计算数据中心的不同需求，系统介绍了华为云计算的各类解决方案，重点讲述了融合资源池解决方案的实现原理，同时简要介绍了华为一体化解决方案 FusionCube 和桌面云解决方案 FusionAccess 的基本功能。通过本项目，读者可以从宏观上把握华为私有云解决方案 FusionCloud 的整体架构。

3.6 思考练习

一、选择题

1. 在云计算中，数据中心南北流量是指下列哪项？（　　　）

    A. 多数据中心之间的交互流量   B. 数据中心到用户的业务流量

    C. 数据中心内部交互流量   D. 数据中心外部流量

2. FusionSphere 解决方案通过在服务器上部署虚拟化软件，实现硬件资源虚拟化，从而使多台物理服务器可以整合成一台高性能虚拟机。（　　　）

    A. 对   B. 错

3. 华为 FusionSphere 产品整体构架中，包含哪些模块？（多选）（　　　）

    A. FusionCompute   B. FusionStorage

    C. FusionNetwork   D. FusionCloud

4. 以下哪个组件是 FusionSphere 的虚拟化部件，主要提供资源虚拟化和虚拟化资源池的管理功能？（　　　）

    A. FusionManager   B. FusionAccess

    C. FusionCompute   D. FusionStorage

5. 以下哪些是 FusionSphere 的特点？（　　　）

    A. 应用按需分配资源   B. 广泛兼容各种软硬件

    C. 自动化调度   D. 丰富的运维管理

二、简答题

1. 服务器有哪些种类？各自有什么优缺点？

2. FusionCloud 云计算产品包含哪些组件？各组件的功能是什么？

3. 服务器虚拟化产品 FusionCompute 包含哪些主要组件？各组件的功能是什么？

4. 服务器虚拟化场景的 FusionSphere 适用于什么类型的数据中心？

5. 云计算为什么需要资源管理层？华为云计算产品的什么组件工作在资源管理层？

6. 华为云计算产品为什么要重点发展 FusionSphere OpenStack？原有的 FusionManager 有哪些不足？

7. FusionSphere OpenStack 包含哪些逻辑组件？主要功能是什么？

8. 华为桌面云产品是什么？为什么在企业办公方面桌面云具有多种优势？

应用篇

项目 4
服务器虚拟化的计算资源管理

04

项目导读

服务器虚拟化使资源配置方式发生了巨大改变，使 CPU、内存、磁盘、I/O 等硬件变成可以动态管理的虚拟资源，从而提高资源的利用率，简化系统管理，实现服务器整合，让 IT 对业务的变化更具适应力。因此服务器虚拟化成为计算资源配置的必备方式，也是融合资源池解决方案在虚拟化层的重要核心。华为 FusionCompute 是华为云实现服务器虚拟化的主要产品，负责硬件资源的虚拟化，以及集中管理虚拟资源、业务资源和用户资源。

拓展阅读

知识教学目标

① 了解服务器虚拟化的基本概念
② 了解虚拟化集群技术的基本原理

③ 理解华为服务器虚拟化产品 FusionCompute 系统架构
④ 理解 FusionCompute 的功能特性和规格特性

技能培养目标

① 掌握华为 RH2288 V3 服务器的 iBMC 远程登录配置方法
② 掌握华为 RH2288 V3 服务器的 RAID 磁盘组创建方法
③ 掌握 FusionCompute 组件 CNA 的安装方法
④ 掌握 FusionCompute 组件 VRM 的安装方法

⑤ 掌握 FusionCompute 配置计算、存储和网络资源的方法
⑥ 掌握 FusionCompute 虚拟机的创建方法
⑦ 掌握虚拟机 Windows/Linux 操作系统的安装方法

////// 4.1　项目综述

1. 需求描述

某企业花费巨资建立数据中心，实现了企业生产、经营和管理的信息化和自动化。但数据中心投入运营后出现了服务器硬件资源利用率低、能源消耗巨大、运维成本较高的问题，而且硬件系统故障或升级维护必须中断正常业务，严重影响了用户的访问体验，削弱了企业竞争力。通过在企业数据中心引入服务器虚拟化技术，改变资源配置方式，以虚拟机作为业务的载体，提高了硬件资源的利用率，减少了运营成本。

2. 项目方案

采用服务器虚拟化技术对传统数据中心进行改造，实现如下目标。

- 通过虚拟化技术减少硬件设备数量，降低采购成本。
- 部署 Windows 虚拟机承载相关业务应用。
- 部署 Linux 虚拟机承载相关业务应用。

4.2 相关知识

4.2.1 服务器虚拟化

1. 传统 IT 系统面临的挑战

传统 IT 时代的 x86 服务器存在设计局限性，既无法做到应用之间的隔离，也无法实现性能和故障的隔离。如果将多种业务或应用整合至一台服务器，会带来不同应用之间的冲突、干扰以及病毒、木马感染等潜在风险。正因为如此，x86 服务器通常只能运行一个操作系统和应用，这也导致企业在建设数据中心时，即使是小型数据中心也往往要购入大量的服务器。

由于不同业务的负荷量存在明显差异，会导致部分服务器的资源利用率长期在低水平徘徊，甚至 CPU 等硬件资源的实际使用率不足 5%。即使在夜间业务量很低的时候，能源消耗也接近白天的消耗水平，大量的电力资源被浪费。由此可见，在当前业务系统快速扩充和数据呈指数级增长的背景下，传统 IT 系统面临着越来越严峻的挑战。由传统数据中心升级而来的云数据中心，能够摆脱业务与硬件的绑定关系，以业务为核心来合理分配、调整系统资源，从而解决传统数据中心的固有弊端。

2. 服务器虚拟化

服务器虚拟化是指将服务器物理资源抽象成逻辑资源，将一台物理服务器从逻辑上切分成几个甚至数十个相互隔离的虚拟服务器，从而将原来服务器承载的业务、应用放在虚拟机上完成，使资源不再受限于物理的界限。

服务器虚拟化软件将硬件的计算资源（CPU、内存、I/O 设备）、存储资源（硬盘、外置存储）、网络资源（网卡）进行虚拟化，形成虚拟的计算、存储和网络资源池。资源池内的各类资源在虚拟化集群管理软件的组织协调下，进行统一分配和使用。

3. 服务器虚拟化的优势

服务器虚拟化通过在资源池范围内分配虚拟化资源（如虚拟 CPU、虚拟内存、虚拟磁盘和虚拟网卡等）和创建多个虚拟机，从根本上改变了传统数据中心的固有形态。它使业务系统可摆脱物理硬件的约束，并根据业务需求实现动态迁移，如图 4-1 所示。

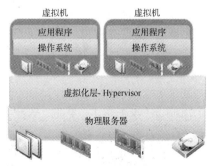

图 4-1 服务器虚拟化的实现方式

以虚拟机自由迁移为主要特征的服务器虚拟化技术给数据中心带来了如下好处。

（1）提高硬件利用率

随着计算机硬件技术的飞速发展，人们发现生产出来的硬件在性能上出现了很大的溢出，甚至大量的主机都处在平均使用率不到 5% 的水平上。在这种情况下，2003 年，美国 VMware 公司提出了服务器虚拟化技术，这种技术可解决主机硬件资源利用率很低的问题。假设原来需要 10 台服务器才能完成的工作（每台服务器负载率仅有 5%），现在只需要一台性能较高的服务器即可完成。服务器硬件利用率的提高可以大幅降低对服务器数量的需求。

（2）降低能耗，绿色节能

服务器虚拟化不仅能提高硬件利用率，而且能降低数据中心的制冷设备耗电量，甚至机柜数量、机房需求面积都会大幅减少。服务器虚拟化具有的分布式电源管理特性能够自动迁移虚拟机，控制空闲的服务器自动下电，实现低碳环保、绿色节能。

（3）提高 IT 运维效率，缩短新业务上线时间

服务器虚拟化可以实现业务操作的标准化，同时可对应用程序进行部署、升级和维护，不再需要费时费力的人工操作。服务器虚拟化可以使用虚拟机模板在很短时间内批量生成所需的虚拟机，也可以使用应用模板快速部署业务，在很短的时间内完成以往需要几天甚至几个月时间才能完成的工作。

（4）操作系统和硬件的解耦

借助虚拟化技术可实现软件与硬件系统的解耦，服务器虚拟化建立的虚拟化层屏蔽了底层硬件资源的差异，可向高层提供统一、开放的接口，提供虚拟机与业务在集群范围内的自由迁移功能。

（5）提高系统稳定性，保障业务连续性

服务器虚拟化的高可用特性可以在业务短时间中断后（通常是数分钟），通过集群调度策略使虚拟机在集群内的其他服务器上重新启动，维持业务的连续性，减少意外关机的情况发生的概率。

业务系统需要进行升级维护时，将业务虚拟机迁移至其他备用节点，待原节点的业务系统维护完毕后，再将虚拟机重新迁移回来，使正常业务不受升级维护影响。

4.2.2　FusionCompute 架构

1. FusionCompute 概述

FusionCompute 是华为推出的服务器虚拟化软件，也是 FusionSphere 云操作系统的虚拟化引擎，主要负责对虚拟资源、业务资源和用户资源进行集中管理。它采用统一的接口对虚拟资源进行集中调度和管理，从而降低业务的运行成本，保证系统的安全性和可靠性，协助运营商和企业构筑安全、绿色、节能的云数据中心。FusionCompute 虚拟化引擎是华为云计算基础平台的核心组成部分，采用基于裸金属架构的虚拟化技术，实现对服务器物理资源的抽象，将 CPU、内存、I/O 等硬件资源转化为一组可统一管理、调度和分配的逻辑资源。FusionCompute 可基于这些逻辑资源在单个服务器上构建多个同时运行、相互隔离的虚拟机执行环境，实现更高的资源利用率，同时满足更灵活的资源动态分配需求，例如提供热迁移、热备份等高级功能。此外，FusionCompute 也支持大二层 VxLAN 组网和SAN 存储裸设备映射等特性，可实现更低的运行成本、更高的灵活性和更快的业务响应速度。

微课视频

2. FusionCompute 架构

FusionCompute 包含计算节点代理（Computing Node Agent，CNA）和虚拟资源管理（Virtual Resource Manager，VRM）两部分组件，架构如图 4-2 所示。

（1）CNA

CNA 是服务器虚拟化功能的具体实施者。服务器虚拟化使底层的硬件服务器成为 CNA 节点，将其硬件资源进行虚拟化，形成了虚拟的计算、存储和网络资源。

 注意 CNA 只能对单个服务器实施虚拟化，不具备统一管理虚拟化资源池的能力。

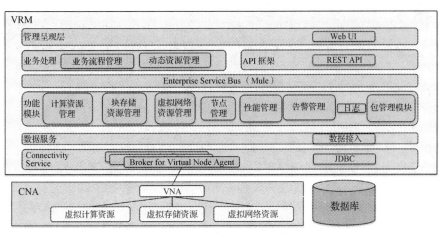

图 4-2　FusionCompute 架构

（2）VRM

VRM 是 FusionCompute 系统的管理单元，提供虚拟资源池的管理功能。它将分散、独立的 CNA 虚拟资源统一管理，并形成虚拟化资源池。VRM 一般以虚拟机方式运行，为管理员提供统一的维护操作接口。

3. FusionCompute 特点

（1）统一虚拟化平台

FusionCompute 支持虚拟化资源按需分配，支持多操作系统，支持 QoS 配置，可保证资源分配，隔离用户间影响。

微课视频

（2）支持多种硬件设备

FusionCompute 支持基于 x86 硬件平台的多种服务器，同时兼容多种存储设备，可供运营商和企业灵活选择。

（3）大集群

FusionCompute 单个集群最大可支持 128 个主机、3000 台虚拟机（不同版本支持的虚拟机数量不一样，最新版本支持的主机和虚拟机数量更多）。

（4）自动化调度

FusionCompute 通过 IT 资源调度、热管理、能耗管理等一体化管理功能，降低维护成本，自动检测服务器或业务的负载情况，对资源进行智能调度，均衡各服务器和业务系统负载，保证系统良好的用户体验和业务系统的最佳响应。

（5）完善的权限管理

FusionCompute 可根据不同的角色、权限，提供完善的权限管理功能，授权用户对系统内的资源进行管理。

（6）丰富的运维管理

FusionCompute 支持黑匣子、自动化健康检查和全 Web 化页面。

4.2.3　FusionCompute 基本特性

1. 虚拟机热迁移特性

微课视频

虚拟机热迁移是指基于虚拟镜像管理系统的共享存储，使虚拟机在不中断业务的情况下，迁移到集群内的其他节点继续运行的特性。虚拟机热迁移是动态资源调度（Dynamic Resource Scheduler, DRS）和分布式电源管理（Distributed Power Management, DPM）功能实现的前提条件。除了基于策略实施的 DRS 和 DPM 自动迁移方式外，管理员也可以实施虚拟机的手动热迁移，并且在热迁移过程中可实现业务无中断、用户无感知。虚拟机热迁移的实现原理如下。

① 初始信息传送：将虚拟机配置和设备信息传送到目标主机。

② 虚拟机内存传送：将虚拟机迁移时刻的初始内存和内存变更分片同步到目标主机。

③ 变更信息传送：在源主机上暂停虚拟机业务，然后将最后的变更内存传到目标主机。

④ 恢复目标虚拟机：在目标主机上恢复虚拟机，并在源主机上停止虚拟机运行。

热迁移无须关闭虚拟机，但有依赖共享存储等一系列限制条件。冷迁移是将虚拟机关闭后再做迁移，只需要源主机和目标主机之间的网络互通、平台兼容即可，不需要共享存储。热迁移和冷迁移都有各自的优势和适用场景。

2. 存储热迁移特性

存储热迁移（Storage Live Migration）又叫存储动态迁移，是指在不中断业务的前提下，将虚拟机存储从一个存储设备迁移到另一个存储设备的特性，以实现存储资源的负载均衡和升级维护。存储热迁移主要基于存储阵列设备，存储热迁移示意如图 4-3 所示。Windows 虚拟机在服务器 A 内运行，其虚拟磁盘位于存储阵列 A 的数据存储内。当存储阵列 A 需要关机维护时，存储热迁移功能将服务器 A 内的虚拟机磁盘在线迁移至存储阵列 B 的数据存储内，并维持该 Windows 虚拟机业务的正常进行。

图 4-3　存储热迁移示意

存储热迁移的实现原理如下。

① 在目标存储上创建一个与源存储相同的空镜像文件。

② 将目标存储的镜像文件设置为源镜像文件的镜像对,使虚拟机的 I/O 写操作也能写入目标存储内,以保证脏块数据的同步。

③ 通过迭代迁移技术将源镜像的数据迁移到目标镜像中,以保证基线数据的同步。

④ 基线数据同步完成后,在短暂的时间内暂停虚拟机的 I/O 请求,将虚拟机的存储文件从源镜像切换到目标镜像上,完成存储的热迁移。

 注意 　　脏块数据是指临时被修改的、还未写入存储设备的不一致数据;基线数据是指在迁移前源存储的快照数据。

4.2.4 FusionCompute 相关技术

1. VIMS 集群文件系统

虚拟机热迁移是基于虚拟镜像管理系统实施的。虚拟镜像管理系统(Virtual Image Management System, VIMS)是一种高性能的集群文件系统,它使虚拟化技术的应用能超出单个存储系统的限制,可让多个虚拟机共同访问一个整合的集群式存储池,从而显著提高资源利用率。VIMS 集群文件系统将数据存储格式转化为 VIMS 格式,从而挂载给 CNA 主机使用,其设计、构建和优化针对虚拟服务器环境。VIMS 是跨越多个服务器实现存储虚拟化的基础,可实现存储热迁移、存储动态资源调度和高可用特性。

为什么虚拟化环境要使用集群文件系统? 通常单主机使用的 NTFS/EXT3/EXT4 文件系统是不能直接用于共享存储环境的。例如,虚拟机 VM1 和 VM2 各自的文件系统分别管理位于同一数据存储上的逻辑磁盘 disk-1 和 disk-2。如果虚拟机 VM1 发生异常,将数据写入逻辑磁盘 disk-2 内,会导致存储空间的混乱。因此,多虚拟机在共享同一数据存储的情况下,就需要有统一管理的集群文件系统。

VIMS 集群文件系统的使用场景如图 4-4 所示,CNA1~CNA4 属于一个 VIMS 域,共享 VIMS 卷 1;CNA4~CNA5 属于另一个 VIMS 域,共享 VIMS 卷 2。在一个域中,VIMS 允许每个 CNA 节点看到并共享完整的 VIMS 卷,为保证多节点读写同一文件的数据一致性,采用分布式文件锁管理机制来平衡访问。每个 CNA 节点都将它的虚拟机文件存储在 VIMS 的特定子目录中。当一个虚拟机运行时,VIMS 将该虚拟机使用的虚拟机文件锁定,这样其他 CNA 便无法更新、修改它们。借助 VIMS 的锁机制,一个虚拟机磁盘可以被读共享、写独占,这既可以实现虚拟机文件的共享,又可以防止多个虚拟机的写入冲突。

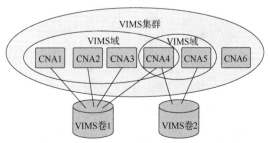

图 4-4　VIMS 集群文件系统的使用场景

2. 内存复用技术

内存复用是指在服务器物理内存一定的情况下，通过综合运用内存复用单项技术（内存气泡、内存共享、内存置换）对内存进行分时复用，使虚拟机内存规格总和大于实际内存总和。内存复用可提升内存资源的利用率，提高服务器的虚拟机密度，帮助用户节省内存采购成本，延长内存的升级周期。内存复用技术的实现方式主要有以下3种。

微课视频

（1）内存共享+写时复制

内存共享是一种允许多个虚拟机共享同一物理内存空间的技术，例如，图4-5所示的3个虚拟机共享物理内存中的深色区域。这时仅允许各个虚拟机对该内存区域做只读操作，如果需要写入数据，则使用写时复制技术。写时复制技术就是虚拟机对共享的内存空间进行写操作时，必须开辟另一内存空间（图4-5所示的浅色区域）以保存数据，并修改内存地址映射表。

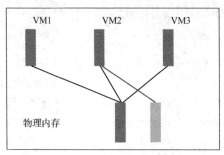

图4-5　内存共享+写时复制

（2）内存置换

内存置换是指将虚拟机长时间未访问的内存数据置换到存储设备中，并建立映射，减少对内存空间的占用。当虚拟机访问该内存数据时，再将该数据从存储中置换回来，如图4-6所示。

（3）内存气泡

内存气泡是指VMM将虚拟机较为空闲的内存释放给内存使用率较高的虚拟机，从而提升内存利用率，如图4-7所示。内存的回收和分配均为系统动态执行，虚拟机的应用对此无感知，但整个物理服务器的所有虚拟机已使用的内存总量不能超过该服务器的物理内存总量。

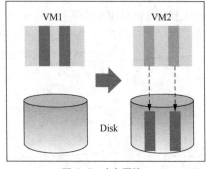

图4-6　内存置换

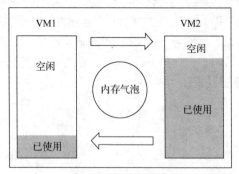

图4-7　内存气泡

在虚拟化集群内打开内存复用功能后，集群根据内存复用策略接管物理内存的分配。在内存容量宽裕时虚拟机可以使用全部物理内存；当出现内存资源竞争时，集群为虚拟机实时调度内存资源，综合运用内存复用技术，释放虚拟机的空闲内存，尽可能满足其他虚拟机的内存需求。

3. NUMA 架构技术

微课视频

非均匀存储器访问（Non-Uniform Memory Access）架构即 NUMA 架构，是为多处理器的主机而设计的内存架构。NUMA 架构采用分布式的内存访问方式，使处理器可以优先访问本节点内的内存空间，大幅提高了访问性能。一台物理主机有多个处理器，处理器连接在同一条前端总线。这些处理器及其附带的多条内存共同构成 NUMA 系统。NUMA 系统由多个节点组成，一个处理器与其互连的内存构成一个节点。为什么会出现 NUMA 架构呢？这是因为在 NUMA 架构出现前，CPU 都朝着频率越来越高的方向发展，后因受到物理极限的挑战，又转向核数越来越多的方向。由于所有的 CPU 内核都是通过共享一个北桥芯片来读取内存的，随着内核数量的增加，北桥芯片在响应时间上出现了越来越明显的性能瓶颈。于是硬件设计师们想到把内存控制器（原本北桥芯片中读取内存的部分）也进行拆分，平分到每个节点上，于是出现了 NUMA 架构。

在 NUMA 架构中，虽然内存直接连接在 CPU 上，且被平均分配到各个节点，但是只有 CPU 内核访问自身直接连接的内存时，才会有较短的响应时间，这种访问方式被称为本地访问（Local Access）；而访问其他 CPU 内核连接的内存时，就需要通过 Inter-Connect 互连模块通道访问，其响应速度相比之前慢了，这种访问方式被称为远端访问（Remote Access）。

NUMA 架构由多个 CPU 模块和互连模块组成，如图 4-8 所示。每个 CPU 模块由多个 CPU（如 4 个）组成，具有独立的本地内存、I/O 槽口等。节点之间虽然可以通过互连模块进行连接和信息交互，但每个 CPU 对本地内存的访问速度要快于对共享和其他模块的访问速度。当主机同时执行多个相关性较强的业务时，利用 NUMA 可以显著提高性能。NUMA 在应用中根据使用对象的不同，又可以分为 Host NUMA 和 Guest NUMA。

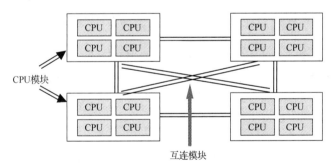

图 4-8　NUMA 架构

（1）Host NUMA

Host NUMA 自动把虚拟机的 CPU 和内存资源分配在同一个节点上，并对主机节点间的 CPU 资源进行负载均衡。Host NUMA 可确保虚拟机访问本地物理内存，减少内存访问延迟，提升虚拟机性能，其性能提升的幅度与虚拟机访问的内存大小和频率相关。Host NUMA 把虚拟机的物理内存放置在一个节点上，将虚拟机的 vCPU（虚拟 CPU）调度范围限制在同一个节点的物理 CPU 上，如图 4-9 所示。为确保虚拟机的 CPU 和内存资源分布在同一个节点上，当虚拟机的 vCPU 个数超过节点中的空闲 CPU 核数时，Host NUMA 把该虚拟机的内存均匀地放置在每个节点上，vCPU 的调度范围为所有节点的 CPU，如图 4-10 所示。

（2）Guest NUMA

Guest NUMA 可以使虚拟机 Guest OS 及其内部应用识别 NUMA 架构，并针对 NUMA 架构进行优化，以达到提升应用性能的目的。Guest NUMA 使 CPU 优先使用同一个节点上的内存，减小内存访问延时，提高访问效率。

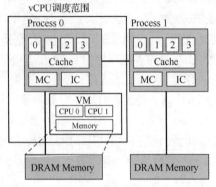

图 4-9　Host NUMA（vCPU<CPU 核数）

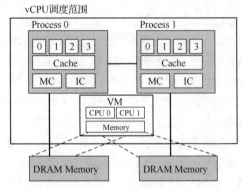

图 4-10　Host NUMA（vCPU>CPU 核数）

　　介绍了 NUMA 的工作原理之后，下面举例说明 NUMA 的应用方式。例如，一台配置了两颗八核处理器（内部共包含 16 个核心）和 256GB 内存的服务器，需要为它的虚拟机分配 CPU 和内存资源。在 NUMA 架构中，每颗处理器能够控制 128GB 的物理内存，其中的一个核心对应一个 16GB 内存的 NUMA 节点。由于在同一节点内的处理器访问速度最佳，因此当虚拟机内存少于或者等于本节点的内存 16GB 时，Host NUMA 会优先给虚拟机分配同一个节点上的 CPU 和内存，这时虚拟机在理论上能够获得最佳的性能；如果虚拟机对内存的需求量更大（大于 16GB），则虚拟机必然要访问其他节点的部分内存，这样或多或少会影响其性能。这时虚拟机的 Guest NUMA 可以感知到，并为此创建虚拟 NUMA 节点，使得该虚拟 NUMA 节点可跨越多个物理的 NUMA 节点。系统运行时 Guest OS 会使用来自不同节点上的 CPU，并使各 CPU 优先使用同一个节点上的内存，从而缩短内存访问延时，提高访问效率。

　　NUMA 架构技术给服务器的内存安装和选择方式带来了很多改变。在服务器增加物理内存时，增加的内存要在 NUMA 节点之间进行平衡和匹配，使主板上的每个处理器拥有相同容量的内存。在上例中，如果继续给服务器增加 128GB 的内存，那么每个处理器应该分配到 64GB 的内存，使得每个 NUMA 节点的内存容量从 16GB 增加到 24GB。

4. 链接克隆技术

　　虚拟机的系统盘不仅占用较大的存储空间，而且其操作系统大多都是相同的。如果可以让多个虚拟机共享同一份操作系统的数据，则虚拟机对磁盘空间的需求量将大幅减少，这就是链接克隆技术产生的初衷。链接克隆是一种通过将链接克隆母卷和链接克隆差分卷组合映射为一个链接克隆卷，提供给虚拟机使用的技术。链接克隆技术原理如图 4-11 所示。

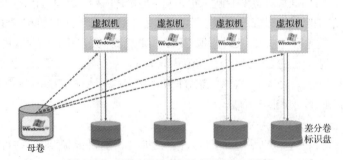

图 4-11　链接克隆技术原理（母卷、差分卷）

链接克隆技术使相同操作系统的多个虚拟机共享同一母镜像，并且母镜像可统一升级、维护。这项技术使每个虚拟机仅保存虚拟化镜像的差异化部分，大幅降低了存储成本，并且创建单个链接克隆虚拟机仅需 12 秒，常用于桌面云、学校实验机房和呼叫中心这类个性化较弱而同质化较强的场景。

5. 非兼容迁移集群技术

虚拟机热迁移有一个重要的前提条件，即虚拟机所在的源主机 CPU 和目标主机 CPU 的类型应相同。如果不满足这个条件，则无法进行热迁移。这是因为虚拟机热迁移过程中，内存数据会被同步到目标主机。如果目标主机的 CPU 类型和源主机不兼容，虚拟机内存中的 CPU 指令和状态数据在迁移到目标主机上运行时会出现问题，从而导致业务中断等异常。因此，构建 FusionCompute 计算集群时要特别注意 CNA 的 CPU 兼容性。

要求源主机和目标主机的 CPU 型号完全相同，这在工程实践中往往是难以满足的。华为 FusionCompute 的非兼容迁移集群（Incompatible Migration Cluster，IMC）功能支持异构迁移，通过设置 IMC 策略，使虚拟机可以在不同 CPU 型号的 CNA 主机之间进行热迁移。IMC 功能使 CNA 主机可在不同的 CPU 指令集内选择共同支持的指令集，即求同存异。因此在进行虚拟机热迁移时，IMC 可以保证 CPU 寄存器状态、CPU 相关指令状态等在对端节点上能够继续调度起来。需要注意的是，IMC 功能并不适用于所有类型的 CPU，目前仅限于因特尔的 CPU。

6. GPU 虚拟化技术

图形处理单元（Graphics Processing Unit，GPU）是专门用于图形、图像处理的芯片。目前，应用软件对图形、图像的处理要求越来越高，特别是美工和计算机游戏领域更是如此。传统基于 CPU 软件的处理方式是难以满足高质量的图形、图像处理要求的，因此需要使用专门的 GPU。在虚拟化环境下，为支持虚拟机的图形、图像处理需求，GPU 也需要提供虚拟化的功能。GPU 虚拟化分为 GPU 共享、GPU 硬件虚拟化和 GPU 直通 3 种方式，GPU 虚拟化原理详见项目 8。

4.3 项目实施

4.3.1 项目实施条件

在实验室环境中模拟该项目，需要的设备和器材如下。

（1）华为 RH2288 V3 服务器 2 台。

（2）华为 S3700 交换机 1 台。

（3）管理主机 PC-1 1 台。

（4）千兆以太网线若干。

4.3.2 数据中心规划

1. FusionCompute 虚拟化环境规划

根据本项目需求，虚拟化环境（CNA 和 VRM）规划如表 4-1 所示。

表 4-1　FusionCompute 虚拟化环境规划

组件名称	IP 地址规划	子网掩码	网关	VLAN
CNA01	192.168.1.6	255.255.255.0	192.168.1.254	1
CNA02	192.168.1.7	255.255.255.0	192.168.1.254	1
VRM	192.168.1.8	255.255.255.0	192.168.1.254	1

2. 虚拟机规划

管理员需要创建虚拟机 VM_win2008 和 VM_CentOS6，并允许用户访问虚拟机。虚拟机规划如表 4-2 所示。

表 4-2　虚拟机规划

虚拟机	主机	IP 地址	VLAN	连接 DVS	端口组
VM_win2008	CNA01	192.168.1.11/24	1	ManagementDVS	managePortgroup
VM_CentOS6	CNA02	192.168.1.12/24	1	ManagementDVS	managePortgroup

3. 以太网交换机端口规划

项目实施需要使用以太网交换机连接各服务器，以太网交换机端口规划如表 4-3 所示。

表 4-3　以太网交换机端口规划

设备	接口	功能	交换机端口	VLAN	IP 地址 / 掩码
服务器 1	iBMC	远程管理端口	GE 0/0/1	1	192.168.1.1/24
	GE0	管理子网端口	GE 0/0/5	1	—
	GE1	业务子网端口	GE 0/0/6	—	—
服务器 2	iBMC	远程管理端口	GE 0/0/2	1	192.168.1.2/24
	GE0	管理子网端口	GE 0/0/7	1	—
	GE1	业务子网端口	GE 0/0/8	—	—
PC-1	—	管理主机	GE 0/0/23	1	192.168.1.91/24

注：GE 指 Gigabit Ethernet。

4. 软件包规划

本项目实施需要使用各类软件，软件包规划如表 4-4 所示。

表 4-4　软件包规划

软件名称	组件	软件包
FusionCompute	CNA	FusionCompute V100R006C10SPC101_CNA.iso
	VRM	FusionCompute V100R006C10SPC101_VRM.zip
FusionSphere 安装向导工具包		FusionCompute V100R006C10SPC101_Installer.zip
浏览器	火狐	Firefox_46.0.1
Java	插件	jre-8u92-windows-i586
系统镜像		cn_windows_server_2008_r2_standard_enterprise_datacenter_web_x64_dvd_x15-50360.iso
		CentOS-6-x86_64-DVD.iso

5. 拓扑规划

根据以上的规划要求，项目实施拓扑如图 4-12 所示。

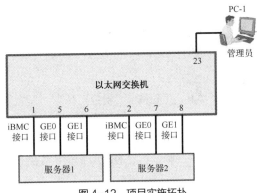

图 4-12　项目实施拓扑

4.3.3　项目实施的任务

本虚拟化项目的实施分为以下 2 个任务。

- 任务 1：服务器初始化、CNA 组件的安装。
- 任务 2：FusionCompute 安装部署（VRM 的部署）。

微课视频

任务 1：服务器初始化、CNA 组件的安装

【任务描述】

在物理服务器上创建 RAID（独立磁盘冗余阵列）磁盘组，并完成虚拟化 CNA 组件的部署安装。

【任务实施】

本任务实施环节如下。

1．交换机配置

根据表 4-3 将各服务器和 PC 主机分别连接到交换机指定端口，如图 4-12 所示。本项目交换机暂时无须配置，保持所有端口为默认的 VLAN 1 即可。

2．物理服务器 iBMC 远程登录

步骤 1：管理员在 PC-1 上打开浏览器，在地址栏内输入服务器 1 的 iBMC 远程管理地址 https://192.168.1.1。在图 4-13 所示的远程登录页面中输入默认的用户名和登录密码进行登录。

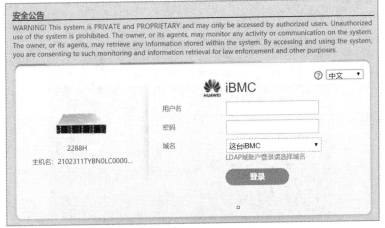

图 4-13　iBMC 远程登录服务器

注意　　　管理主机通常与服务器的 iBMC 网卡设置为同一网段地址。系统默认存在一个管理员
账户——root，root 隶属于管理员组，默认密码为 Huawei12#$。

步骤 2：iBMC 登录后进入管理页面，页面包含"告警与事件""配置""系统与管理""远程控制"
等菜单项，主要功能如下。

- 告警与事件：查询服务器运行时发生的告警信息，并可以对告警信息进行设置。
- 配置：可以在其中创建多个用户，并且可以设置每个用户的不同操作权限。
- 系统与管理：记录服务器操作日志、运行日志、工作记录、在线用户和固件升级信息，可以用
于故障定位和日志下载。
- 远程控制：通过网络对服务器实施远程登录和控制。

步骤 3：登录远程控制窗口。

在管理页面内，单击"远程控制"选项，根据提示完成 Java 控件的下载和安装。登录远程控制
窗口有两种方式。

a. 共享模式：操作页面可以同时被多个 KVM 终端查看。

b. 独占模式：操作页面只允许一个 KVM 终端查看。

单击"共享模式"选项→"确定"按钮，进入 Java 运行环境。根据提示依次单击"打开"→"继
续"，选中"接受风险并希望运行此程序"单选按钮，打开远程控制窗口，如图 4-14 所示。

图 4-14　远程控制窗口

3. 物理服务器 RAID 设置

步骤 1：服务器进入自启动程序后，当屏幕出现"Ctrl+R"提示信息时，按组合键"Ctrl+R"，
进入虚拟磁盘管理页面，如图 4-15 所示。

图 4-15　虚拟磁盘管理页面

步骤 2：在磁盘管理页面内移动光标至"Drive Group：0，RAID 1"选项，按键盘上的"F2"键，在弹出的菜单中选择"Delete Drive Group"选项，清除原有磁盘配置，如图 4-16 所示。

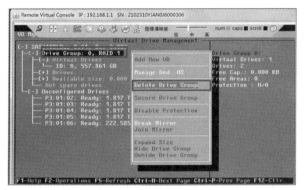

图 4-16　清除原有磁盘配置

步骤 3：创建新的 RAID 磁盘组。移动光标至"No Configuration Present！"（未配置）选项，按"F2"键，在弹出的菜单中选择"Create Virtual Drive"（创建虚拟磁盘）选项，创建虚拟磁盘，如图 4-17 所示；再设置"RAID Level"为"RAID-1"，如图 4-18 所示。通过按"Tab"键切换光标至磁盘待选区，使用"Space"键依次选择两块磁盘并通过单击"OK"按钮完成设置，如图 4-19 所示。移动光标至"ID：0，557.861 GB"选项（RAID-1 的有效容量），并按"F2"键，在弹出的菜单中选择"Initialization"（格式化）→"Fast Init"（快速格式化）选项，完成磁盘组的快速格式化，如图 4-20 所示。

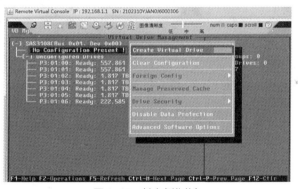

图 4-17　创建虚拟磁盘

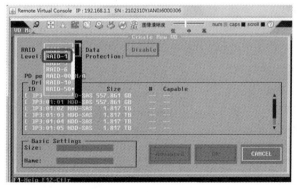

图 4-18　选择磁盘组 RAID 级别

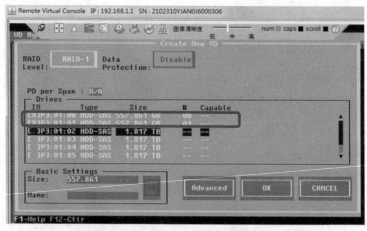

图 4-19　RAID-1 磁盘组选择磁盘

图 4-20　RAID-1 磁盘组快速格式化

4．服务器恢复出厂设置（可选）

恢复华为 RH2288 V3 服务器的出厂设置可以使用 iBMC 或 PuTTY 远程登录两种方式完成。

（1）iBMC 方式

采用 iBMC 登录管理页面后，在信息栏下方的"常用操作入口"处找到"恢复出厂设置"按钮，通过单击该按钮完成恢复操作。

（2）PuTTY 远程登录

在管理主机上打开 PuTTY 软件，设置相关参数如下。

① Host Name（or IP Address）：输入服务器 iBMC IP 地址。

Port：默认设置为 22。

Connection type：默认设置为 SSH。

② 提示输入用户名和密码：输入 iBMC 登录用户名和密码。

③ 执行如下命令恢复 BIOS 出厂设置。

```
ipmcset -d cleancmos
```

④ 显示信息，提示是否继续，选择"Y"。出现如下信息，提示成功恢复 BIOS 出厂设置。

```
Clear CMOS successfully.
```

5. CNA 组件安装

步骤 1：在管理主机 PC-1 的浏览器地址栏内，输入地址"https://192.168.1.1"并按"Enter"键，进行 iBMC 远程登录。

步骤 2：输入用户名（默认用户名为 root）和密码（默认密码为 Huawei12#$），登录管理页面。

步骤 3：打开远程控制窗口，在上方工具栏内单击 "⬛"按钮，打开虚拟光驱设置菜单。

步骤 4：在虚拟光驱设置菜单内选中"镜像文件"单选按钮，并单击"浏览"按钮，添加 Fusion Compute V100R006C10SPC101_CNA.iso 镜像文件，再单击"连接"按钮。当"连接"按钮转变为"断开"按钮时，表示镜像文件已连接至主机，如图 4-21 所示。

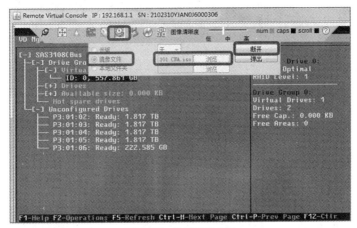

图 4-21　连接镜像文件

步骤 5：单击 "⚡"按钮选择"强制重启"选项。

步骤 6：重启过程中需要重复按"F11"键，可能会提示输入主机 BIOS 密码（服务器默认的 BIOS 密码为 Huawei12#$）。

步骤 7：在启动方式选择页面单击"Install"选项，以光驱方式启动，如图 4-22 所示。

图 4-22　启动方式选择

步骤 8：系统开始加载，耗时 2~3 分钟后，进入 CNA 主机配置页面，如图 4-23 所示。

步骤 9：移动光标至"Hard Drive"选项并按"Enter"键，进入"Hard Drive Configuration"（磁盘配置）页面，使用"Tab"键和上下键选择已创建的 RAID-1 磁盘组，如图 4-24 所示，完成磁盘配置。

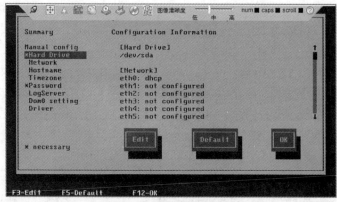

图 4-23　CNA 主机配置页面

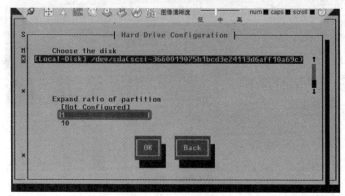

图 4-24　磁盘组配置

步骤 10：配置网络信息。

移动光标至"Network"选项并按"Enter"键，显示主机网卡信息。通常选择第一张网卡 eth0 作为 CNA 的主机管理接口。选中网卡"eth0"选项，按"Enter"键后进入 IP 配置页面。在该页面内可以设置 CNA 主机的管理网卡地址。CNA 主机的 IP 地址配置方式有 4 种。

- No IP configuration（none）：不配置 IP 地址（不推荐）。
- Dynamic IP configuration（DHCP）：通过 DHCP 服务器获取（不推荐）。
- Manual address configuration：通过手动方式配置 IP 地址。
- Manual address configuration with VLAN：通过手动方式配置带指定 VLAN 标签的 IP 地址。

通过上下键和"Space"键选择"Manual address configuration"选项。设置 IP 地址为 192.168.1.6，子网掩码为 255.255.255.0，配置完成后如图 4-25 所示。通过按"Tab"键切换光标至"OK"按钮，按"Enter"键后返回 Network 配置页面，再按"Tab"键切换光标至"Default Gateway"（默认网关）选项，输入网关地址为 192.168.1.254，最后按"Tab"键切换光标至"OK"按钮，按"Enter"键完成设置。

注意　　如果指定管理平面的 VLAN ID，则该网口连接的交换机端口必须设置为 Trunk 类型，并允许该 VLAN 数据通过；Network 配置页面的"Default Gateway"选项是必选设置，如果未设置，则会导致后续 VRM 安装失败。

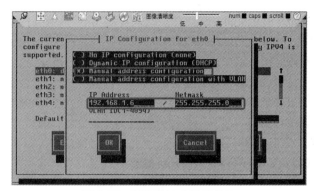

图 4-25　设置 CNA 主机 IP 地址

步骤 11：配置主机名信息。移动光标至"Hostname"选项并按"Enter"键，设置主机名称。这里输入主机名称为 CNA01。

步骤 12：配置时区和时间信息。移动光标至"Timezone"选项并按"Enter"键，设置主机时区和当前时间，如图 4-26 所示。

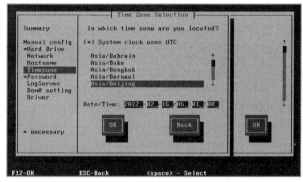

图 4-26　CNA01 时区和时间设置

步骤 13：配置管理员登录密码。移动光标至"Password"选项并按"Enter"键，设置 CNA 管理员 root 账户的登录密码。密码设置为 Huawei@123。在设置密码的时候需要注意以下原则。

- 密码长度不得小于 8 位。
- 密码至少包含一位特殊字符，例如~!@#$%^&* ( ) -|[{}]::"，<-/? 和空格。
- 密码至少包含小写字母、大写字母、数字中的任意两种字符。

步骤 14：日志服务器配置。

移动光标至"LogServer"选项并按"Enter"键，设置日志服务器参数。各参数功能如下。

- "LogServer"配置：设置已有的日志服务器信息，若没有也可以不填。
- "LogServer IP"配置：日志服务器传输协议和 IP 地址。
- "LogServerPath"配置：日志服务器中日志文件的保存路径。
- "LogServerUsername"配置：日志服务器的用户名。
- "LogServerPassword"配置：日志服务器的密码。

步骤 15：Domain 0 参数配置。移动光标至"Dom0 setting"选项并按"Enter"键，设置 Domain 0 各项参数。此处不建议初学者修改默认设置。

步骤 16：移动光标至"OK"按钮并通过按两次"Enter"键开始安装 CNA 主机，安装过程通常持续 10 分钟左右。

步骤 17：按照同样的方式完成 CNA02 的初始化及安装，网络信息和主机参数如下。

- IP 地址配置方式：Manual address configuration。
- CNA IP 地址：192.168.1.7。
- CNA 子网掩码：255.255.255.0。
- 默认网关：192.168.1.254。
- Hostname：CNA02。

其余设置与 CNA01 主机相同即可。

任务 2：FusionCompute 安装部署（VRM 的部署）

【任务描述】

安装 FusionCompute 虚拟化资源管理组件 VRM，建立统一的虚拟化资源池。

【任务实施】

本任务实施环节如下。

1．VRM 组件安装

步骤 1：安装 VRM 组件之前，需要完成以下准备。

① 获取 VRM 安装包 FusionCompute V100R006C10SPC101_VRM.zip。

② 获取 FusionSphere 安装向导工具包 FusionCompute V100R006C10SPC101_Installer.zip。

③ 管理主机已安装 Java 插件，版本为 jre-8u92-windows-i586。

④ 关闭管理主机 PC-1 的防火墙。

⑤ 检查管理主机 PC-1 与两台 CNA 主机的连通性。

步骤 2：将安装向导工具包 FusionCompute V100R006C10SPC101_Installer.zip 解压至本地的 FusionCompute_Installer 文件夹内（文件夹自行创建和命名，不要使用中文名称）。

步骤 3：将 VRM 安装包 FusionCompute V100R006C10SPC101_VRM.zip 存放在本地文件夹 E:\FusionCompute 内（存放路径自定义，路径尽量短且不要使用中文命名）。

步骤 4：在管理主机上以管理员身份运行 FusionCompute_Installer 文件夹内的 FusionSphere-Installer.exe 应用程序，打开安装工具向导。

步骤 5：由于 CNA 主机已经完成安装，因此在安装向导窗口中取消选中"主机"和"FusionManager"复选框，仅选中"VRM"和"FusionCompute"复选框，"VSAM"属于 FusionManager 相关组件，此处暂时不选中该复选框，如图 4-27 所示。完成后单击"下一步"按钮。

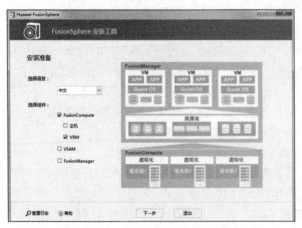

图 4-27　FusionCompute 安装向导窗口

步骤 6：在"安装方式"界面中选中"典型安装"单选按钮，完成后单击"下一步"按钮。

步骤 7：在"选择安装包路径"界面中，通过单击"浏览"按钮找到压缩包 FusionCompute V100 R006C10SPC101_VRM.zip 所在的上层文件夹（如 E:\FusionCompute），单击"开始检测"按钮，检查指定目录下的安装文件是否正确，如图 4-28 所示。待检测完成后，安装包压缩文件完成自动解压，单击"下一步"按钮。

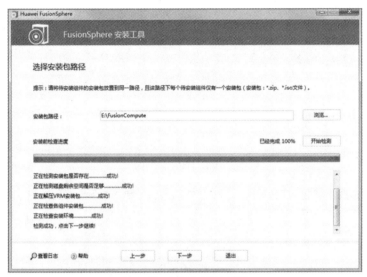

图 4-28　VRM 安装包检测

步骤 8：在"VRM 安装介绍"界面内，查看原理，单击"下一步"按钮。

步骤 9：在"配置 VRM"界面，按照如下参数设置。

- 安装模式：单点安装。
- 系统规模：200VM、20PM。
- VRM 节点管理 IP 地址：192.168.1.8。
- 子网掩码：255.255.255.0。
- 子网网关：192.168.1.254。

> **提示**　安装模式有单点安装和主备安装两种方式。单点安装仅部署一个 VRM 管理虚拟机；主备安装需要部署两个 VRM 管理虚拟机，分别运行在两台不同的 CNA 主机上。单点安装存在单点故障，易导致集群管理功能失效，因此在工程项目中通常是按照主备安装部署。为简化实验环境，在实验中均采用单点安装。根据虚拟化资源池的规模，VRM 虚拟机的规格也有所不同，系统规模越大，要求也越高。本任务中采用最低系统规模，从而降低对实验环境的要求。

步骤 10：在"选择主机"界面，指定 CNA01 为运行主机，按照如下参数设置。

- 管理 IP 地址：192.168.1.6。
- root 密码：Huawei@123。

单击"开始安装 VRM"按钮。需要注意的是：如果选择主备安装，则需要分别填入主备 CNA 主机的管理 IP 地址和 root 密码，单点安装仅输入指定主机的管理 IP 地址和 root 密码即可，如图 4-29 所示。

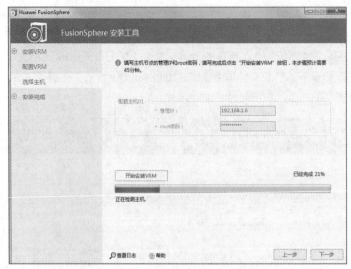

图 4-29　开始安装 VRM

步骤 11：安装通常需要 40 分钟左右。安装成功之后，单击"下一步"按钮，进入"安装完成"界面，如图 4-30 所示。界面内显示 FusionCompute（VRM）的默认管理员账户为 admin，初始登录密码为 Huawei@CLOUD8!。登录后修改登录密码为"Huawei@123"。

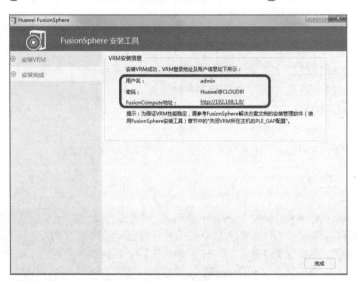

图 4-30　VRM 安装完成

2. FusionCompute 初始化配置

登录 FusionCompute 之后，需要完成以下初始化操作。

（1）加载 FusionCompute License

FusionCompute 安装完成之后有 90 天的试用期，在试用期内可以不需要 License。若需导入 License，则步骤如下。

微课视频

步骤 1：在 FusionCompute 中单击"系统管理"→"系统配置"→"License 管理"选项，然后进入"License 管理"页面，单击"加载 License"按钮，进入"加载 License"页面。

步骤 2：单击"独立 License"选项，单击"获取 ESN 号码"按钮。需记录显示的 ESN 号码，ESN 号码可能已经显示在页面上，此时请直接记录该 ESN 号码。

步骤 3：使用记录的 ESN 号码申请 License 文件。

步骤 4：单击"上传路径"的"浏览"按钮，在弹出的对话框中选择已准备的 License 文件，单击"确定"按钮。

步骤 5：弹出提示框，单击"确定"按钮，完成加载全新的 License，任务结束。

（2）配置 NTP 时钟源与时区

配置系统的"时间同步与时区"功能，保证 FusionCompute 服务能正常运行。配置后系统的 VRM 节点及所有 CNA 主机将通过 NTP 服务器进行时间同步，但是后续添加的主机不会自动向 NTP 服务器同步时间，需单独配置主机进行时间同步。建议优先配置外部 NTP 时钟源，如果不存在外部 NTP 时钟源，则建议将时钟源设置为 VRM 所在的 CNA 主机（虚拟化部署时）或 VRM 节点（物理部署时）。

步骤 1：单击"系统管理"选项，进入"系统管理"页面。

步骤 2：在左侧导航栏中，单击"系统配置"→"时间管理"选项。

步骤 3：配置时区与 NTP 时钟源如图 4-31 所示。单击"保存"按钮并自动重启服务。

图 4-31　配置时区与 NTP 时钟源

3. 创建集群、导入 CNA 主机

（1）创建集群

集群是 FusionCompute 资源调度和虚拟机热迁移的范围。站点则是一套 VRM 环境所管理的资源范围。在站点"site"内需要创建资源集群，本例中直接使用默认集群"ManagementCluster"。如果重新创建新的集群，则按以下步骤操作。

步骤 1：在 FusionCompute 中，单击"计算池"选项，进入"计算池"页面。

步骤 2：在左侧导航栏内，右键单击"站点名称"选项，在弹出的菜单中选择"创建集群"选项，进入"创建集群"页面。

步骤 3：在"基本配置"页面内设置集群的名称和描述，单击"下一步"按钮。

步骤 4：查看集群。返回"计算池"页面，查看创建好的集群。

（2）导入 CNA 主机

系统已将 CNA01 主机自动导入默认集群"ManagementCluster"，因此只需要导入 CNA02 主机即可，步骤如下。

步骤 1：在 FusionCompute 中，单击"计算池"选项进入"计算池"页面。

步骤 2：进入"入门"选项卡。

步骤 3：在左侧导航栏内展开站点"site"，右键单击集群"ManagementCluster"，在弹出的菜单中选择"添加主机"选项，如图 4-32 所示。

图 4-32　添加 CNA02 主机

步骤 4：选择主机添加位置。本例中将主机 CNA02 添加到集群"ManagementCluster"。

步骤 5：输入 CNA02 主机的主要参数，如图 4-33 所示。

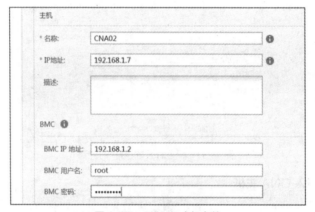

图 4-33　CNA02 主机参数

CNA02 主机的各项参数分别如下。

- 名称：CNA02。
- IP 地址：192.168.1.7。
- BMC IP 地址：192.168.1.2。
- BMC 用户名：root。
- BMC 密码：Huawei12#$。

步骤 6：单击"完成"按钮，结束主机添加。

提示　添加主机也可以批量完成，具体操作详见产品文档，此处不再赘述。

（3）CNA02 主机的存储配置

CNA02 主机添加到集群后，需要配置主机存储特性，实现在集群范围内统一分配本地存储资源，配置步骤如下。

步骤 1：在 FusionCompute 中单击"计算池"选项。

步骤 2：在左侧导航栏内的集群"ManagementCluster"下选中 CNA02 主机。

步骤 3：在 CNA02 主机页面内依次单击"配置"→"存储设备"→"扫描"按钮，如图 4-34 所示。

图 4-34　扫描 CNA02 主机存储设备

步骤 4：选中"数据存储"选项，单击"添加"按钮。

步骤 5：在"添加数据存储"页面内，选中本地硬盘类型的数据存储，然后在"名称"文本框内输入"autoDS_CNA02"，"使用方式"设置为"非虚拟化"，"是否格式化"与"磁盘分配模式"保持默认，如图 4-35 所示。单击"确定"按钮，完成设置。配置完成后，在 FusionCompute 内单击"存储池"选项，在左侧导航栏内查看 CNA02 主机的数据存储，如图 4-36 所示。

图 4-35　创建 CNA02 主机的数据存储

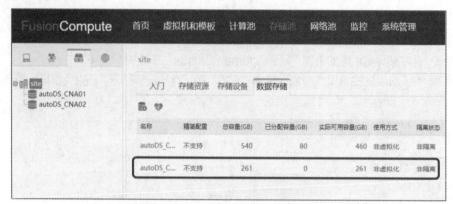

图 4-36　查看 CNA02 主机的数据存储

（4）CNA02 主机的网络配置

同一集群内主机之间的网络互通，需要设置 CNA02 主机的网络属性。网络配置步骤如下。

步骤 1：在 FusionCompute 内单击"网络池"选项，在左侧导航栏内，依次选中分布式交换机"ManagementDVS"→"上行链路组"→"网口"选项。

步骤 2：单击"添加上行链路"按钮，如图 4-37 所示，打开"添加上行链路"页面。

图 4-37　添加上行链路

步骤 3：展开 CNA02 主机的网口列表，选中 eth0 网口（因为该网口已同时作为 CNA 的管理聚合网口，故显示名称为 Mgnt_Aggr），如图 4-38 所示。

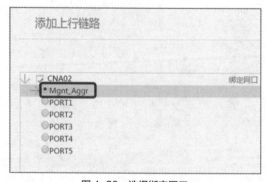

图 4-38　选择绑定网口

步骤 4：添加完成后，在左侧导航栏内依次展开站点"site"→"ManagementDVS"→"上行链路组"。选择"网口"选项卡，可以看到两台 CNA 主机都关联到相同的上行链路组，如图 4-39 所示。

图 4-39 查看上行链路组

4．创建虚拟机

（1）指定虚拟机位置

创建虚拟机时，可选择创建位置为主机或集群。如果选择主机，则虚拟机在创建完成后，运行在指定主机上；如果选择集群，则系统随机选取该集群下的任一主机创建虚拟机。

微课视频

（2）创建虚拟机方式

在 FusionCompute 内创建虚拟机有以下几种方式。

① 创建空虚拟机：空虚拟机就像一台没有安装操作系统的主机。创建空虚拟机时，可选择创建在主机或集群上，并可自定义设置 CPU、内存、磁盘、网卡等设备的规格。空虚拟机创建完成后，需要自行安装操作系统，其安装方法与物理环境下相同。

② 使用模板创建虚拟机：通过站点已有的模板，将模板转为虚拟机或按模板部署虚拟机。

③ 使用虚拟机创建虚拟机：以系统中已有的一个虚拟机为副本，克隆一个与该虚拟机相似的虚拟机。

（3）创建虚拟机步骤

本任务中，先创建空虚拟机，再安装操作系统，具体步骤如下。

步骤 1：在 FusionCompute 的"虚拟机和模板"页面内，单击"创建虚拟机"按钮。

步骤 2：单击"下一步"按钮，进入"选择名称和文件夹"页面。输入虚拟机名称（VM_win2008）及描述信息，并选择新虚拟机创建的站点或文件夹，本例中选择站点"site"。

步骤 3：单击"下一步"按钮，进入"选择计算资源"页面，选择新虚拟机创建位置。本任务将虚拟机创建在集群"ManagementCluster"内。如果虚拟机需要与所在主机绑定，则选中"与所选主机绑定"单选按钮。绑定之后，虚拟机就无法实施 DRS 或 DPM 热迁移。在本任务中不选中"与所选主机绑定"单选按钮。

步骤 4：单击"下一步"按钮，进入"选择数据存储"页面。在当前可用的数据存储内选择本地数据存储"autoDS_CNA01"。

步骤 5：单击"下一步"按钮，进入"选择操作系统"页面，选择操作系统类型和版本。本任务单击"Windows Server 2008R2 64bit"选项。

步骤 6：单击"下一步"按钮，进入"虚拟机配置"页面。

步骤 7：设置虚拟 CPU、内存、磁盘、网卡等设备规格。本任务保持默认设置即可。

微课视频

步骤 8：单击"完成"按钮，开始创建虚拟机。在"提示"对话框中，单击"单击这里"链接转向"任务中心"页面，查看虚拟机创建进度。虚拟机创建完成后，可在以下位置查看虚拟机。

- "虚拟机"选项卡：显示所有虚拟机和模板。
- 左侧导航栏：只显示最近 20 个虚拟机和模板。

5. 安装 Windows 虚拟机操作系统

空虚拟机需要挂载光驱才能安装操作系统，挂载光驱可采用挂载光驱（本地）或挂载光驱（共享）两种方式，两种方式的使用方法如下。

（1）挂载光驱（本地）方式

步骤 1：在 FusionCompute 的"虚拟机和模板"页面内，可以查看刚刚创建的虚拟机。

步骤 2：单击虚拟机名称，在"硬件"选项卡中，单击"光驱"选项。

步骤 3：设置挂载光驱方式为"挂载光驱（本地）"，如图 4-40 所示。单击"确定"按钮，弹出新的窗口。

图 4-40　挂载光驱（本地）

步骤 4：选择光驱所在路径，有以下 3 种选择路径方式。

- 挂载物理光驱：选中"CD 驱动器"单选按钮，并选择光驱所在路径。
- 挂载 ISO 文件：选中"文件（*.iso）"单选按钮，单击"浏览"按钮，选择 ISO 文件。
- 挂载本地目录：选中"设备路径"单选按钮，单击"浏览"按钮，选择本地的一个文件夹或盘符，使该目录以光驱形式挂载给虚拟机。

本任务选中"文件（*.iso）"单选按钮，如图 4-41 所示。单击"浏览"按钮，选择本地的 ISO 镜像文件。

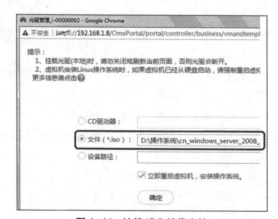

图 4-41　挂载 ISO 镜像文件

步骤 5：选中"立即重启虚拟机，安装操作系统。"复选框，单击"确定"按钮。

步骤 6：在虚拟机"概要"选项卡中，单击"VNC 登录"按钮，进入操作系统安装页面。等待操作系统安装完成。

（2）挂载光驱（共享）方式

采用挂载光驱（本地）方式虽然方便，但虚拟光驱容易掉线，推荐采用挂载光驱（共享）方式安装系统。挂载操作如下。

步骤 1：单击待挂载的虚拟机，在"硬件"选项卡中单击"光驱"选项。

步骤 2：设置挂载光驱方式为"挂载光驱（共享）"。

步骤 3：将镜像 ISO 文件的文件夹 Win2008R2 设置为共享，如图 4-42 所示。设置后单击"共享"→"完成"→"关闭"按钮。

图 4-42 设置共享文件夹

步骤 4：复制共享路径。在管理主机上打开资源管理器，地址栏内输入共享文件夹的 UNC（Universal Naming Convention，通用命名规则）路径"\\共享资源的 IP 地址"（本任务中是 \\192.168.1.91），然后登录发现共享文件夹 Win2008R2。双击进入该共享文件夹，如图 4-43 所示。将其 UNC 路径复制到"光驱"对话框的"文件"路径栏内，并在末尾加上共享文件名和文件扩展名".iso"，如图 4-44 所示。

图 4-43 进入共享文件夹

图 4-44　复制共享路径、文件名和扩展名

步骤 5：打开管理主机的"命令提示符"窗口，执行指令"whoami"，查看当前登录账户名，如图 4-45 所示。

图 4-45　查看当前登录账户名

步骤 6：在复制共享路径的页面中，选中"使用共享机器用户名和密码"复选框，并在"用户名"文本框和"密码"文本框内输入当前登录用户名和密码，如图 4-46 所示，并选中"立即重启虚拟机，安装操作系统。"复选框。单击"确定"按钮，虚拟机开始安装操作系统。

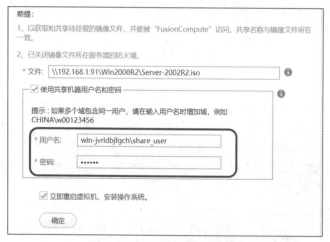

图 4-46　设置共享用户名和密码

（3）卸载光驱

操作系统安装完成后，在虚拟机"硬件"选项卡中，单击"光驱"→"卸载光驱"选项，弹出提示框。单击"确定"按钮，完成卸载光驱操作。

（4）安装 Tools

虚拟机操作系统安装完毕后，需要安装华为提供的 Tools 软件，以获得高性能的 I/O 处理能力，实现对虚拟机的硬件监控和其他高级功能，甚至某些功能必须安装 Tools 才能使用。挂载 Tools 软件，如图 4-47 所示，并完成安装，具体步骤如下。

图 4-47　挂载 Tools 软件

步骤 1：在 FusionCompute 中，单击"虚拟机和模板"选项。

步骤 2：单击"虚拟机"选项卡，进入"虚拟机"页面。

步骤 3：选中待操作的虚拟机，单击"操作"选项，在弹出的菜单中选择"挂载 Tools"选项。

步骤 4：在弹出的对话框内连续两次单击"确定"按钮，完成挂载 Tools。

步骤 5：采用 VNC 方式登录虚拟机，进入系统桌面，单击"计算机"选项。

步骤 6：单击"计算机"按钮，打开"计算机"窗口，单击"CD 驱动器"→"Setup"选项，选择"以管理员身份运行"选项，根据页面提示完成软件安装。

步骤 7：根据提示重启虚拟机，使 Tools 生效，完成后卸载 Tools。

6．创建 Linux 虚拟机并安装操作系统

（1）创建 Linux 虚拟机并安装操作系统

创建一个 Linux 虚拟机，系统版本选择为 64 位的 CentOS 6，主机名设置为 VM_CentOS6，CPU、内存、磁盘、网卡均保持默认配置。创建并安装操作系统后，如图 4-48 所示。

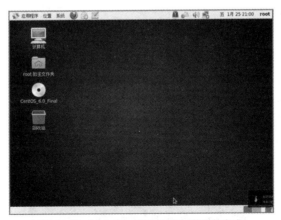

图 4-48　VM_CentOS6 操作系统安装完成

（2）卸载光驱并挂载 Tools 软件包

（3）Linux 操作系统安装 Tools 软件

步骤 1：采用 VNC 方式登录虚拟机系统桌面，打开命令行终端。

步骤 2：执行如下命令，创建挂载点"/home/tools"。

```
#mkdir /home/tools
```

步骤 3：执行如下命令，将虚拟机光驱挂载至挂载点 tools。

```
#mount /dev/sr0 /home/tools
```

步骤 4：执行如下命令，进入 Tools 目录。

```
#cd /home/tools
```

步骤 5：执行如下命令，查看 Tools 安装包文件。

```
#ls
```

屏幕回显以下信息。

```
...
uvp-tools-linux-xxx.tar.bz2
uvp-tools-linux-xxx.tar.bz2.sha256
```

步骤 6：执行如下命令，将 Tools 安装包复制到目录 root 下。

```
#cp uvp-tools-linux-xxx.tar.bz2 /root
#cd /root
```

步骤 7：执行如下命令，解压 Tools 安装包。

```
#tar -xjvf uvp-tools-linux-xxx.tar.bz2
```

步骤 8：执行如下命令，进入 Tools 安装目录。

```
#cd uvp-tools-linux-xxx
```

步骤 9：执行如下命令，安装 Tools。

```
#./install
```

屏幕回显以下信息，软件安装完成。

```
The PV driver is installed successfully.
Reboot the system for the installation to take effect.
```

步骤 10：执行如下命令，重启虚拟机。

```
#reboot
```

4.3.4 项目测试

在 FusionCompute 上以 VNC 方式登录虚拟机桌面，根据表 4-2 的参数配置虚拟机的 IP 地址，然后进行测试，测试过程如下。

① 虚拟机 VM_win2008 测试到管理主机 PC-1 的互通性，访问效果如图 4-49 所示，表明虚拟机 VM_win2008 与管理主机可以实现网络互通。

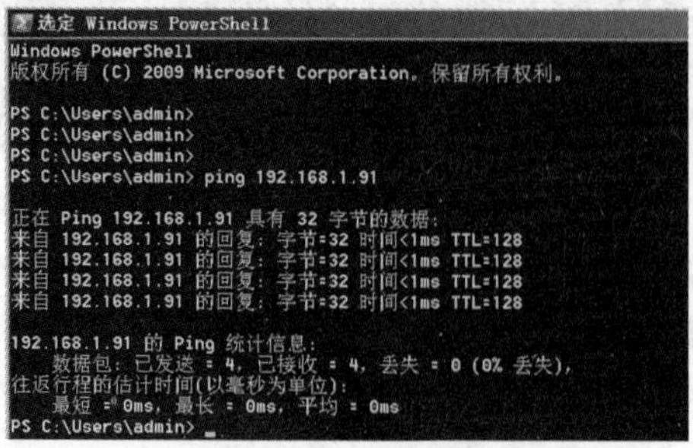

图 4-49　VM_win2008 测试到 PC-1 的互通性

② 管理主机 PC-1 测试到虚拟机 VM_ CentOS6 的互通性，访问效果如图 4-50 所示，表明管理主机与虚拟机 VM_CentOS6 可以实现网络互通。

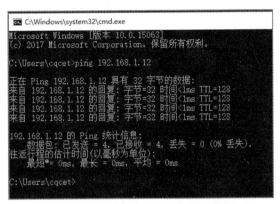

图 4-50　PC-1 测试到 VM_ CentOS6 的互通性

4.3.5　项目总结

本项目完成了服务器虚拟化的基础配置，创建了 FusionCompute 虚拟化资源池，并同时建立了两个不同操作系统的虚拟机，实现了虚拟机与物理网络的互通。本项目的实施为后续服务器虚拟化的高级应用准备了必备的基础条件。

4.4　思考练习

一、选择题

1. 虚拟化技术可以提高资源的利用率，包括如下哪些方面？（　　　）

　　A. 虚拟机资源调整　B. 内存复用　　　　　C. 提高服务器利用率　D. 应用自动部署

2. 虚拟化后的操作系统和硬件结合更紧密，更能提高整体性能。（　　　）

　　A. 正确　　　　　　B. 错误

3. 组件 VRM 是 FusionCompute 的管理中枢，负责 IT 业务的编排、发放和自动部署，可以进行级联管理。（　　　）

　　A. 正确　　　　　　B. 错误

4. 虚拟化技术能带来哪些价值？（　　　）

　　A. 提高服务器利用率　　　　　　B. 应用负载错峰填谷

　　C. 提高 HA 能力　　　　　　　　D. 大数据挖掘

5. 以下哪些是 FusionCompute 的特性？（　　　）

　　A. 存储资源裸设备映射 RDM　　　B. 集群自治 HA 机制

　　C. 基于 NUMA 架构的亲和性调度　D. 虚拟机远程挂载光驱

6. FusionCompute 可以对哪些资源进行 QoS 控制？（　　　）

　　A. CPU　　　　　B. 内存　　　　　C. 网络　　　　　D. 存储

7. 在 FusionCompute 中，设置什么功能能使虚拟机在不同 CPU 类型的主机之间进行热迁移？（　　　）

A. 集群 I/O 环适配   B. 集群 HANA 优化

C. 集群 Guest NUMA 策略   D. 集群 IMC 策略

8. 在 FusionCompute 中，CNA 主要提供以下哪些功能？（多选）（　　）

A. 管理集群内资源的动态调整   B. 提供虚拟计算功能

C. 管理计算节点上的虚拟机   D. 管理节点上的计算、存储和网络资源

9. 通过 FusionCompute 的内存复用技术，物理服务器的所有虚拟机使用的内存总量可以超过该服务器的实际内存总量。（　　）

A. 对   B. 错

10. 在 FusionCompute 中，内存复用实现的方式有哪些？（多选）（　　）

A. 内存置换   B. 内存增大   C. 内存共享   D. 内存气泡

11. 在 FusionCompute 中，配置了 IMC 模式，可以确保集群内的主机向虚拟机提供相同的 CPU 指令集，即使主机的实际 CPU 型号不同，也不会因 CPU 不兼容而导致虚拟机热迁移失败。（　　）

A. 对   B. 错

二、简答题

1. 为什么需要服务器虚拟化？服务器虚拟化具有哪些优势？

2. FusionCompute 包含哪两大组件？各自的特点是什么？

3. 虚拟机热迁移是怎样实现的？

4. 简述存储热迁移的实现原理。

5. 简述 VIMS 文件系统的功能。

6. 内存复用技术有哪些实现方式？

7. NUMA 架构技术的功能是什么？Host NUMA 和 Guest NUMA 技术各适用于哪些场景？

8. 简述 FusionCompute 采用 IMC 实现异构热迁移的基本原理。

项目 5

服务器虚拟化的存储资源管理

项目导读

随着计算虚拟化的应用，虚拟机代替物理主机作为业务载体，已经成为数据中心的常态。如何快速地为虚拟机提供大容量的存储资源，同时满足虚拟机的动态热迁移需求，成为服务器虚拟化能否实施的关键问题。解决思路就是实现存储资源的虚拟化，只有实现存储虚拟化才能更好地管理存储资源，提升存储资源的利用率和灵活性。

拓展阅读

知识教学目标

1. 了解存储虚拟化基本概念
2. 理解存储虚拟化的实现方式
3. 理解虚拟化存储的实现原理
4. 掌握 SAN、NAS 的组网方法
5. 了解 FusionStorage 基本工作原理
6. 理解 FusionCompute 存储虚拟化实现原理

技能培养目标

1. 掌握华为 S2600 V3 存储阵列的基本登录方法
2. 掌握华为 S2600 V3 存储阵列的存储配置方法
3. 掌握 CNA 主机关联 IP SAN 存储的操作方法
4. 掌握 CNA 主机关联 FC SAN 存储的操作方法
5. 掌握创建、挂载和格式化虚拟磁盘的基本操作方法

//// 5.1 项目综述

1. 需求描述

数据中心实施了虚拟化工程后，由于虚拟机磁盘只能来自服务器的本地存储，这不仅无法满足虚拟机对大容量存储的需求，而且不支持存储虚拟化的高级功能。因此在后续的项目优化中，拟将虚拟机磁盘由物理主机迁移至外部的共享存储设备，支持虚拟机的大容量存储需求及热迁移功能。

2. 项目方案

根据需求，拟采用存储阵列作为外部的共享存储设备，通过存储虚拟化技术对现有系统进行如下改造。

- 虚拟机磁盘扩容，增大存储空间。
- 增加存储阵列设备，满足大容量存储和虚拟机的热迁移需求。
- 数据库业务的虚拟机关联 FC SAN 存储资源。
- 业务虚拟机关联 IP SAN 存储资源。

5.2 基础知识

5.2.1 存储虚拟化

1. 存储虚拟化概述

存储虚拟化技术可将不同类型的存储资源进行格式化，屏蔽各类存储资源的能力、接口协议等差异性，使各类物理存储资源转化为统一管理的数据存储资源。

微课视频

存储虚拟化可以更好地管理虚拟架构的存储资源，大幅提升利用率和灵活性，增加应用的正常运行时间。随着计算虚拟化的应用，承载业务的虚拟机必定需要大量灵活配置的存储资源，因此离不开存储虚拟化的支持。借助存储虚拟化，虚拟机在数据存储中可以一组文件的形式保存在自己的目录中。

2. 华为云计算存储虚拟化模型

华为存储虚拟化将物理的存储资源抽象为逻辑上的存储设备，再抽象为数据存储，从而实现存储虚拟化。存储资源、存储设备和数据存储构成华为云计算存储虚拟化模型。

① 存储资源：是指物理存储设备，例如 IP SAN、Advanced SAN、NAS 等。

② 存储设备：是指存储资源中创建的逻辑管理单元，类似 LUN（逻辑单元号）、Advanced SAN 存储池、NAS 共享目录等。一个存储资源上可以创建多个存储设备。

> **注意** 此处的存储设备专指逻辑存储单元，不同于通常意义下的物理存储设备。

③ 数据存储：是指系统中可管理、操作的存储逻辑单元。数据存储和存储设备具有一一对应的关系。数据存储承载具体的虚拟机业务，例如创建磁盘等。

华为云计算存储虚拟化模型如图 5-1 所示。

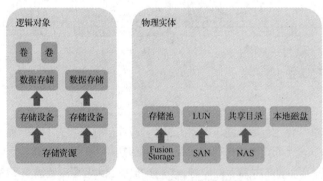

图 5-1 华为云计算存储虚拟化模型

3. 存储虚拟化的应用方式

FusionCompute 所支持的存储虚拟化应用方式有虚拟化数据存储、非虚拟化数据存储和裸设备映射类型的数据存储 3 种。

（1）虚拟化数据存储

虚拟化数据存储借助文件系统将虚拟机磁盘以文件的形式存储，支持使用存储高级功能（快照、链接克隆、磁盘扩容、存储热迁移等），且虚拟化的数据存储支持创建精简模式的磁盘。虚拟化存储的访问路径如图 5-2 所示。

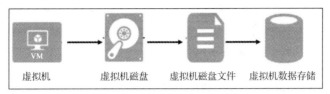

图 5-2　虚拟化存储的访问路径

（2）非虚拟化数据存储

非虚拟化存储基于逻辑卷管理，将虚拟机磁盘以卷的方式提供给虚拟机使用，访问路径如图 5-3 所示。非虚拟化存储较虚拟化存储有更高的性能，速度更快，效率更高，但功能少，对快照、精简配置等功能的支持程度没有虚拟化存储高。除 FusionStorage、Advanced SAN、本地内存盘外，其余非虚拟化存储不能使用存储高级功能。

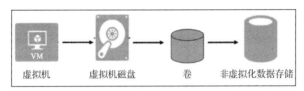

图 5-3　非虚拟化存储的访问路径

（3）裸设备映射类型的数据存储

裸设备映射类型的数据存储将 SAN 映射给主机的 LUN 直接作为磁盘绑定给虚拟机，访问路径如图 5-4 所示。裸设备映射使虚拟机具有更高的磁盘访问性能，且支持 SCSI 协议。但裸设备映射类型的数据存储不支持链接克隆、精简模式、快照、磁盘扩容、存储热迁移、iCache、磁盘备份和虚拟机转为模板等虚拟化存储的高级功能。裸设备映射方式适用于关键业务场景，例如数据库业务等。

图 5-4　裸设备映射的访问路径

需要注意的是，裸设备映射的数据存储仅支持部分操作系统的虚拟机使用，例如 Red Hat Enterprise Linux 5.4/5.5/6.1/6.2（64 位），具体支持的操作系统列表请参考产品文档的兼容性叙述。采用裸设备映射方式创建数据存储时，该类型的数据存储只能整块当作磁盘使用，不可分割，因此只能创建与数据存储同等容量的磁盘。采用裸设备映射磁盘的虚拟机在运行业务前，需要安装 Tools 并使其处于运行状态。

【疑难解析】

Ⅰ．存储虚拟化和虚拟化存储是相同的概念吗？

答：存储虚拟化和虚拟化存储在华为云计算中是两个不同的概念。存储虚拟化将物理存储设备转换为逻辑存储设备，对高层应用屏蔽了物理存储设备的类型、规格和访问方式的差异，对其用户呈现出统一的管理使用方式。而虚拟化存储则是在存储设备上建立文件系统，将虚拟机磁盘以文件的方式存放于存储设备，从而支持热迁移等高级存储特性。存储虚拟化应用极其广泛，例如 PC 上为一个物理磁盘创建多个逻辑分区，或将物理磁盘组创建为 RAID 逻辑磁盘，这些都是存储虚拟化的具体应用形式；将 Linux 主机配置为 NFS 服务器，使用存储资源的 NFS 客户端通过 NFS 协议访问 NFS 服务器，而 NFS 服务器作为提供存储资源的设备，其自身的文件系统将虚拟磁盘以磁盘文件的方式提供给 NFS 客户端使用，这就是虚拟化存储应用的实例。

5.2.2　FusionCompute 存储资源

1. FusionCompute 支持的存储资源类型

FusionCompute 支持的存储资源来自 CNA 主机的本地磁盘或专用的存储设备。专用的存储设备与主机之间通过网线或光纤连通，存储阵列、备份设备等都可以称为存储设备，但通常存储设备主要是指存储阵列。存储阵列利用 SAN 与 CNA 主机对接，为 CNA 提供存储资源。FusionCompute 所支持的存储资源有如下 6 种类型：本地磁盘、FC SAN、IP SAN、NAS、FusionStorage 和 Advanced SAN。

2. 本地磁盘

本地磁盘是指主机本地的磁盘资源在经过 RAID 条带化组织后，可以作为存储设备被发现，并在其上创建数据存储，再创建虚拟磁盘并挂载给虚拟机使用。本地磁盘由于是直接分配给主机使用的，与主机形成绑定关系，因此也称为直接附加存储（Direct Attached Storage，DAS）。直接附加存储是一种通过 SCSI/FC 协议将存储设备直接连接到主机的访问方式，其连接如图 5-5 所示。

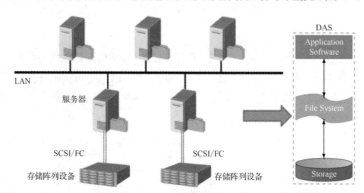

图 5-5　直接附加存储连接

因为早期的网络结构十分简单，所以直接附加存储得到广泛的应用。但随着计算能力、内存、存储密度和网络带宽的进一步增长，越来越多的数据被分散存储在个人计算机和工作站中。传统存储设备采用基于 SCSI 并行总线的方式与主机紧密连接，由于存储是直接依附在主机上的，因而无法共享存储资源给其他主机使用。从另一方面看，因为主机 CPU 必须同时完成磁盘存取和应用运行的双重任务，主机系统也因此背上了沉重的负担，不利于 CPU 指令周期的优化。因此，直接附加存储虽然使用方便，但是速度相对较慢，且无共享存储资源的功能，也无跨主机的高可用特性等冗余机制。FusionCompute 支持本地磁盘类型的存储资源采用非虚拟化或虚拟化的使用方式。

微课视频

3. SAN

（1）SAN 概述

存储区域网（SAN）是一个在服务器和外部存储资源或独立存储资源之间的、专用的、高性能网络体系，也是独立于服务器的后端存储专用网络。SAN 为了实现大量原始数据的传输而进行了专门的优化，被视为 SCSI 协议在长距离应用上的扩展。SAN 连接如图 5-6 所示。

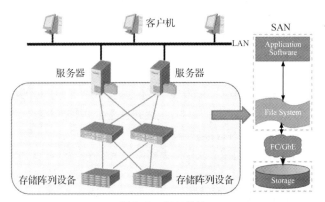

图 5-6　SAN 连接

SAN 采用可扩展的网络拓扑结构连接服务器和存储设备，使每个存储设备不隶属于任何一台服务器，使所有的存储设备都可以在全部的服务器之间作为存储对等资源实现共享。一个完整的 SAN 存储系统包括支持 SAN 的主机和存储设备、连接 SAN 的网络连接设备和 SAN 的管理软件。

（2）SAN 的类型

SAN 主要包括 FC（Fibre Channel）SAN、IP（Internet Protocol）SAN 和 FCoE（Fibre Channel over Ethernet）SAN 这 3 种类型。基于 FC 协议传输的 SAN 就是 FC SAN；基于 TCP/IP 传输的 SAN 就是 IP SAN；基于增强型以太网传输的 SAN 就是 FCoE SAN。上述 3 种类型中，常见的是 FC SAN 和 IP SAN。而 FCoE SAN 通常适用于将业务 LAN 的数据和 SAN 的数据融合在同一个网络的应用场景。需要注意的是，FC 是 Fibre Channel，即网状通道，而非光纤通道（Fiber Channel）。由于 FC SAN 通常使用光纤作为载体，因此 FC 协议经常被误解为光纤通道协议。

（3）FC SAN

① FC SAN 概述：FC SAN 使用的典型协议组是 SCSI 和 FC。FC 协议特别适合存储网络应用，一方面是它可以传输大块数据，另一方面是它能够实现远距离传输。FC SAN 的市场需求主要集中在高端的、企业级存储应用上，可满足应用对性能、冗余度和数据可靠性方面的高要求。

微课视频

FC SAN 可以支持约 1677 万个存储设备互联，其组件之间的连接距离最远可达 20000km。从 SAN 的第一次应用到现在，数据传输速度已经有了大幅提升，目前普遍达到了 16Gbit/s，甚至可能达到 40Gbit/s。在一个规模庞大的 FC SAN 中，即使有非常多的组件，FC SAN 也可以借助完备的监控、管理工具，较为容易地对网络进行管理和维护。目前还没有一家公司的 ICT（Information and Communication Technology，信息与通信技术）基础设施规模能达到 1677 万的上限。现在有些大公司的网络存储设备需要横跨整个地球来支撑从我国到美国、从欧洲到非洲的商业活动，以满足来自世界各地的员工随时访问公司数据的需求。例如，来自巴西的员工可能需要访问存储在深圳服务器上的数据。因而 FC SAN 可以满足大型企业在高端存储方面的应用需求。

② FC SAN 地址结构。FC SAN 使用的标识符是 WWN（World Wide Name），用于标识设备内 I/O 模块的单个接口。WWN 有以下 2 种不同的定义。

a. 全球唯一节点号（World Wide Node Number，WWNN）是分配给每一个上层节点的全球唯一的 64 位标识符。一个 WWNN 被分配给 FC 网络中的一个节点，一个 FC 网卡上的所有端口共享一个 WWNN，即 WWNN 可以被属于同一个节点的一个或者多个不同的端口（但每个端口拥有不同的 WWPN）共同使用。

b. 全球唯一端口号（World Wide Port Number，WWPN）是分配给每一个 FC 端口的唯一的 64 位标识符。每个 WWPN 被该端口独享，WWPN 在 SAN 中的应用就等同于 MAC 地址在以太网中的应用。

（4）IP SAN

微课视频

① IP SAN 概述：随着存储网络技术的发展，目前基于 TCP/IP 的 IP SAN 也得到广泛的应用。IP SAN 具备很好的扩展性、灵活的互通性，并能够突破传输距离的限制，具有明显的成本优势和管理维护容易等特点。什么是 IP SAN 呢？IP SAN 是指以 TCP/IP 为底层传输协议，采用以太网作为承载介质所构建起来的 SAN。IP SAN 是标准的 TCP/IP 和 SCSI 指令集相结合的产物，以其协议标准化、整体成本低廉和维护简便等优势成为网络存储领域的重要产品。

IP SAN 是基于 TCP/IP 来实现数据块传输的存储网络技术，与传统 FC SAN 的最大区别在于传输协议和传输介质不同。目前常见的 IP SAN 有 iSCSI、FCIP、iFCP 等技术标准。其中 iSCSI 是发展最快的技术标准，大多数时候人们所说的 IP SAN 就是指基于 iSCSI 技术标准实现的 SAN。

iSCSI 定义了 SCSI 指令集在 IP 网络中的封装方式，通过标准的 IP 网络和底层的以太网技术，将 SCSI 指令集进行封装，并使用通用的 TCP/IP 承载。iSCSI 是建立在 TCP/IP 和 SCSI 指令集基础上的全新标准协议，其开放性和扩展性更好。

② IP SAN 协议栈：iSCSI 节点将 SCSI 用户数据封装成 iSCSI 包，传送给 TCP/IP 层，由 TCP/IP 将 iSCSI 包封装成 IP 协议包，然后发送到以太网上进行传输。iSCSI 封装方式如图 5-7 所示。

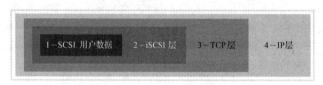

图 5-7　iSCSI 封装方式

③ IP SAN 与 FC SAN 的区别：IP SAN 广受中小型企业的欢迎，因为中小型企业大多以 TCP/IP 为基础构建网络环境，iSCSI 可以直接部署在 IP 网络上，降低了搭建成本。基于 iSCSI 的网络存储可以解决远程存储的连接问题，实现异地间的存储数据传输。两个典型的 iSCSI 应用场景是异地数据交换和异地数据备份。IP SAN 技术与 FC SAN 的主要区别如表 5-1 所示。

表 5-1　IP SAN 与 FC SAN 的主要区别

类别	FC SAN	IP SAN
网络性能	4Gbit/s、8Gbit/s、16Gbit/s	1Gbit/s、10Gbit/s、40Gbit/s
网络架构	单独建设光纤网络和 HBA 卡	使用现有 IP 网络
传输距离	受到光纤传输距离的限制	理论上没有距离限制
管理、维护	技术和管理较复杂	维护和管理简单
兼容性	兼容性差	与几乎所有 IP 网络设备都兼容
成本	购买（光纤交换机、HBA 卡、光纤磁盘阵列等）、维护（培训人员、系统设置与监测等）成本高	与 FC SAN 相比，购买与维护成本都较低，有更高的投资收益比
容灾	具备容灾功能，但其硬件、软件成本高	可以实现本地和异地容灾，且成本低
安全性	较高	较低

4. NAS

NAS 是基于 IP 网络的跨平台文件共享设备。NAS 通过文件级的数据访问和共享提供存储资源，使用户以最小的存储管理开销直接共享文件。采用 NAS 可以不用建立多个文件服务器，是首选的文件共享解决方案。NAS 使用网络和文件共享协议进行归档和存储，其中包括数据传输的 TCP/IP 协议和提供远程文件服务的 CIFS、NFS 协议。NAS 还有助于消除用户访问通用服务器时产生的性能瓶颈。

微课视频

NAS 原理如图 5-8 所示，NAS 包括一个特殊的文件服务器（NAS 引擎）和存储设备（通常为存储阵列）。NAS 服务器采用优化的文件系统，并且安装有预配置的存储设备。NAS 可直接运行 NFS、CIFS 等文件共享协议，使不同类型的客户端系统可以通过磁盘映射和数据源建立虚拟连接。

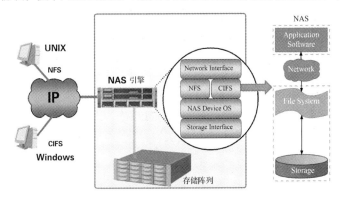

图 5-8 NAS 原理

NFS 和 CIFS 是通用的文件共享协议，NFS 主要基于 UNIX/Linux 的操作环境；CIFS 主要基于 Windows 的操作环境。这些协议使用户能够跨越不同的操作系统实现文件共享，可为用户提供异构系统之间的文件透明迁移。

【疑难解析】

Ⅱ. NAS 和 SAN 最大的区别是什么？

答：NAS 和 SAN 最大的区别就在于 NAS 有文件操作和管理系统，而 SAN 却没有这样的系统，其功能仅仅停留在文件管理的下一层，即原始数据管理。SAN 和 NAS 并不是相互冲突的，是可以共存于同一个系统中的。NAS 通过一个公共的接口实现空间的管理和资源共享，直接面对用户提供文件共享服务；SAN 仅为服务器存储数据提供一个专门的、快速的后方存储通道，用户通过访问服务器得到所需的资源。SAN 与 NAS 的统一应用如图 5-9 所示。

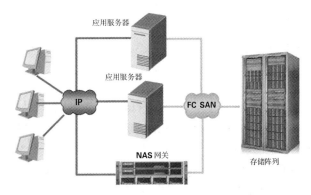

图 5-9 SAN 与 NAS 的统一应用

111

Ⅲ. 为什么 FTP 文件服务不属于 NAS？

答：文件传输协议（File Transfer Protocol，FTP）只有将文件传输到本地之后才能执行文件访问，而 NAS 的文件共享协议可以允许直接访问源端的文件，不需要将文件复制到本地再访问。

5. FusionStorage

（1）FusionStorage 概述

微课视频

FusionStorage 是华为分布式存储软件，采用 ServerSAN 架构，将通用 x86 服务器的本地硬盘驱动器（Hard Disk Drive，HDD）、固态盘（Solid State Disk，SSD）等介质通过分布式技术组织成大规模存储资源池。它为非虚拟化环境的上层应用和虚拟机提供工业界标准的 SCSI 和 iSCSI 接口，具备一套系统按需提供块、文件和对象全融合的存储服务能力。用户只需要在标准 x86 硬件上部署 FusionStorage 软件，即可获得业务所需的任意类型的存储服务，而无须提前采购大量的专用存储设备，可实现存储服务类型免规划。

（2）FusionStorage 组网方式

FusionStorage 组网方式如图 5-10 所示，其将提供存储资源的服务器通过以太网交换机组织成分布式存储资源池。它是一种软件定义存储的方式，通过软件实现高性能、高可靠性、高扩展性和易管理的分布式存储功能。

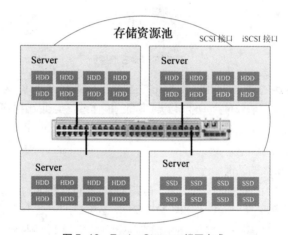

图 5-10　FusionStorage 组网方式

（3）FusionStorage 存储资源访问方式

FusionStorage 提供两种存储资源的访问方式，即 SCSI 和 iSCSI 访问方式。SCSI 和 iSCSI 的访问方式如图 5-11 所示。图 5-11 中的 VBS（Virtual Block System，虚拟块存储管理）负责卷元数据的管理，提供分布式集群接入点服务，使计算资源能够通过 VBS 访问分布式存储资源。OSD（Object Storage Device，对象存储设备）执行具体的存储 I/O 操作，每个服务器上部署多个 OSD 进程，通常一块磁盘默认对应部署一个 OSD 进程。

SCSI 访问方式是将 FusionStorage 的 VBS 组件安装到需要使用存储的主机（类似 CNA 这样的主机），主机通过 VBS 将 FusionStorage 存储节点上创建的卷借助 OSD 在内部进行挂载，从而使用存储资源（如图 5-11 左侧所示）；iSCSI 访问方式是将 VBS 部署在其他可以安装 VBS 的节点，借助该节点的 OSD 挂载 FusionStorage 存储节点上创建的卷，从而使主机无须安装 VBS，也能通过 iSCSI 方式连接到其他 VBS 节点使用存储资源（如图 5-11 右侧所示）。

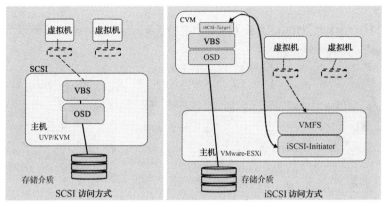

图 5-11 SCSI 和 iSCSI 访问方式

采用 SCSI 访问方式的主机必须具备能够安装 VBS 组件的前提条件，因此要求主机采用
FusionSphere 或 KVM 系统。iSCSI 则支持所有类型的主机，适用于 VMware 和 Windows 这类无
法安装 VBS，但又需要使用 FusionStorage 分布式存储的场景。

6. Advanced SAN

Advanced SAN 是一种特殊的 IP SAN，兼容华为 OceanStor 系列存储。它创建的存储池以 LUN
的方式分配给虚拟机作为磁盘使用，并与虚拟机进行绑定。需要注意的是，在使用 Advanced SAN V3
存储创建的磁盘中，会有一部分空间用以保存元数据，从而会带来一些存储空间的损耗。

5.2.3 FusionCompute 存储设备

FusionCompute 支持的存储设备有 5 种：LUN、本地磁盘、Advanced SAN 存储池、FusionStorage
存储池和 NAS 共享目录。同一存储资源上可以创建多个存储设备。例如，在存储阵列上创建多个 LUN，
每个 LUN 就是一个存储设备，可以映射给相同或不同的主机。同样，NAS 设备也可以创建多个共享
目录映射给主机，每个目录也是一个存储设备。因此存储设备在此处并不是真实的物理设备，而是在
某一类存储资源上创建的存储逻辑管理单元。主机可以通过扫描发现多个存储设备。

由于主机需要关联存储资源后才能扫描到存储设备，因此需要在存储侧和交换机侧进行配置，其
配置因厂商设备的不同而有所差异，需要参考存储和交换机配置文档。通过关联存储资源，每个主机
能扫描并发现映射给自身的独享存储设备，也能发现共享的存储设备。图 5-12 中所列出的存储设备
都是扫描发现的，创建数据存储时需要先选择其中一个存储设备，然后创建数据存储。

图 5-12 扫描发现存储设备

5.2.4　FusionCompute 数据存储

1. 数据存储概述

数据存储是 FusionCompute 对存储设备（逻辑存储设备）进行的统一封装。与主机关联的存储设备在被封装成数据存储后，可以进一步创建出若干虚拟磁盘供虚拟机使用。数据存储关联模型如图 5-13 所示。数据存储是在存储设备上创建的逻辑管理单元。它类似文件系统，像一个逻辑容器那样将各种类型的存储特性隐藏起来，提供统一的访问方式来存储虚拟机文件。从虚拟机操作系统的角度观察，不同存储资源上创建的虚拟磁盘在使用方式上不存在差异，即虚拟机对数据存储的使用方式与存储资源类型无关，与访问物理磁盘有关。

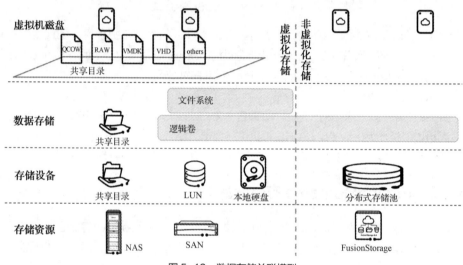

图 5-13　数据存储关联模型

2. 数据存储使用原则

数据存储在使用时需要遵循以下原则。

① 存储设备必须创建为数据存储才能被使用。

② 数据存储需要创建在指定的存储设备上，且一个存储设备只能创建一个数据存储。

③ 数据存储只有与主机关联，才能为主机提供资源，一个数据存储可以关联到多个主机，一个主机可以使用多个数据存储。

④ 数据存储可用于存放虚拟机磁盘、快照文件，其大小依赖于存储设备的大小。

5.2.5　FusionCompute 磁盘管理

1. 虚拟机磁盘主要参数

（1）磁盘类型

FusionCompute 支持的磁盘类型有普通和共享两种。普通磁盘只能给单个虚拟机使用，共享磁盘可以绑定给多个虚拟机同时使用。

（2）配置模式

FusionCompute 支持的磁盘配置模式有以下几类。

① 普通：根据磁盘容量配额为磁盘分配空间，在创建过程中会将磁盘上保留的数据置零。这种模式的磁盘性能要优于其他两种磁盘，但创建过程所需的时间可能会比其他类型的磁盘更长，建议系统盘使用该模式。

② 精简：系统首次仅分配磁盘容量配额的部分容量，后续根据使用情况，逐步进行分配，直到分配总量达到磁盘容量配额为止。数据存储类型为 "FusionStorage" 或 "本地内存盘" 时，只支持该模式；数据存储类型为 "本地硬盘" 或 "SAN 存储" 时，不支持该模式。

③ 普通延迟置零：根据磁盘容量配额为磁盘分配空间，创建时不会擦除物理设备上保留的任何数据，但后续从虚拟机首次执行写操作时会按需要将其置零。创建速度比 "普通" 模式快，I/O 性能介于 "普通" 和 "精简" 两种模式之间。只有数据存储类型为 "虚拟化本地硬盘"、"虚拟化 SAN 存储" 或版本号为 V3 的 "Advanced SAN 存储" 时，才支持该模式。

（3）磁盘模式

FusionCompute 支持的磁盘模式有以下几种。

① 从属：快照中包含该从属磁盘。

② 独立-持久：更改将立即并永久写入磁盘，独立-持久磁盘不受快照影响，即对虚拟机创建快照时，不对该磁盘的数据进行快照；使用快照还原虚拟机时，不对该磁盘的数据进行还原。

③ 独立-非持久：关闭电源或恢复快照后，丢弃对该磁盘的更改。

2．磁盘和存储的关联

（1）RAID 与 LUN 的关系

RAID 是由几个物理硬盘组成的逻辑磁盘，即多个硬盘组成一个大的物理卷。在物理卷的基础上创建 RAID 逻辑磁盘组，并在其上按照指定容量创建一个或多个 LUN。这些 LUN 是映射给主机的基本块设备。RAID 与 LUN 的关系如图 5-14 所示，可以根据对存储容量的需求，在 RAID 逻辑磁盘组上划分一个 LUN，也可以划分多个不同容量的 LUN，映射给相同或不同的主机使用。主机对 LUN 与物理磁盘的访问方式没有区别，即 LUN 对主机是透明的。

例如有 4 个物理硬盘，每个磁盘容量都是 300GB。当把它们放在一个 RAID 时，硬盘组总容量是 300GB×4＝1.2TB。假设将硬盘组创建为 RAID 5 逻辑磁盘组，实际可用容量将是 300GB×3＝900GB。RAID 5 逻辑磁盘组似乎 "浪费" 了一个硬盘的容量，这是因为在 4 个硬盘中需要有相当于 1 个硬盘容量的存储空间用于存储校验信息。从用户的角度看，RAID 5 逻辑磁盘组既可以创建 1 个容量为 900GB 的 LUN，也可以创建多个较小容量的 LUN，共享 900GB 的空间。每个 LUN 的数据保护级别都将是 RAID 5。

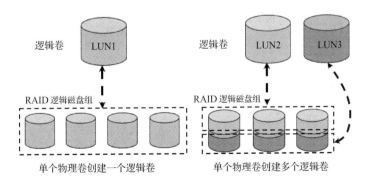

图 5-14　RAID 与 LUN 的关系

（2）Storage Pool 与 Volume 和 LUN 的关系

　　Storage Pool 即存储池，是提供存储资源的容器。所有服务器使用的存储空间都来自存储池。首先在存储池上建立 RAID 和创建多个 LUN，并映射给主机；然后主机操作系统的逻辑卷管理器（Logical Volume Manager，LVM）将每个 LUN 识别为物理卷（Physical Volume，PV）；再将多个 PV 首尾相连，组成一个逻辑上连续编址的卷组（Volume Group，VG）；最后逻辑卷管理器对 VG 进行整合，再划分出多个虚拟磁盘分区，即逻辑卷（Logical Volume，LV）。LV 就是在 VG 中创建的最终可供操作系统使用的卷，在此基础上操作系统对 LV 创建分区并格式化建立文件系统。上述 RAID 与 PV、VG 和 LV 的关系如图 5-15 所示。

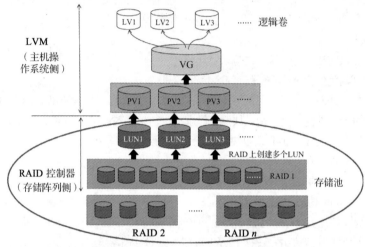

图 5-15　RAID 与 PV、VG 和 LV 的关系

5.2.6　FusionCompute 使用存储资源流程

FusionCompute 使用 SAN 存储资源的基本流程如下。

① 存储阵列上创建存储资源以及添加主机启动器。

② FusionCompute 添加并关联存储资源。

③ FusionCompute 执行"扫描存储设备"。

④ 在存储设备 LUN 上创建对应的数据存储。

⑤ 使用数据存储创建虚拟磁盘并挂载给虚拟机。

5.3　项目实施

5.3.1　项目实施条件

在实验室环境中模拟该项目，需要的条件如下。

1. 硬件环境

（1）华为 RH2288 V3 服务器 2 台。

（2）华为 S3700 以太网交换机 1 台。

（3）华为 SNS2124 光纤交换机 1 台。

（4）华为 OceanStor S2600/5300 V3 存储 1 台。

（5）计算机 1 台。

（6）千兆以太网线缆、光纤线缆若干。

2. 软件环境

FusionCompute 虚拟化环境包含 2 台 CNA 主机和 1 个 VRM 虚拟机。CNA 主机完成与 S2600 V3 存储阵列的 SAN 组网连接。

5.3.2　数据中心规划

1. FusionCompute 组件规划

FusionCompute 组件规划参见项目 4 的表 4-1。

2. 虚拟化环境规划

本项目虚拟机 VM_win2008 和 VM_CentOS6 的 IP 规划参见项目 4 的表 4-2。其余实验环境规划如表 5-2～表 5-4 所示。

表 5-2　CNA 存储接口规划

组件名称	IP 地址规划	子网掩码	网关	VLAN
CNA01 存储接口	192.168.2.1	255.255.255.0	192.168.2.254	2
CNA02 存储接口	192.168.2.2	255.255.255.0	192.168.2.254	2

表 5-3　以太网交换机端口规划

设备	接口	功能	交换机端口	VLAN	IP 地址
服务器 1	iBMC	远程管理端口	GE 0/0/1	1	192.168.1.1/24
	GE0	管理子网端口	GE 0/0/5	—	—
	GE1	业务子网端口	GE 0/0/6	—	—
服务器 2	iBMC	远程管理端口	GE 0/0/2	1	192.168.1.2/24
	GE0	管理子网端口	GE 0/0/7	—	—
	GE1	业务子网端口	GE 0/0/8	—	—
存储阵列	A 控管理口	远程管理端口	GE 0/0/4	1	192.168.1.4/24
	A.H0	存储业务网口	GE 0/0/11	2	192.168.2.3/24
	A.H1	存储业务网口	GE 0/0/12	2	192.168.2.4/24
PC-1	—	管理主机	GE 0/0/23	1	192.168.1.91/24

表 5-4　存储光纤交换机端口规划

设备	接口	功能	交换机端口
服务器 1	FC 接口 1	业务子网端口	Port 1
服务器 2	FC 接口 1	业务子网端口	Port 2
存储阵列	B.P0	存储业务接口	Port 3
	B.P1	存储业务接口	Port 4

3. 拓扑规划

根据以上的规划要求，存储虚拟化项目实施拓扑如图 5-16 所示。

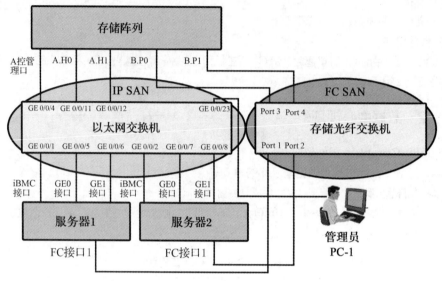

图 5-16　存储虚拟化项目实施拓扑

5.3.3　项目实施的任务

存储虚拟化项目的实施分为如下 3 个任务。

- 任务 1：本地数据存储创建虚拟磁盘。
- 任务 2：CNA 主机关联 IP SAN 存储资源。
- 任务 3：CNA 主机关联 FC SAN 存储资源。

任务 1：本地数据存储创建虚拟磁盘

【任务描述】

在 CNA 主机上使用本地数据存储创建虚拟磁盘，绑定给虚拟机 VM_win2008 使用，并完成磁盘初始化、格式化，确保新磁盘可以使用。

【任务实施】

本任务实施环节如下。

1. CNA 主机扫描存储设备

步骤 1：在 FusionCompute 中单击"计算池"选项，在左侧导航栏内选择站点"site"→集群"ManagementCluster"→主机"CNA01"，显示该主机"入门"选项卡。

步骤 2：单击"配置"选项卡→"数据存储"选项，查看可用的数据存储，如图 5-17 所示。如发现本地数据存储 autoDS_CNA01，则执行后续操作，否则先执行步骤 3。

步骤 3：单击"配置"选项卡→"存储设备"选项，单击"扫描"按钮，弹出提示框，单击"确定"按钮。在"任务跟踪"选项卡中，可以查看扫描进度。扫描完成后，在"配置"选项卡→"存储设备"选项中显示可用的存储设备（注意：类型是本地硬盘），如图 5-18 所示。

图 5-17　查看可用的数据存储

图 5-18　扫描存储设备

2. 创建数据存储

步骤 1：单击"配置"选项卡→"数据存储"选项，进入数据存储页面。单击"添加"按钮，进入添加数据存储页面，页面中显示了扫描出的存储设备。

步骤 2：在"选择存储设备"列表中选择待添加的数据存储，并设置数据存储名称和描述。数据存储的使用方式有虚拟化、非虚拟化和裸设备映射。

步骤 3：设置是否格式化。将存储设备首次添加为数据存储时，因为格式化有可能损坏数据，因此请确认该存储设备上的数据已经备份或不再使用，并将"是否格式化"设置为"是"。当存储类型为 SAN 存储且数据存储设置为虚拟化时，需选择是否将数据存储格式化。若选择"是"，会删除数据存储原有数据，并将其格式化为华为虚拟化文件系统；若选择"否"，系统会将数据存储的原有文件系统识别为华为虚拟化文件系统，如果文件系统无法识别，则添加数据存储的操作失败。格式化操作仅当首次添加该数据存储时设置，后续为其他主机添加该数据存储时无须设置。本任务按如下设置："名称"为 autoDS_CNA01，描述省略，"使用方式"为"非虚拟化"，"是否格式化"为"否"。单击"确定"按钮，完成添加数据存储。

3. 创建并绑定虚拟磁盘

步骤 1：创建虚拟磁盘。在 FusionCompute 中，单击"存储池"选项，进入"存储池"页面。在左侧导航栏内单击站点"site"→数据存储"autoDS_CNA01"，单击"磁盘"选项卡，显示磁盘信息列表。

步骤 2：单击"创建磁盘"按钮，如图 5-19 所示，弹出"创建磁盘"对话框。

步骤 3：填写磁盘基本信息和配置参数。

本任务中磁盘名称为 disk_win2008，容量为 20GB，类型为普通，配置模式与磁盘模式保持默认设置，如图 5-20 所示。

图 5-19　创建磁盘

图 5-20　disk_win2008 磁盘规格

步骤 4：单击"确定"按钮，弹出提示框。单击"确定"按钮，完成磁盘的创建。

步骤 5：绑定磁盘。选中新磁盘 disk_win2008，单击"更多"→"绑定虚拟机"选项，如图 5-21 所示。在对话框内选中虚拟机 VM_win2008，单击"确定"按钮，完成磁盘绑定，如图 5-22 所示。

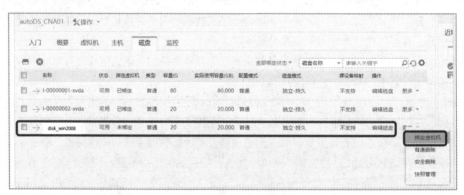

图 5-21　选择磁盘用于绑定

图 5-22　虚拟机绑定磁盘

4. 虚拟机使用磁盘

步骤 1：初始化磁盘。采用 VNC 方式登录虚拟机 VM_win2008 桌面，依次单击"开始"→"控制面板"→"系统和安全"→"管理工具"→"计算机管理"。在"计算机管理"窗口的左侧导航栏依次单击"存储"→"磁盘管理"选项，发现新磁盘，如图 5-23 所示。单击"确定"按钮，在"未分配"区域内右键单击，在弹出的菜单中选择"新建简单卷"选项，如图 5-24 所示。打开"新建卷向导"窗口，输入卷的大小，单击"下一步"按钮，指定驱动器号。单击"格式化分区"选项，"文件系统"选择 NTFS 类型，单击"是否快速格式化"→"完成"按钮。完成后在"我的电脑"内查看新建的磁盘分区，再进行简单测试，验证其是否可用。

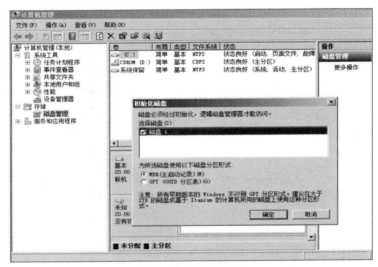

图 5-23　发现新磁盘

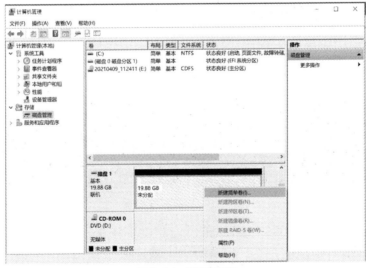

图 5-24　新建简单卷

步骤 2：磁盘解绑定。如果选择删除虚拟机，则绑定的磁盘将一并删除，但必须先解除绑定。单击"虚拟机和模板"选项→"虚拟机"选项卡，依次单击该虚拟机的"硬件"→"磁盘"→"更多"→"解绑定"→"是否快速格式化"选项。快速格式化可以删除磁盘上的数据，否则数据仍留在磁盘上，单击"确定"按钮，如图 5-25 所示。

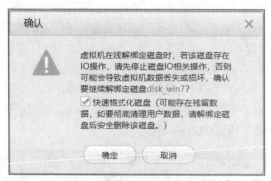

图 5-25 解绑定并格式化磁盘

步骤 3：删除磁盘。单击"存储池"→数据存储"autoDS_CNA01"→磁盘"disk_win2008"
选项，选中该磁盘并单击"更多"选项，选择"普通删除"或"安全删除"选项。普通删除速度快，
但安全性较差；安全删除速度慢，安全性高。

任务 2：CNA 主机关联 IP SAN 存储资源

【任务描述】

CNA01 主机和 CNA02 主机通过 IP SAN 关联存储资源，并为虚拟机 VM_win2008 分配 60GB
的数据磁盘。

【任务实施】

本任务实施环节如下。

1. IP SAN 组网连接

华为 OceanStor S2600 V3 是面向闪存优化设计的中端入门级存储，满足云时代对存储系统更
高性能、更低时延、更具有弹性的要求。支持 SAN 与 NAS 的融合、异构设备的融合，为用户构建了
安全可靠、简单高效的融合存储系统。S2600 V3 采用控制框和硬盘框合一的硬件结构，其前面板的
硬盘框用于存放硬盘，如图 5-26 所示；其后面板的控制框用于实现硬盘框级联、SAN 组网连接，
如图 5-27 所示。

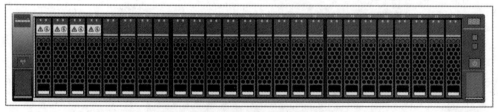

图 5-26 存储阵列硬盘框

图 5-27 中的板载扣卡接口具备热插拔功能，用于扩控组网。S5300 V3 支持 4 个 GE 扣卡接口。
图 5-27 中的接口模块是应用服务器与存储系统的业务接口，用于接收应用服务器发出的数据读写指
令，具备热插拔功能，支持 8Gbit/s FC、16Gbit/s FC、12Gbit/s SAS、GE、10GE TOE、10GE
FCoE 等不同类型的接口模块。

根据表 5-3，使用以太网交换机对服务器 1、服务器 2 和存储阵列 S2600 V3 按照图 5-16 所示
的部分进行组网连接。

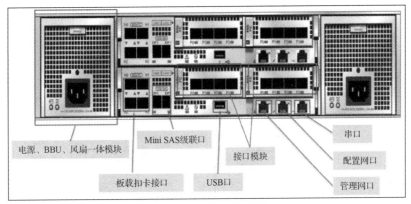

图 5-27　存储阵列控制框

2．交换机配置

本任务中，存储网络属于 VLAN 2，需要对以太网交换机进行 VLAN 配置。交换机配置指令如下。

```
[switch]vlan 2
[switch-vlan2]quit
[switch]interface GigabitEthernet 1/0/6
[switch-GigabitEthernet1/0/6]port link-type trunk
[switch-GigabitEthernet1/0/6]port trunk permit vlan all
[switch-GigabitEthernet1/0/6]port trunk pvid vlan 1
[switch-GigabitEthernet1/0/6]quit
[switch]interface GigabitEthernet 1/0/8
[switch-GigabitEthernet1/0/6]port link-type trunk
[switch-GigabitEthernet1/0/6]port trunk permit vlan all
[switch-GigabitEthernet1/0/6]port trunk pvid vlan 1
[switch-GigabitEthernet1/0/6]quit
[switch]interface GigabitEthernet 1/0/11
[switch-GigabitEthernet1/0/11]port link-type access
[switch-GigabitEthernet1/0/11]port access vlan 2
[switch-GigabitEthernet1/0/11]quit
```

3．存储阵列分配存储资源

存储阵列 S2600 V3 分配和使用存储资源的流程如图 5-28 所示。

步骤 1：登录 S2600 V3 存储阵列。通常采用管理网口登录存储阵列，在浏览器的地址栏内输入管理网口地址 https://192.168.1.4:8088，登录存储阵列管理器 DeviceManager。

步骤 2：在图 5-29 所示的 DeviceManager 登录页面内使用管理员账户 admin，密码 Huawei@ storage 登录。

步骤 3：存储阵列初始化设置。

① DeviceManager 登录后，单击右侧导航栏内"系统"功能区。

② 在"系统"功能区窗口中，依次单击"机柜"→"控制框"→"⟳"按钮，切换到设备后视图。

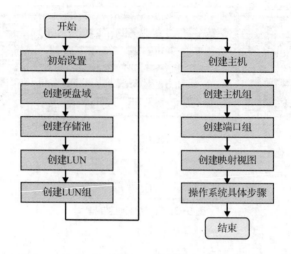

图 5-28　分配和使用存储资源的流程

图 5-29　DeviceManager 登录页面

③ 单击"以太网端口"选项，选中 A 控制器的 H0 端口，单击"修改"按钮，打开端口属性页面，根据表 5-3 修改 IP 地址，如图 5-30 所示。

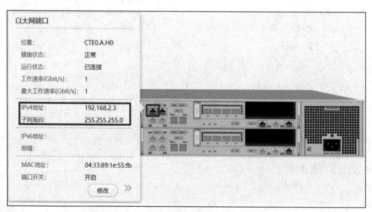

图 5-30　修改 A 控制器 H0 端口 IP 地址

步骤 4：创建硬盘域。存储资源的分配流程如图 5-31 所示。首先创建硬盘域，硬盘域是一组硬盘的组合，同一个硬盘域内允许使用 1～3 种不同类型的磁盘（SAS 磁盘、SATA 磁盘和 SSD）组成不同类型的存储池。在"资源分配"功能区内单击"创建硬盘域"按钮，打开"创建硬盘域"向导对话框，输入硬盘域名称、描述，选取磁盘组成硬盘域。选择磁盘时，有以下 3 种单选项。

● 所有可用硬盘：存储系统将使用所有可用的硬盘，可以为每个存储层选择热备策略。热备策略有高、低、无 3 种配置。

- 指定硬盘类型：选择一个或者多个存储层，并且指定每个存储层的硬盘数量和热备策略。
- 手动选择硬盘：手动指定每个存储层的硬盘数量和热备策略。

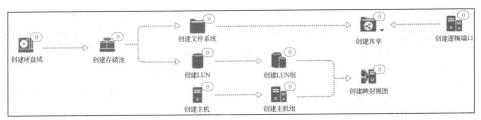

图 5-31　存储资源的分配流程

> **注意**　一个硬盘域的每个存储层至少需要 4 块相同类型的硬盘，本任务设置的参数如下：硬盘域名称为 DiskDomain_test，描述省略，组成硬盘域的磁盘为所有磁盘。

步骤 5：创建存储池。在图 5-32 所示的"资源分配"功能区内单击"创建存储池"按钮，打开"创建存储池"向导对话框并设置参数，如图 5-33 所示。

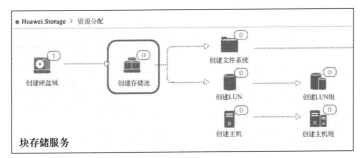

图 5-32　创建存储池

图 5-33　设置存储池参数

在图 5-33 所示的对话框中，设置存储池的名称、用途、硬盘域、存储介质。

① 存储池名称：StoragePool_test。

② 用途：可选项为"块存储服务"和"文件存储服务"。需要注意的是，用途一旦被配置便不能

再更改，默认选择"块存储服务"。

③ 硬盘域：DiskDomain_test。

④ 存储介质：选择存储层和 RAID 策略，并设置每个存储层的容量。容量的单位有 GB 和 TB。存储池支持的 RAID 级别为：RAID 1、RAID 10、RAID 3、RAID 5、RAID 50、RAID 6。同一个 RAID 级别可以选择数据 Chunk（D 数据块）和校验 Chunk（P 数据块）的数目。例如，RAID 5 有以下 3 种选择。

- 2D+1P：2 个 Chunk 保存用户数据，1 个 Chunk 保存校验数据，校验数据由 2 个数据 Chunk 计算得出。
- 4D+1P：4 个 Chunk 保存用户数据，1 个 Chunk 保存校验数据，校验数据由 4 个数据 Chunk 计算得出。
- 8D+1P：8 个 Chunk 保存用户数据，1 个 Chunk 保存校验数据，校验数据由 8 个数据 Chunk 计算得出。

本任务选择"RAID 5"级别，"RAID 策略"选择"2D+1P"选项，"存储介质"选择"性能层（SAS）"选项，"容量"设置为"200GB"。单击"下一步"→"关闭"按钮，完成存储池创建。

步骤 6：创建 LUN。LUN 是提供给主机使用的逻辑存储空间，由存储池分配而来。LUN 可以创建为 Thick LUN 或 Thin LUN 两种类型。Thick LUN 被称为非精简 LUN，其上即使没有存储任何用户数据，也会预先占用满额的存储容量；Thin LUN 被称为精简 LUN，不会预先在存储池中占用存储容量，只有当用户数据写入时，才会从存储池中分配实际的存储容量。使用 Thin LUN 需要购买 SmartThin 授权许可。在"资源分配"功能区内，单击"创建 LUN"按钮，在向导对话框中设置如下参数："名称"为"LUN_win2008"，"描述"省略，"容量"为"100GB"，"所属存储池"为"StoragePool_test"，如图 5-34 所示。单击"确定"→"关闭"按钮，完成 LUN 配置。

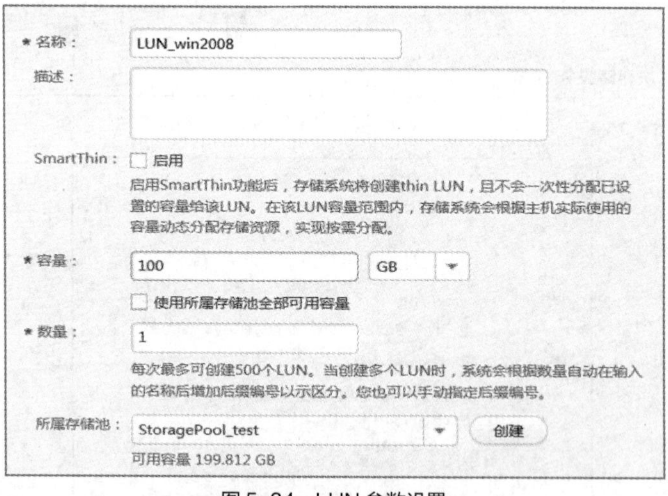

图 5-34　LUN 参数设置

步骤 7：创建 LUN 组。LUN 组是多个 LUN 的组合，属于同一个 LUN 组的 LUN 具有相同的归属属性。在"资源分配"功能区，单击"创建 LUN 组"按钮，在向导对话框中设置"名称"为"LUNGroup_win2008"，然后在"可选 LUN"区域选择"LUN_win2008"，单击按钮"＞"将其添加到"已选 LUN"区域，如图 5-35 所示。

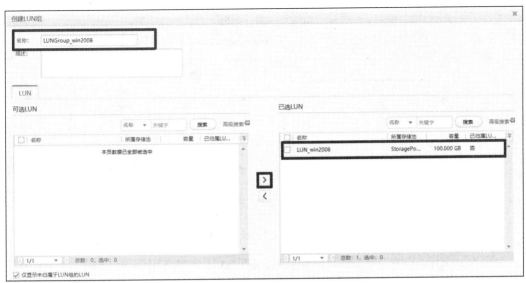

图 5-35　创建 LUN 组

步骤 8：创建主机。在"资源分配"功能区，单击"创建主机"按钮，在向导对话框中设置如下参数："名称"为"Host_win2008"，"操作系统"为"Windows"，"IP 地址"和"设备位置"无须设置，如图 5-36 所示。单击"下一步"按钮，打开"配置启动器"页面。从"可选启动器"区域选择一个或多个启动器，移动到"已选启动器"区域，如图 5-37 所示。由于暂时无法确定启动器名称，因此不添加，单击"下一步"按钮完成设置。如果已经知道启动器名称且位于"可选启动器"区域内，则直接添加。

图 5-36　创建主机

图 5-37　添加主机启动器

步骤 9：创建主机组。主机组包含一个或者多个主机，LUN 映射给一个主机组后，主机组内所有的主机都能发现映射的 LUN。在大量主机需要访问同一个 LUN 的情况下，主机组的设置可节省管理员大量的工作时间，即只需要将该 LUN 映射给一个主机组即可，无须多次映射。在"资源分配"功能区，单击"创建主机组"按钮，在向导对话框中设置"名称"为"HostGroup_win2008"。在"可选主机"区域内，选中"主机 Host_win2008"，将其加入"已选主机"区域，如图 5-38 所示。

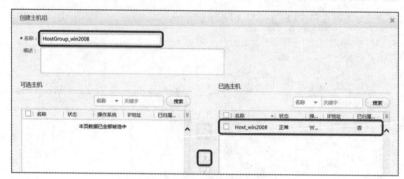

图 5-38　创建主机组并添加主机

步骤 10：创建端口组。端口组包含一个或多个主机端口，主机端口是指用于连接 SAN 的存储阵列业务端口。在"资源分配"功能区内的"存储配置与优化"区域内，单击"端口"按钮，打开端口页面，切换至"端口组"选项卡，单击"创建"按钮，如图 5-39 所示。在向导对话框中设置"名称"为"PortGroup_win2008"，并在"可选端口"区域内选择 iSCSI 主机端口 A.H0，添加到"已选端口"区域内，如图 5-40 所示。需要注意的是，存储配置流程中，创建端口组并不是必须的步骤。如果不限制主机访问存储阵列的某个主机端口，则无须创建端口组。

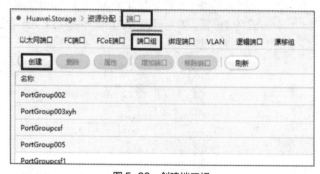

图 5-39　创建端口组

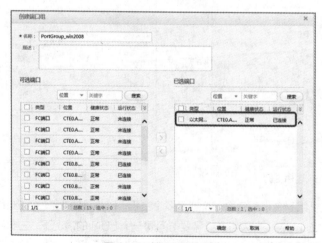

图 5-40　端口组添加端口

步骤 11：创建映射视图。映射视图用于关联 LUN 组、主机组和端口组。在"资源分配"功能区单击"创建映射视图"按钮，在向导对话框中设置"名称"为"MappingView_win2008"，在"LUN 组""主机组""端口组"的下拉菜单中分别选择"LUNGroup_win2008""HostGroup_win2008"和"PortGroup_win2008"选项。单击"确定"按钮完成设置，如图 5-41 所示。

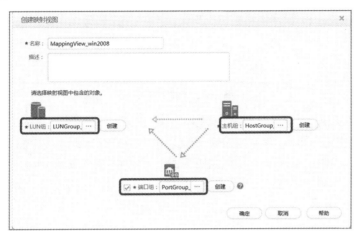

图 5-41　创建映射视图

4. CNA 主机对接存储资源

（1）设置虚拟化 SAN 存储心跳平面

在 FusionCompute 中，单击"存储池"→"数据存储"选项，进入"数据存储"页面。单击" ♥ "按钮，打开"虚拟化 SAN 存储平面配置"对话框，有以下两种选项。

① 关闭：表示使用虚拟化 SAN 存储时以管理平面承载心跳数据。

② 开启：表示使用虚拟化 SAN 存储时以独立的心跳平面承载心跳数据。

当多个主机关联同一个虚拟化 SAN 存储时，主机间需要进行心跳检测。设置虚拟化 SAN 存储心跳平面可以及时监控某主机出现的故障，便于与其他主机隔离。虚拟化 SAN 存储心跳平面可以使用专门的业务管理平面，也可以使用管理平面检测存储心跳。在本任务中，选择使用管理平面检测存储心跳，因此选择"关闭"选项，连续 3 次单击"确定"按钮，完成设置。

（2）主机 CNA01 添加存储接口

主机存储接口是用于实现主机与存储设备对接的接口。每个主机可以添加多个存储接口，用于实现存储的多路径传输。每个主机最多可添加 4 个存储接口，FC SAN 存储、本地硬盘和本地内存盘方式不需要添加存储接口。需要注意的是，存储接口平面不能与管理平面在同一网段。本任务添加存储接口的步骤如下。

步骤 1：在 FusionCompute 中，单击"计算池"选项，进入"计算池"页面。

步骤 2：在左侧导航栏中，单击站点"site"→集群文件夹→集群"ManagementCluster"→主机名称"CNA01"。

步骤 3：单击"配置"→"系统接口"→"添加存储接口"选项，进入"添加存储接口"页面。

步骤 4：在列表中为存储接口选择网卡（网口名称"PORTX"通常对应主机的物理网口"ethX"），单击"下一步"按钮，进入"连接设置"页面。选择网口"PORT1"作为存储接口，单击"下一步"按钮，如图 5-42 所示。

图 5-42　选择存储接口

步骤 5：按照网络规划，配置以下接口参数：名称、描述、IP 地址、子网掩码、VLAN ID、交换模式。IP 地址是指主机与存储设备 IP 互通的地址（主机的存储接口地址），VLAN ID 是存储子网所属的 VLAN 号。在本任务中，根据表 5-2 设置如下参数："名称"为"Port_win2008"，"IP 地址"为"192.168.2.1"，"子网掩码"为"255.255.255.0"，"VLAN ID"为"2"，"交换模式"为"OVS 转发模式"，如图 5-43 所示。

图 5-43　CNA01 主机的存储接口参数

步骤 6：单击"下一步"按钮，进入"确认信息"页面。确认信息无误后，单击"添加"按钮，弹出提示框"是否完成规划存储接口的添加"，单击"是"→"确定"按钮，完成存储接口的添加。如果需要设置 IP SAN 多路径组网，就需要继续添加其他接口。

（3）主机 CNA02 添加存储接口

使用上述方式为 CNA02 主机添加存储接口，存储接口选择 PORT1 端口，接口的名称及 IP 地址等如图 5-44 所示。

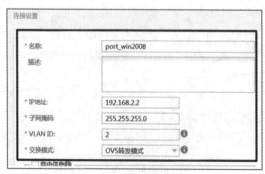

图 5-44　CNA02 主机的存储接口参数

（4）向站点添加存储资源

步骤 1：在 FusionCompute 中，单击"存储池"→"存储资源"选项卡。单击"📷"→"添加存储资源"按钮，在向导对话框中选择存储资源类型。单击"下一步"按钮，选择 IP SAN 存储资源，单击"下一步"按钮。

步骤 2：设置存储资源的基本信息。设置厂家、名称、管理 IP 地址及端口、存储 IP 地址及端口，根据需求选中"开启 CHAP 认证"和"开启数据一致性校验"复选框。需要特别注意的是，管理 IP 地址是指存储阵列控制器的管理网口地址，存储 IP 地址是指存储阵列用于连接主机存储接口的 iSCSI 主机接口地址。本任务选择"厂家"为"华为"，"名称"为"S2600V3"，不选中"开启 CHAP 认证"和"数据一致性校验"复选框，"管理 IP"为"192.168.1.4"，"存储 IP01"为"192.168.2.3"，端口号保持默认设置，如图 5-45 所示。

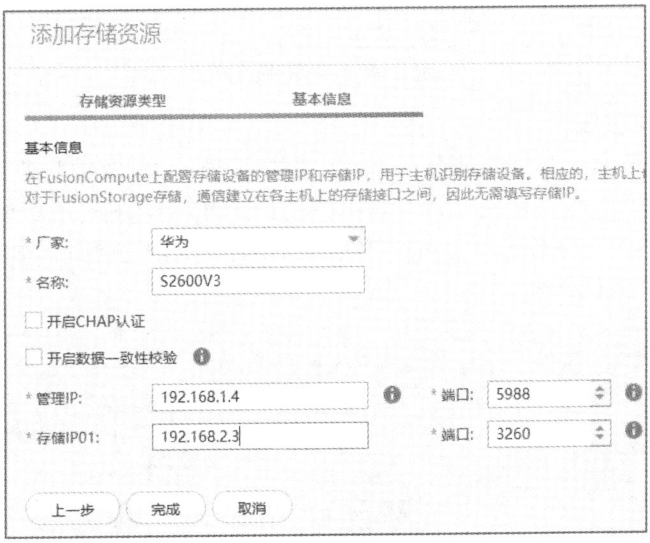

图 5-45　存储资源信息

步骤 3：单击"完成"→"确定"按钮，完成存储资源添加。刷新后可以看到新添加的存储资源，如图 5-46 所示。

图 5-46　完成存储资源添加

步骤 4：在"存储池"页面内，单击"存储设备"选项卡打开"存储设备"页面，单击" 🔍 "按钮，打开"扫描存储设备"对话框。在对话框内选中主机 CNA01 和 CNA02 复选框，站点和集群也同步被选中，如图 5-47 所示。

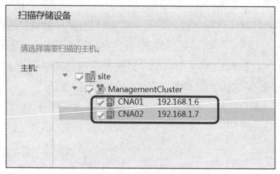

图 5-47　扫描存储设备

（5）主机关联存储资源

在 FusionCompute 内单击"计算池"选项，在左侧导航栏内选中主机 CNA01，单击"配置"选项卡→"存储资源"选项，再单击" 🔧 "按钮，如图 5-48 所示。打开"关联存储资源"对话框，选中新添加的存储资源"S2600V3"，单击"关联"按钮结束操作。按照同样方式为 CNA02 主机关联相同的存储资源"S2600V3"。

图 5-48　关联存储资源

（6）获取主机的启动器名称

步骤 1：在 FusionCompute 内单击"计算池"选项，在左侧导航栏内选中主机 CNA01。单击"配置"选项卡，单击"存储资源"→" 🗄 "按钮打开存储适配器对话框，获取已关联的主机启动器名称，如图 5-49 所示。

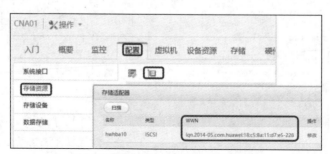

图 5-49　获取 CNA01 主机的启动器名称

步骤 2：按照同样的方法，选中 CNA02 主机，获取主机启动器名称。

（7）存储阵列添加启动器

步骤 1：登录存储阵列管理器 DeviceManager，在"资源分配"功能区的"块存储服务"区域内单击"主机"按钮。选中主机"Host_win2008"，右键单击"增加启动器"选项，打开"增加启动器"对话框。

步骤 2：将 CNA01 主机和 CNA02 主机的启动器从"可选启动器"区域移动到"已选启动器"区域，两次单击"确定"→"完成"按钮，结束启动器添加设置。添加完成后，主机启动器状态应为"在线"状态，如图 5-50 所示。

图 5-50　主机添加启动器

 注意　　如果在"可选启动器"区域找不到所需的启动器，则在 FusionCompute 上再次执行"扫描存储设备"操作（在 CNA01 主机的"配置"选项卡内，依次单击"存储设备"→"扫描"按钮，执行扫描存储设备任务，如图 5-51 所示），即可发现启动器。如果仍然无法发现启动器，则需检查 CNA 主机的存储接口与存储阵列 A 控 H0 端口的连通性。检查方法如下：通过 iBMC 方式登录 CNA01 和 CNA02 主机，打开虚拟远程控制台，再通过 Ping 指令测试 CNA 主机的存储接口与存储阵列 A 控 H0 端口的连通性，如图 5-52 所示。

图 5-51　扫描存储设备

图 5-52　连通性测试

（8）添加数据存储

步骤 1：在 FusionCompute 内单击"计算池"选项，在左侧导航栏内选中主机 CNA01。单击"配置"选项卡→"存储设备"选项，发现可用的存储设备，如图 5-53 所示。如果没有发现新的存储设备，则执行步骤 2，如果发现则执行步骤 3 及以后的操作。

图 5-53　发现可用的存储设备

步骤 2：扫描存储设备。扫描存储设备有两种方式：第一种方式如图 5-51 所示；第二种方式是在 FusionCompute 内依次单击"存储池"→"存储设备"选项卡，单击"🖼"按钮，打开"扫描存储设备"对话框。在树形目录内选中需扫的 CNA 主机，如图 5-54 所示。采用这种方式可以同时对多个主机添加的存储设备进行扫描。

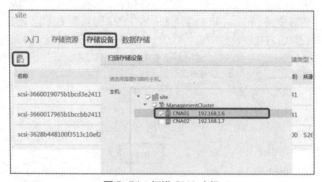

图 5-54　扫描 CNA 主机

步骤 3：在"计算池"→CNA01 主机的"配置"选项卡内，选中"数据存储"选项，单击"添加"按钮，打开"添加数据存储"页面，选择类型为 IP SAN 的存储设备。

步骤 4：单击"下一步"按钮，在"添加数据存储"页面内填写数据存储的基本信息：数据存储"名称"为"datastore_win2008"，"使用方式"选择"非虚拟化"，如图 5-55 所示。

图 5-55　添加数据存储

步骤 5：两次单击"确定"按钮，完成 IP SAN 存储创建。

5. 虚拟机 VM_win2008 使用 SNA 存储资源

（1）创建虚拟磁盘

参照任务 1 的方法创建虚拟磁盘，磁盘基本信息和配置参数如下："名称"为"disk_ipsan_win2008"，"容量"为 60GB，"类型"为"普通"，"磁盘模式"为"独立-持久"。

（2）绑定磁盘

参照任务 1 的方法为虚拟机 VM_win2008 绑定磁盘。

（3）磁盘初始配置

登录虚拟机 VM_win2008，对绑定的磁盘进行初始化、分区格式化和创建文件系统，完成后如图 5-56 所示。

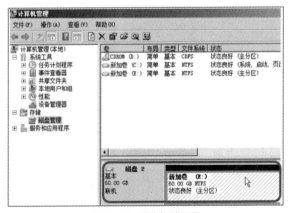

图 5-56　磁盘初始配置

任务 3：CNA 主机关联 FC SAN 存储资源

【任务描述】

CNA01 主机和 CNA02 主机通过 FC SAN 关联存储资源，并为虚拟机 VM_CentOS6 分配 50GB 的数据磁盘。

【任务实施】

本任务实施环节如下。

1. FC SAN 组网连接

根据表 5-4 和图 5-16，使用存储光纤交换机对服务器 1 和服务器 2 以及存储阵列进行连接。

2. 存储阵列分配存储资源

存储阵列 FC SAN 分配资源的流程与 IP SAN 类似，FC SAN 分配资源的主要步骤如下。

步骤 1：登录 S2600 V3 存储阵列管理器 DeviceManager。

步骤 2：在登录页面内使用管理员账户 admin，密码 Huawei@storage 登录阵列。

步骤 3：存储阵列初始化设置。

① 进入 DeviceManager 系统首页，单击右侧的"系统"功能区。

② 在左侧的功能窗口，依次单击展开"机柜"→"控制框"→"控制器 B"→"接口模块"→"FC 端口"选项。单击"⟨/⟩"按钮切换到后视图。

③ 在 FC 端口中，选择 B 控制器的 P0 端口，单击"修改"按钮。

④ 配置 FC 端口。"配置速率（Gbit/s）"选择默认的"自适应"选项，单击"应用"按钮完成速率配置，如图 5-57 所示。

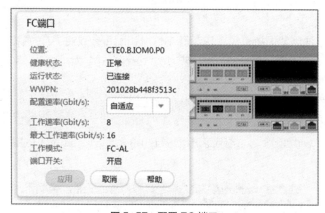

图 5-57　配置 FC 端口

步骤 4：创建硬盘域。使用空闲的磁盘建立新的硬盘域，也可以采用已创建好的硬盘域。本任务继续使用已有的硬盘域 diskdomain_test，进入下一步操作。

步骤 5：创建存储池。在"资源分配"功能区的"存储配置与优化"区域内单击"存储池"按钮，使用"创建存储池向导"建立存储池。"名称"为"StoragePool CentOS6"，"用途"为"块存储服务"，"硬盘域"为"diskdomain test"，"RAID 策略"为"RAID 5"和"2D+1P"，"存储介质"为"性能层（SAS）"，"容量"为"50GB"。

步骤 6：创建 LUN。在"资源分配"功能区内，单击"创建 LUN"按钮，使用"创建 LUN 向导"完成 LUN 创建。"名称"和"描述"为"LUN_CentOS6"，"容量"为"50GB"，"数量"为"1个"，"所属存储池"为"StoragePool CentOS6"。

步骤 7：创建 LUN 组。在"资源分配"功能区内，单击"创建 LUN 组"按钮，使用"创建 LUN 组向导"完成 LUN 组创建。"名称"为"LUNGroup_CentOS6"，将 LUN_ CentOS6 加入该 LUN 组。

步骤 8：创建主机。在"资源分配"功能区内，单击"创建主机"按钮，打开"创建主机向导"对话框，"名称"为"Host_CentOS6"，选择"操作系统"为"Linux"。单击"下一步"按钮，打开

"配置启动器"页面。从"可选启动器"区域选择一个或多个启动器,移动到"已选启动器"区域。如果暂时无法确定启动器名称,也可以暂时不添加。本任务暂时不选择 FC 启动器,单击"确定"→"完成"按钮结束主机创建。

步骤 9:创建主机组。在"资源分配"功能区内,单击"创建主机组"按钮,使用"创建主机组"完成创建。"名称"为"HostGroup_CentOS6",将主机 Host_CentOS6 加入"已选主机"区域内。

步骤 10:创建端口组。在"资源分配"功能区的"存储配置与优化"区域内,单击"端口"按钮打开端口页面。单击"端口组"选项卡,并单击"创建"按钮,使用"创建端口组向导"创建端口组,"名称"为"PortGroup_CentOS6"。在"可选端口"区域内将 B.P0 和 B.P1(B 控制器的 P0、P1 端口)添加到"已选端口"区域内。

 注意   CNA01 和 CNA02 主机采用 FC SAN 连接存储阵列,端口组 PortGroup_CentOS6 需要添加两个 FC 主机端口,否则其中一个 CNA 主机可能无法通过扫描找到 FC SAN 存储设备。

步骤 11:创建映射视图。在"资源分配"功能区内,单击"创建映射视图"按钮,打开"创建映射视图"对话框。"名称"为"MappingView_CentOS6",选择 LUN 组"LUNGroup_ CentOS6",端口组"PortGroup_CentOS6",主机组"HostGroup_CentOS6"。两次单击"确定"→"完成"按钮,结束映射视图设置。

3. CNA 主机对接存储资源

步骤 1:在 FusionCompute 内,单击"存储池"→"入门"选项卡。

步骤 2:单击"添加存储资源"按钮,打开"添加存储资源"页面,选择存储资源类型为 FC SAN,单击"下一步"按钮。

步骤 3:选中需要关联的 CNA 主机。本任务选中主机 CNA01 和 CNA02 复选框,站点和集群自动同步选中,单击"下一步"按钮。

步骤 4:进入"获取 WWN 号"页面,CNA01 和 CNA02 主机的 FC 启动器所使用的 WWN 号都记录在"WWN"列内,如图 5-58 所示。单击"完成"按钮结束存储资源添加。

主机名称	管理IP	存储适配器名称	存储适配器类型	WWN
CNA01	192.168.1.6	hwhba11	FC	0x100000109b26bace
CNA01	192.168.1.6	hwhba12	FC	0x100000109b26bacf
CNA01	192.168.1.6	hwhba13	FC	0x100000109b26d0da
CNA01	192.168.1.6	hwhba14	FC	0x100000109b26d0db
CNA02	192.168.1.7	hwhba15	FC	0x100000109b3e1854
CNA02	192.168.1.7	hwhba16	FC	0x100000109b3e1855
CNA02	192.168.1.7	hwhba17	FC	0x100000109b26d126
CNA02	192.168.1.7	hwhba18	FC	0x100000109b26d127

获取WWN号
主机关联SAN设备时,需将主机生成的WWN号,添加为SAN设备的启动器。
该操作需在SAN设备的管理系统中进行,具体操作需参见SAN设备的用户指南。

图 5-58 获取启动器的 WWN 号

步骤 5：登录存储阵列管理器 DeviceManager，为主机 Host_CentOS6 配置启动器。选中主机"Host_CentOS6"，单击"增加启动器"按钮，将 CNA01 和 CNA02 主机的 FC 启动器添加给主机 Host_CentOS6。

> **注意**
>
> 图 5-58 中 CNA01 和 CNA02 主机显示有多个 WWN 启动器，其中可能有部分启动器处于离线状态，因此在添加 FC 启动器时，一定要选状态为"在线"的 FC 启动器，如图 5-59 所示。

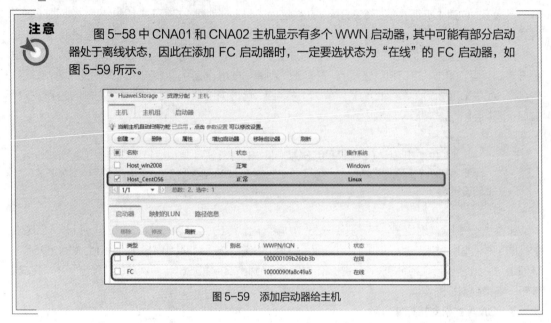

图 5-59　添加启动器给主机

步骤 6：扫描存储设备。单击 FusionCompute 的"计算池"选项，依次选中主机"CNA01"→"配置"选项卡→"存储设备"选项。单击"扫描"按钮，找到新的 FC SAN 存储设备，如图 5-60 所示。再采用同样的方式在 CNA02 主机上扫描找到新的 FC SAN 存储设备。

图 5-60　发现 FC SAN 存储设备

步骤 7：添加数据存储。在 CNA01 主机的"配置"选项卡内，单击"数据存储"选项→"添加"按钮，打开"添加数据存储"页面。选中类型为 FC SAN 的存储资源，并设置如下存储属性："名称"为"datastore_CentOS6"，"使用方式"为"非虚拟化"，"是否格式化"为"否"。两次单击"确定"按钮完成设置。

4. 虚拟机 VM_CentOS6 使用存储资源

步骤 1：创建虚拟磁盘。"名称"为"disk_fcsan_CentOS6"，"容量"为"50GB"，"类型"为"普通"，"磁盘模式"为"独立-持久"。

步骤 2：绑定磁盘。按照如前所述步骤，完成磁盘与虚拟机 VM_CentOS6 的绑定。

步骤 3：磁盘初始配置。详见"项目测试"部分。

5.3.4　项目测试

CNA01 和 CNA02 主机通过 IP SAN 和 FC SAN 对接存储阵列后，虚拟机可以访问共享存储，测试过程如下。

① 登录虚拟机 VM_win2008，查看"计算机"内的分区 E（源于本地数据存储的磁盘 disk_win2008），单击进入分区 E，并创建测试文档 test.txt。测试表明该分区可以正常使用，如图 5-61 所示。

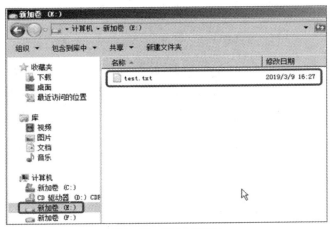

图 5-61　测试本地磁盘

② 登录虚拟机 VM_win2008，查看"计算机"内的分区 F（源于 IP SAN 数据存储的磁盘 disk_ipsan_win2008）。进入分区 F，在分区内创建文件 test_ipsan.txt，验证分区 F 的可用性，如图 5-62 所示。

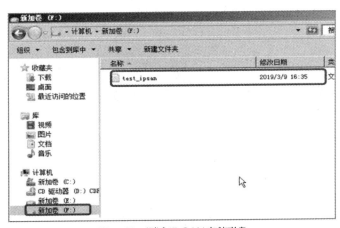

图 5-62　测试 IP SAN 存储磁盘

③ 登录虚拟机 VM_CentOS6，打开"终端"对话框，执行指令以及回显信息如下。

```
[root@localhost Desktop]# fdisk -l

Device Boot     Start     End     Blocks   Id System
/dev/sda1   *       1      39      307200  83 Linux
Partition 1 does not end on cylinder boundary.
```

```
/dev/sda2              39       2358     18631680   83  Linux
/dev/sda3             2358      2611      2031616   82  Linux swap / Solaris
Disk /dev/sdb doesn't contain a valid partition table
[root@localhost Desktop]# fdisk /dev/sdb
Command (m for help): n
Command action
   e   extended
   p   primary partition (1-4)
p
Partition number (1-4):
First cylinder (1-6527, default 1):
Using default value 1
Last cylinder, +cylinders or +size{K,M,G} (1-6527, default 6527):
Using default value 6527
Command (m for help): w
The partition table has been altered!
Calling ioctl() to re-read partition table.
Syncing disks.
[root@localhost Desktop]# mkfs -t ext3  /dev/sdb1
[root@localhost Desktop]# mkdir /home/disk
[root@localhost Desktop]# mount /dev/sdb1 /home/disk
[root@localhost Desktop]# df -h
Filesystem           Size  Used Avail Use% Mounted on
/dev/sda2            18G   2.2G   15G  14% /
tmpfs                491M  264K  491M   1% /dev/shm
/dev/sda1            291M   30M  246M  11% /boot
/dev/sdb1            50G   180M   47G   1% /home/disk
[root@localhost Desktop]# cd /home/disk/
[root@localhost disk]# touch test.txt
[root@localhost disk]# ls
lost+found  test.txt
```

50GB 的磁盘在分区格式化并挂载后，创建测试文档 test.txt，表明新磁盘可以被访问。

5.3.5　项目总结

本项目围绕存储虚拟化的基本结构，重点介绍了 IP SAN、FC SAN 和分布式存储 FusionStorage 的基本原理。重点讲解了 FusionCompute 通过本地存储、IP SAN 和 FC SAN 创建虚拟磁盘并挂载给虚拟机使用的配置方法。

5.4 思考练习

一、选择题

1. 华为 FusionCompute 支持的磁盘精简配置能够实现以下哪些功能？（多选）（   ）

　　A. 虚拟存储精简配置与操作系统、硬件完全无关，因此只要使用虚拟镜像管理系统，就能提供虚拟存储精简配置功能

　　B. 提供数据存储的容量预警功能，可以设置阈值，当存储容量超过阈值时产生告警

　　C. 提供虚拟磁盘空间的监控和回收功能

　　D. 当前不支持 NTFS 格式的虚拟机磁盘回收

2. 在华为 FusionCompute 中，为主机添加哪些存储资源后，虚拟机的一个磁盘对应存储中的一个 LUN？（多选）（   ）

　　A. FusionStorage　　B. 高级 SAN　　　C. FC SAN　　　　D. IP SAN

3. 在 FusionCompute 中，IP SAN 类型的数据存储正确的配置顺序是（   ）。

　　① 添加存储资源　　　　　　　　② 在主机上添加存储接口

　　③ 添加数据存储　　　　　　　　④ 创建磁盘

　　A. ①②③④　　　B. ①③④②　　　　C. ②①③④　　　D. ④②①③

4. 在华为 FusionCompute 中，为主机添加存储接口有哪些操作？（多选）（   ）

　　A. 选择其中一个主机，在配置页面添加存储接口

　　B. 可以批量为主机添加存储接口

　　C. 为主机添加存储接口时，VLAN ID 可以不填写

　　D. 存储接口在使用 FC SAN 时可以不添加

5. 在 FusionCompute 中，某磁盘的类型为"共享"，下列有关此磁盘说法正确的有哪些？（多选）（   ）

　　A. 此磁盘只能绑定给一台虚拟机

　　B. 此磁盘可以绑定给多台虚拟机

　　C. 挂载了此磁盘的虚拟机不支持完整热迁移功能

　　D. 挂载了此磁盘的虚拟机不支持快照功能

6. 在华为 FusionCompute 中，数据存储的使用方式有哪些？（多选）（   ）

　　A. SAN　　　　　　　B. 虚拟化数据存储　　C. 非虚拟化数据存储　　D. 裸设备映射

7. 管理员在 FusionCompute 中为主机添加存储的典型步骤是什么？（   ）

　　A. 添加主机存储接口→关联存储资源→扫描存储设备→添加数据存储

　　B. 关联存储资源→添加主机存储接口→扫描存储设备→添加数据存储

　　C. 添加数据存储→添加主机存储接口→关联存储资源→扫描存储设备

　　D. 添加主机存储接口→关联存储资源→添加数据存储→扫描存储设备

8. FusionCompute 支持的存储资源类型有哪些？（多选）（   ）

　　A. FC SAN　　　　B. IP SAN　　　　C. NAS

　　D. Advanced SAN　E. FusionStorage

9. 存储虚拟化技术可以提高存储的利用率，可为多台虚拟机提供存储资源。（   ）

　　A. 对　　　　　　　B. 错

10. 管理员在 FusionCompute 中，为主机添加存储接口，实现主机与存储设备对接。以下哪些类型的存储资源不需要添加存储接口？（多选）（　　　）

    A．FC SAN 存储　　　B．IP SAN 存储　　　C．本地硬盘　　　　　D．本地内存盘

11. 在 FusionCompute 中，多台虚拟机使用同一个共享磁盘时，如果同时写入数据，有可能导致数据丢失。若使用该共享磁盘，需要由应用软件自身保证对磁盘的访问控制。（　　　）

    A．对　　　　　　　　B．错

二、简答题

1. 简述 FusionCompute 接入使用存储资源的流程。

2. 简述存储虚拟化的基本原理，以及存储虚拟化与虚拟化存储的区别。

3. 简述虚拟化存储、非虚拟化存储和裸设备映射的应用场景。

4. 华为云计算所支持的存储模型有哪些类型？

5. FusionCompute 支持的存储资源有哪些类型？

6. 简述 IP SAN 和 FC SAN 的主要区别。

7. NAS 与 SAN 存储的实现原理有哪些区别？

8. 为什么 FusionCompute 分配存储资源时需要在存储设备上创建数据存储，而不能直接分配存储设备？

三、计算题

有 5 个物理磁盘，其中每一个磁盘容量都是 500GB。把它们放在同一个 RAID 5 的磁盘组内，请问该 RAID 5 磁盘组的有效容量是多少？

项目 6

服务器虚拟化的高级特性

06

项目导读

服务器虚拟化不仅能够实现资源的虚拟化，而且具备高容错（Fault Tolerance，FT）、高可用（High Availability，HA）、动态资源调度（Dynamic Resource Scheduling，DRS）、分布式电源管理（Distributed Power Management，DPM）等高级特性，以及虚拟机快照和虚拟化防病毒等功能。它们可有效地保证虚拟机的数据安全，维持系统的可靠性，实现节能减排。华为 FusionCompute 的高级特性部署方案可以帮助用户提升数据中心的资源利用率，增强业务与数据的可靠性、安全性，缩短业务上线时间，同时能显著降低能源消耗。

拓展阅读

知识教学目标

① 理解集群基本概念及主要功能
② 理解 HA 特性的实现原理
③ 理解 DRS 特性的实现原理
④ 理解 DPM 特性的实现原理

⑤ 理解虚拟机快照技术的基本原理
⑥ 了解虚拟机防病毒的基本原理
⑦ 了解备份恢复方案的实现原理
⑧ 了解虚拟机在线资源调整原理

技能培养目标

① 掌握 FusionCompute 集群调度策略的设置方法
② 掌握 FusionCompute 集群 HA 特性的设置方法
③ 掌握 FusionCompute 虚拟机热迁移的设置方法

④ 掌握创建虚拟机快照和快照恢复的操作方法
⑤ 掌握虚拟机热迁移的实施方法

6.1 项目综述

1. 需求描述

企业虚拟化工程实施之后，降低了企业运维成本，但仍存在以下弊端。

- 物理设备故障导致业务较长时间的中断。
- 夜间业务量明显降低，但能源消耗仍然较高。
- 虚拟机磁盘故障后，导致数据无法恢复。
- 虚拟机统一定时查杀病毒，引发杀毒风暴，降低了业务系统性能。
- 系统维护、升级时必须下电关机，难以保证业务连续性。

上述问题表明，虚拟化系统只有引入集群管理技术，才能有效保障可靠性，优化能源配置，提高业务性能。

2. 项目方案

为解决上述问题，应部署服务器虚拟化的高级特性方案，优化数据中心设置，完成以下目标。

- 部署集群管理功能，实现虚拟机灵活部署。
- 部署虚拟机模板，实现虚拟机快速发放。
- 部署 HA 特性，保障业务可靠性。
- 部署 DRS、DPM 特性，实现负载均衡与节能减排。
- 部署虚拟机快照功能，保证在线数据安全。

6.2 基础知识

6.2.1 FusionCompute 集群管理

FusionCompute 虚拟资源池内有主机和集群计算资源、网络资源和存储资源。主机和集群管理是指管理员在 FusionCompute 系统中创建集群和主机，并对集群和主机资源进行调整和配置。FusionCompute 将主机的物理 CPU、内存资源整合为虚拟计算资源池，然后划分出虚拟的 CPU 和虚拟内存资源为虚拟机提供计算能力，如图 6-1 所示。

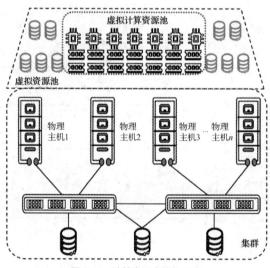

图 6-1　计算资源虚拟化示意

通常同一个集群内主机的计算资源会组成一个虚拟计算资源池。创建虚拟机时，按定义的虚拟机规格自动从资源池中分配相应的虚拟 CPU 和虚拟内存资源。集群所具有的主要策略和特性如下。

1. 调度策略

管理员可以在 FusionCompute 中设置集群的计算资源调度策略，实现集群内计算资源的动态调度，达到计算资源的合理分配。调度策略主要包含 3 个方面的操作。

（1）集群动态资源调度

集群动态资源调度采用智能负载均衡调度算法，周期性检查集群内主机的负载情况，可在不同的主机之间迁移虚拟机，从而实现集群内主机负载均衡。在自动调度模式下，系统会自动将虚拟机迁移到最合适的主机上；在手动操作模式下，系统会生成操作建议供管理员选择，管理员根据实际情况决定是否应用建议。资源调度可以配置不同的衡量因素，可以根据 CPU、内存或 CPU 和内存进行调度。资源调度的高级规则可以用于满足一些特殊需求，例如两台虚拟机是主备关系时，可以为其配置互斥策略，使其运行在不同的主机上以提高可靠性。

（2）虚拟机自动化

虚拟机自动化用于设置集群内各虚拟机的自动化特性，替代集群的自动化特性，以满足不同场景下对特定虚拟机的自动化特性要求。虚拟机自动化特性的优先级高于集群自动化特性，也可以在设置自动化特性的集群内为特定虚拟机选择手动方式，或在设置手动方式的集群内为特定虚拟机选择自动方式。如果虚拟机自动化特性设置为禁用，则不会迁移该虚拟机；如果未开启虚拟机自动化特性，或保持"默认"，则其与集群设置的自动化特性保持一致。对于不满足迁移要求的虚拟机，则不会进行自动迁移。

（3）电源管理自动化

电源管理自动化周期性地检查集群中主机的资源使用情况。如果集群资源利用率不足，则会将多余的主机下电，以节省能源，下电前会将虚拟机迁移至其他主机；如果集群资源过度利用，则会将离线的主机上电，以增加集群资源，减轻主机的负荷。开启电源管理自动化时，必须同时开启计算资源调度自动化。待主机上电后，电源管理自动化便自动对虚拟机进行负载均衡。

2. 集群 HA 特性

集群 HA 特性是指在物理主机或虚拟机故障时，集群管理组件可以及时发现故障，根据调度算法将虚拟机在另外一台主机上重新启动，以缩短业务中断时间，实现系统的 HA 特性。管理员配置集群 HA 策略，以确保主机发生故障时，集群内有足够的资源供虚拟机热迁移使用。

3. 集群内存复用策略

在 FusionCompute 的管理页面上开启集群内主机的内存复用功能，实现虚拟机内存规格总和大于主机物理内存总量，最终提高虚拟机密度。需要注意的是，同时开启主机内存复用和 Guest NUMA 或者同时开启主机 CPU 资源隔离模式和 Guest NUMA，会导致 Guest NUMA 功能失效。如果集群下存在使用 iNIC（Intelligent Network Interface Controller，智能网络接口控制器）的主机，则不能开启集群内存复用功能。

4. 虚拟机启动策略

管理员在 FusionCompute 中配置虚拟机启动策略。虚拟机启动时，系统会按照配置的策略在集群内选择对应的主机。当集群启动计算资源调度时，集群设置调度策略优先，启动策略默认配置为"负载均衡"。

5. 集群 Guest NUMA 策略

管理员在 FusionCompute 中可以设置集群内主机的 Guest NUMA 功能。Guest NUMA 可以将 CNA 节点上的 CPU 和内存拓扑结构呈现给虚拟机。虚拟机操作系统可根据该拓扑结构对 CPU 和内存进行相应的配置，从而使虚拟机在运行时可以优先访问近端内存以缩短访问延时，达到提升性能的目的。

6. 集群 IMC 策略

在 FusionCompute 中，管理员通过设置集群的 IMC 策略，使虚拟机可以在不同 CPU 型号的主机之间进行迁移。目前，IMC 策略仅支持基于 Intel CPU 主机之间的热迁移，不支持针对其他厂商的 CPU 配置该功能。IMC 可以确保集群内的主机向虚拟机提供相同的 CPU 指令集，即使这些主机的实际 CPU 型号不同，也不会因 CPU 不兼容而导致虚拟机迁移失败。

7. 虚拟机迁移特性

只要存在共享数据存储（各 CNA 主机关联到同样的数据存储），虚拟机就可以在集群内甚至跨越集群进行迁移。虚拟机的迁移方式有 3 种。

① 更改主机：将正在运行的虚拟机从一台主机迁移至另一台主机，迁移过程中业务无中断。当主机负载过重/过轻或故障时，集群通过合理调配虚拟机，保证业务正常和节能减排。更改主机需要满足以下限制条件。

- 虚拟机状态为"运行中"，已安装 Tools，且正常运行。
- 虚拟机未绑定 GPU 或 USB 设备。
- 源主机和目标主机 CPU 类型一致，若 CPU 类型不一致则需开启 IMC 策略。
- 跨集群迁移时，源主机所在集群和目标主机所在集群的内存复用开关设置相同。

② 更改数据存储：系统将正在运行或关闭的虚拟机使用的数据存储从一个存储设备迁移至另一个存储设备，迁移过程中业务无中断。迁移数据存储要求虚拟机能够访问迁移前和迁移后的数据存储。

③ 更改主机和数据存储：系统将正在运行的虚拟机从一台主机迁移至另一台主机，同时虚拟机使用的数据存储从一个存储设备迁移至另一个存储设备，迁移过程中业务无中断。

6.2.2 服务器虚拟化 HA 和 FT 特性的实现原理

1. HA 特性

微课视频

服务器虚拟化允许虚拟机的自由迁移，当服务器故障时，可以通过 HA 特性实现虚拟机的迁移，从而避免业务长时间中断。HA 特性是指通过尽量缩短因日常维护操作（计划）和突发的系统崩溃（非计划）所导致的停机时间，以提高系统和应用的可用性。HA 特性的实现原理如图 6-2 所示。图 6-2 中有 4 台服务器组成一个虚拟化集群，服务器 A 上运行着 3 个虚拟机及其应用。如果服务器 A 因故障死机，系统则根据 HA 特性将其上的 3 台虚拟机迁移至空闲的服务器，使业务在短暂的中断后可以重新恢复。HA 特性能够发现故障节点，是因为同一个集群中启用了 HA 特性的 CNA 主机会默认每隔 5 秒（可以自己设定时间）向其他主机发送一个心跳检测信号，用于证明自己是"存活"的。如果其他主机在 3 个周期也就是 15 秒后没有收到该主机的信号，就认为这台主机出现了故障，则集群将故障主机上的虚拟机在其他主机上重启，以重新对外提供服务。需要注意的是，HA 特性的实施前提是每个虚拟机的磁盘文件和系统配置文件不能是本地数据存储类型，必须是共享数据存储类型。当服务器发生故障时，集群从共享存储中将故障主机的虚拟机磁盘文件和系统配置文件复制出来，重新在另一台主机上运行。从用户角度看，这仅仅是一次系统重启而已，丝毫觉察不到虚拟机已经进行了跨越主机的迁移。

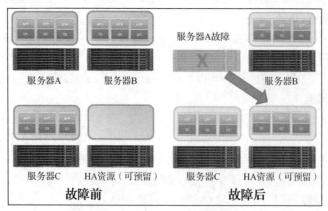

图 6-2 HA 特性的实现原理

2. FT 特性

集群 HA 特性可实现虚拟机的自动迁移，保证业务的连续性，但并不能完全避免业务的中断。故障发生时仍会有数分钟的切换周期，期间业务事实上处于中断状态。在可靠性要求极高的场合，HA 特性是不能满足用户需求的，这就需要采用高容错（FT）特性。FT 特性是指当系统出现计划外的故障时，通过业务切换，实现业务的零死机和数据的零丢失。

FT 特性的实现原理如图 6-3 所示，图 6-3 中两台服务器上运行着互为镜像的两个虚拟机，组成一对实现 FT 特性的主用虚拟机 A 和备用虚拟机 A'。FT 特性通过类似主备的冗余配置，在主、备虚拟机之间实现数据实时同步。当主用虚拟机出现故障时，使业务可在数秒内切换到备用虚拟机上。因此借助 FT 特性，虚拟机的故障恢复时间更短，但成本较高，适用于有极高可靠性要求的关键系统。HA 特性的恢复时间较长，但更为灵活、成本相对更低，适用于可容忍短时中断的系统。

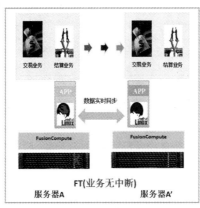

图 6-3　FT 特性的实现原理

6.2.3　服务器虚拟化 DRS 和 DPM 特性的实现原理

1. DRS 特性的实现原理

动态资源调度（DRS）特性是指集群根据各主机的资源实际使用率进行负载平衡，通过业务调度进行削峰填谷，实现资源的按需取用和维持集群内主机之间的负载均衡。如图 6-4 所示，集群内 4 台服务器的负载明显不均衡，服务器 A 和服务器 D 上分别有 3 个虚拟机在运行，而服务器 B 和服务器 C 上仅有一个虚拟机在运行。当启用 DRS 特性后，集群将服务器 A 和服务器 D 上的一个虚拟机分别迁移至服务器 B 和服务器 C，实现负载均衡。

微课视频

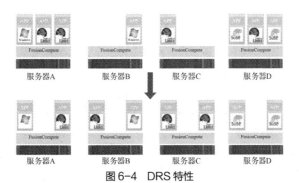

图 6-4　DRS 特性

启用集群 DRS 特性需要在集群内创建 DRS 策略，并开启 DRS 功能。华为 FusionCompute 支持集群 DRS 特性，可以根据调度策略自动实现集群内的虚拟机负载均衡。此外，FusionCompute 还具备以下特点。

① 兼顾虚拟机负载变化趋势，避免振荡迁移。

② 独有的调度基线设置功能，避免无用迁移。

③ 可针对特殊要求的虚拟机设置例外（不调度）或手动调度。

④ 支持管理员即时手动调度和按策略周期性自动调度。

⑤ 可按每天、每周、每月选择时间段精确设置调度策略。

FusionCompute 支持基于策略的智能化、自动化调度，支持策略的手动、自动等 DRS 配置，迁移域值支持 5 挡：保守、较保守、中等、较激进、激进。需要说明的是，DRS 负载均衡策略的实施对象是集群，即只能在集群范围内实施负载均衡策略。DRS 策略在集群内所有虚拟机的负载低于调度基线时不启动调度，因为调度基线是用户设置的虚拟机能稳定运行的性能负载上限，在此基线下运行的虚拟机性能稳定，因而没有必要调度。只有超过调度基线才会触发 DRS 策略，实施虚拟机调度行为。

DRS 特性适用于以下两类场景。

① 适用于虚拟机的业务负载具有较明显的持续性的波峰和波谷变化，用户需要获取更好的性能体验。

② 通过动态调度虚拟机，使主机的资源利用率更加均衡，主机的计算能力发挥更加充分，各虚拟机的业务可以更高效地运行。

2. DPM 特性的实现原理

分布式电源管理（DPM）特性是指集群根据负载策略动态迁移虚拟机至某些主机，而将其余主机下电的一项功能特性。启用集群 DPM 特性需要在集群内创建 DPM 策略。DPM 特性兼顾能源效率和资源分配，可为用户节约大量的电力资源。需要注意的是，DRS 策略是 DPM 策略执行的前提和保障，即集群必须先设置好 DRS 策略，才能设置 DPM 策略，DPM 策略执行时依赖 DRS 策略进行虚拟机迁移。

FusionCompute 支持的 DPM 策略管理具有以下特点。

① 针对低负载的主机，将其上运行的虚拟机迁移并对该主机下电，以节约能源。

② 针对负载超过设置阈值的主机，集群智能地选择一定数量的主机对其上电，以实现集群内主机整体的负载均衡。

③ 可按每天、每周、每月的时间段精确设置调度策略。

6.2.4 虚拟机快照技术

快照是特定数据的一个完全可用副本，该副本包含源数据在复制点的静态镜像，是数据再现的一个副本。快照技术原本是一种摄影技术，用于快速捕捉瞬间的影像。存储系统的快照与生活中的拍照类似，只不过保存的不是照片而是数据。随着对数据可靠性要求的提高，通过快照技术查找数据在过去某一时刻的镜像，实现数据在线保护，是在线存储设备防范数据丢失的有效方法之一。

微课视频

快照的主要功能在于数据的在线备份和在线恢复。当发生存储设备损坏或文件丢失时，利用快照卷可以迅速恢复数据至快照时刻点，避免数据丢失。此外，快照技术还可以为用户分享数据提供访问方式，即当源数据卷（后简称源卷）被其他用户访问时，可以直接通过对其快照数据进行访问，避免等待延迟时间，因此快照已经成为数据存储系统不可缺少的重要功能。

1. 快照技术

快照技术根据实现方式不同通常可分为两类：全复制快照和差分快照。差分快照又分为 3 种方式：写时复制（Copy On Write，COW）、写时重定向（Redirect On Write，ROW）和随机写（Write Anywhere，WA）。随机写技术由于应用较少，本书不做介绍，有兴趣的读者请参考其他资料。

（1）全复制快照

全复制快照也被称为克隆技术，是指对源数据进行完全复制，得到完全相同的副本，包括文件大小、类型、内容等。全复制快照如图 6-5 所示，首先要为源卷创建并维护一个完整的物理镜像卷，即同一数据的两个副本分别保存在由源卷和镜像卷组成的镜像对上。在镜像对存在的情况下，任何时候源卷和镜像卷都是一致的（两个卷的关系属于物理分离、逻辑统一的关系）。如果在某一时刻需要对源卷做备份，需要先停止对镜像卷的 I/O 读写应用，然后分离镜像对，使镜像关系终止，从而获得在主机停止 I/O 时的完整镜像，如图 6-6 所示。即在快照时刻点到来时，镜像操作被停止，镜像卷转换为快照卷，获得一份快照数据。

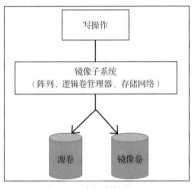

图 6-5　全复制快照

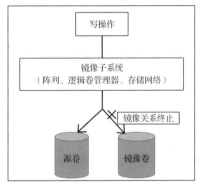

图 6-6　分离镜像对

快照卷在完成数据备份后，可以与源卷重新同步，重新成为镜像卷，如图 6-7 所示。对于要同时保留多个连续时间点快照的源卷，必须预先为其创建多个镜像卷。当第一个镜像卷被转换为快照卷作为备份数据后，初始创建的第二个镜像卷立即与源卷同步，与源卷成为新的镜像对。

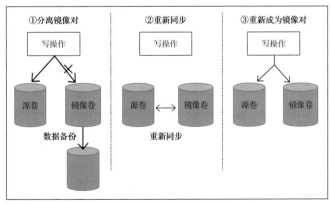

图 6-7　镜像再同步

全复制快照技术的特点如下。

① 每一次全复制快照需要有与源卷相同大小的数据空间，每一次全复制快照都需要完全数据同步。

② 源卷的读操作不受影响，源卷的写操作受数据同步的影响。

③ 创建完成后，快照（卷）的读写操作保持最优。

镜像分离操作的时间非常短，仅仅是断开镜像对所需的时间，通常只有几毫秒。这样小的备份窗口（备份操作所花费的时间）几乎不会对上层应用造成影响。但是这种快照技术缺乏灵活性，无法在任意时间点为任意的数据卷建立快照。另外，它需要一个或者多个与源卷容量相同的镜像卷，同步镜像时还会降低存储系统的整体性能。

（2）写时复制快照

COW 快照技术是在快照时刻后，当数据第一次写入源卷的某个存储空间时，首先不会覆盖原有空间的数据，而是将原数据复制出来写入另一个存储空间（这是专门为快照保留的空间，称为快照空间）。写入快照空间之后，再用新的数据去覆盖源卷的相应存储空间。但下次该空间再次写入更新的数据时，就不再执行写时复制操作，而是直接覆盖原有数据。COW 快照的工作原理如图 6-8 所示。

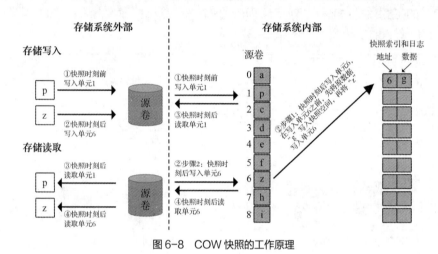

图 6-8　COW 快照的工作原理

① 快照时刻前：单元 0～单元 8 分别存放着数据"a"～"i"，这时有数据"p"需要写入单元 1，则直接将数据"p"写入指定单元，无须写前保护（因为仅保护快照时刻点的数据）。因此源卷对应的存储单元 1 的数据为"p"。

② 快照时刻后：使用预先分配的快照空间进行快照创建。创建快照时，除了复制原始物理位置的数据外，并没有复制物理数据。因此，快照创建非常快，可以瞬间完成。产生快照时，系统的空闲空间会产生快照资源，称为快照索引和日志，这个时候索引和日志是空的。当快照后第一次数据写入时，写入位置的原数据会在被覆盖之前复制到快照空间的某位置并修改索引，然后写入新数据。这样就保护了快照时刻点的数据不会因新数据写入而丢失。本例中，快照时刻后第一次写入的数据将放在单元 6 内，于是先将单元 6 内的原数据"g"复制到快照空间，然后往单元 6 写入新数据"z"。需要注意的是，如果此后再往该单元 6 写入新数据"x"，则不会再执行写时复制操作，而是直接用数据"x"覆盖数据"z"。

③ 快照时刻后读取：由于最新数据都存放在源卷内，因此读取最新的数据时，只需要到源卷中读取即可。本例中，快照时刻后读取单元 1 和单元 6 的最新数据，只需要分别到源卷中的单元 1 和单元 6 读取数据"p"和"z"即可。

④ 快照恢复：当存储的源卷数据丢失时，可以使用快照（仍需借助此前创建的全复制快照）来恢复数据至快照时刻点。恢复时需要查看源卷中没有被改变的数据块，以及在快照空间中找到被改变的

数据块，将它们组合成快照时刻点的数据。例如，恢复快照时刻点数据时，读取单元 1 的数据，则直接从源卷读取"p"；读取单元 6 的数据，则从快照读取保存的原数据"g"。于是单元 1 和单元 6 的数据恢复至快照时刻点的状态，如图 6-9 所示。

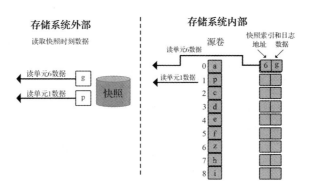

图 6-9 COW 快照恢复

COW 快照的特点总结如下。

* 源卷状态：源卷保持最新状态。
* 写操作：当一个新的写操作执行时，首先读取写操作将要覆盖的当前数据，将读取的数据保存至专用空间并建立索引，最后执行新的写操作（写入目标地址）。
* 读写路径影响：源卷的读取基本无影响，源卷的写操作受复制影响，且对快照（卷）的读写都有影响。
* 两次快照之间执行多次写操作时，第一次写动作，需要一次读、二次写操作。后续的写操作只需直接写入源卷，不再需要复制操作。

（3）写时重定向快照

ROW 快照技术是指读写操作被重新定向到另一个存储空间，即在一个快照生成期间，所有的写操作将被重定向到另一个存储空间（快照空间）。ROW 快照的读操作是否需要读重定向，则根据读取的位置是否有自上次快照以来的写重定向而定。如果该位置有写重定向则必须对该位置进行读重定向，否则不需要进行读重定向。也就是说，有过写重定向的源卷数据以快照空间对应的数据为准，没有写重定向的源卷数据以源卷为准。ROW 快照的工作原理如图 6-10 所示。

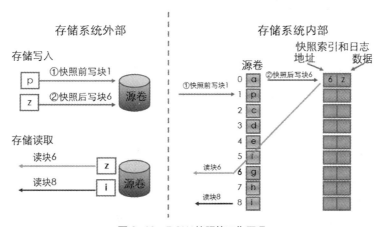

图 6-10 ROW 快照的工作原理

① 快照时刻前：单元 0～单元 8 分别存放着数据 "a"～"i"，这时有数据 "p" 需要写入单元 1，则直接将数据 "p" 写入指定单元 1，无须保护，因此源卷对应的存储单元 1 的数据更新为 "p"。

② 快照时刻后：快照时刻后，使用预先分配的快照空间进行快照创建。当快照后第一次数据写入时，写入指定位置的新数据会直接复制到快照空间的某位置并修改索引，原数据仍然存放在源卷的原来位置，即放入快照空间某位置的数据是快照后新写入的数据。图 6-10 中，新写入源卷单元 6 的数据 "z" 被写入快照空间中，并修改索引。源卷单元 6 存放的仍然是快照时刻前存储的数据 "g"。

③ 快照时刻后读取：由于当前写入源卷的最新数据都存放在快照空间内，因此读取最新状态的数据时，要到快照空间去读取。本例中，如果读取单元 6 的数据，则到快照空间读取数据 "z"；如果读取没有写重定向操作的单元 8 的数据，则直接从源卷单元 8 读取数据 "i"。

④ 快照恢复：当存储的源卷数据丢失的时候，就可以使用快照（仍需借助此前创建的全复制快照）来恢复数据至快照时刻点。本例中恢复快照时刻点数据，只需要读取存储在源卷中的各单元数据即可，不必去读取快照空间数据。因而读取的单元 1～单元 6 的数据分别是 "p"～"g"，如图 6-11 所示。

⑤ 快照取消：如果快照取消，快照空间的数据必须全部执行写回源卷，以保证源卷为最新状态，如图 6-12 所示。

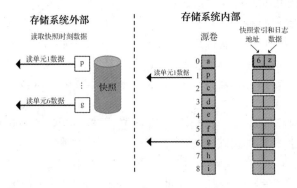

图 6-11 ROW 快照恢复

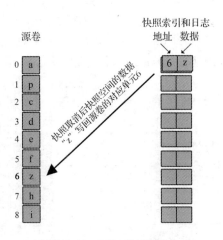

图 6-12 ROW 快照取消

ROW 快照的特点总结如下。

a. 源卷状态：源卷状态冻结（维持快照时刻点状态）。

b. 读写操作步骤。

- 新写入源卷的数据被存入快照空间（并建立索引）。
- 读源卷时，先检索快照空间。
- 读快照时，源卷需要引用。
- 快照取消时，快照必须全部执行写回源卷，保证源卷的数据状态同步更新。

c. 读写路径影响。

- 源卷的写路径基本无影响。
- 源卷的读路径存在潜在影响。
- 快照（卷）的读写路径最优化。

d. 源卷的状态不是最新的，快照卷故障将会导致源卷的最新数据丢失。

2. FusionCompute 的快照原理

管理员通过 FusionCompute 为虚拟机创建快照，实现数据的在线备份，用于数据还原和恢复。FusionCompute 基于重定向快照技术，支持普通快照、一致性快照和内存快照。如果创建普通快照，则快照会保存磁盘当前数据；如果创建内存快照，还可以保存和恢复虚拟机的内存状态；如果创建一致性快照，则会将虚拟机当前未保存的缓存数据先保存，然后再创建快照。

创建快照时，当前磁盘文件被置为只读，系统自动在磁盘所在数据存储中创建增量磁盘文件，后续对该磁盘的写操作将保存在增量磁盘文件中，即增量磁盘文件表示磁盘当前状态和上次执行快照时的状态之间的差异，如图 6-13 所示。

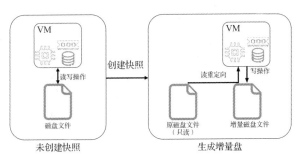

图 6-13　FusionCompute 的快照原理

对该磁盘再次创建快照时，原磁盘文件和当前增量磁盘文件均被置为只读，系统会在数据存储中再创建一个增量磁盘文件。需要注意的是，创建快照时虚拟机磁盘所在的数据存储实际可用容量如果低于10%，此时不应继续创建快照。因为创建快照时，虚拟机磁盘所在数据存储需要有足够的预留空间。删除快照时，系统会整合原磁盘文件与增量磁盘文件里面的数据，形成新的磁盘文件，如图 6-14 所示。

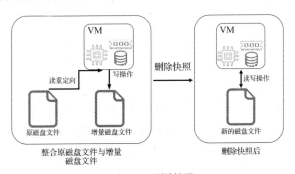

图 6-14　删除快照

6.2.5　虚拟机直通技术

虚拟机通常通过虚拟化层访问虚拟化设备，不能直接操作底层的硬件，因而其在使用过程中存在一定的性能损耗。在一些对性能要求较高的场景中，虚拟机也可以透过虚拟化层直接访问硬件（CPU、内存、显卡和网卡等）。这种允许虚拟机直接访问底层物理设备的访问方式，被称为虚拟机直通技术。虚拟机直通技术主要有 3 种应用方式。

1. GPU 直通

GPU 直通也叫作 GPU 穿透（Pass-Through）技术，是指绕过 VMM 将 GPU 单独分配给某一虚拟机，且只有该虚拟机拥有此 GPU 的使用权限。这种独占设备的分配方式能够保存 GPU 的完整性和独立性，在性能方面与非虚拟化方式接近。GPU 直通方式具有如下特点。

（1）GPU 直通方式的优点

① 性能高：由于虚拟机独占 GPU，因而性能损耗最小。

② 兼容性好：借助 GPU 厂商开发的驱动，虚拟机通常可以不做任何修改地使用 GPU。目前主流的 GPU 产品同时支持在物理机和虚拟机环境下的直通应用方式。

③ 运维成本低：直通技术完全不依赖 GPU 的开发厂商。

业务管理员通过 FusionCompute 将主机上的 GPU 绑定至虚拟机，使虚拟机具备高性能的图形应用能力。每个虚拟机最多可绑定两个直通模式的 GPU，且这两个 GPU 必须来自同一个物理主机。

（2）GPU 直通方式的缺点

① 不支持热迁移功能：与任何虚拟化的直通设备一样，GPU 直通方式的显著缺点是不支持热迁移功能。事实上在 GPU 硬件层面是完全支持热迁移技术的，但由于 GPU 运算非常复杂，各厂商的实现方式差异很大。因此热迁移功能必须要 GPU 硬件厂商的协助，即公开核心驱动代码。GPU 硬件研发属于厂商的核心竞争力，其驱动开发也基本上处于闭源状态。只有因特尔公司的 GPU 公开了一部分的硬件规范和开源驱动，虚拟化厂商和 GPU 硬件厂商之间的这种不兼容性，也导致 GPU 不支持热迁移功能。

② 无法监控：系统管理员为了简化管理操作，都希望采用图表的方式来显示当前资源的各种状态，包括 GPU 工作状态、当前 GPU 内存使用率和当前工作温度等信息。但由于 GPU 直通是让虚拟机直接访问 GPU 硬件设备，而 VMM 无法取得有效的监控数据，因此对 GPU 设备的监控就容易形成一个管理系统之外的孤岛，不能统一调度和管理。

2. iNIC 直通

普通板载网卡进行 I/O 密集型应用时，由于 CPU 的中断操作会消耗掉大量的 CPU 资源，导致 I/O 性能严重下降，即使服务器增加更多的 CPU 内核数也仍然无济于事。这是因为常规的网卡控制器在功能特性和处理流程方面缺少革命性改变，以至于逐渐成为系统性能的短板。在设备相互之间越来越多地采用高速以太网连接的情况下，系统协议栈的瓶颈会严重制约系统性能，而华为推出的 iNIC 则可以很好地解决这个问题。iNIC 是一款以网络处理器为核心的高性能网络接入卡。它采用多核多线程的网络处理器架构，主要用于实现虚拟交换、安全隔离、QoS 等特性，适用于云计算、网络虚拟化解决方案。iNIC 提供虚拟交换能力的同时，也提供虚拟机网络直通的能力，可提升虚拟机网络性能和降低 CPU 消耗。

3. USB 设备直通

USB 设备直通是指支持将主机的 USB 设备直接关联给特定的虚拟机，以满足用户在虚拟化场景下对 USB 设备的使用需求。华为桌面云场景下，支持丰富的 USB 外设功能。桌面虚拟机使用 USB 直通功能时，通用虚拟化平台（Unified Virtualization Platform，UVP）使用 QEMU 模拟一个虚拟 USB 设备给桌面虚拟机。桌面虚拟机对虚拟 USB 设备的任何操作都会被 VMM 截获并转给 QEMU 处理，QEMU 再与物理 USB 设备进行通信，如图 6-15 所示。

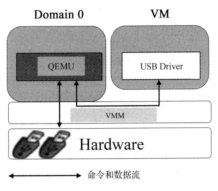

图 6-15　QEMU 与物理 USB 设备进行通信

6.2.6　虚拟化防病毒

　　企业的各项业务、应用在与互联网通信的过程中，不可避免地存在着各类网络安全隐患。网络病毒和木马会伺机攻击网络内的服务器，也会攻击众多的虚拟机。众所周知，虚拟机比物理主机有更好的安全防护能力，例如虚拟机可以很容易地通过恢复快照回退到历史状态；分区隔离技术可以避免虚拟机之间的病毒蔓延。似乎没有多大必要关注虚拟机的防病毒问题，然而事实证明即使借助快照技术和虚拟化分区隔离机制，虚拟机仍然会存在安全问题。

　　案例 1：某企业 Hyper-V 虚拟化平台上使用的虚拟机 VHD 磁盘文件遭遇勒索病毒加密，导致虚拟机无法开机，快照无法使用。分析发现 Hyper-V 宿主机被勒索病毒入侵，导致后端的存储设备内所有的 VHD 虚拟磁盘文件均被感染。

　　案例 2：VMware 虚拟化平台的虚拟机遭遇病毒入侵，其中一台虚拟机受到攻击后，通过 VMware 虚拟网络向其他虚拟机蔓延，导致虚拟机大面积蓝屏。同时，虚拟机资源消耗极高，很快将 ESXi 主机资源耗尽。用户使用的是 VMware 桌面虚拟化，发生问题后重置快照数次均无效，短时间内再次发生大面积蓝屏。

　　管理员必须密切关注虚拟化环境，以确保系统的安全。虚拟化病毒的传播途径主要是交叉感染，其方式有两种：一种是通过宿主机底层直接感染虚拟机磁盘文件；另一种则是通过虚拟网络进行传播。在虚拟化环境下，原来物理环境中所存在的风险依然存在，同时又多了一个来自底层宿主机的风险。一旦出问题就不仅仅是某一台主机的问题，而是有可能涉及所有主机，会给企业带来"灭顶之灾"。

　　目前，很多用户将防病毒软件安装在虚拟机上，以保护虚拟化平台的安全。但这种传统方式其实并不适合虚拟化环境，如果每台虚拟机都运行防病毒软件，不仅扫描和更新要占用大量的计算资源，而且会占用大量的磁盘空间。这不仅会降低虚拟化的密度和效率，而且在管理上也不方便，甚至会出现"杀毒风暴"（大批虚拟机同时执行防病毒扫描任务，导致资源竞争，加重宿主机负担，最终形成资源消耗风暴，严重影响虚拟机性能）。

华为联合防病毒厂商为用户提供虚拟化防病毒功能，华为提供虚拟化平台的防病毒 API。防病毒厂商基于该接口进行开发，集成其杀毒引擎、病毒库等，最终为用户的虚拟化平台提供防病毒能力。华为 FusionCompute 支持虚拟化防病毒功能，使用该功能时只需在主机上部署一台安全服务虚拟机（SVM），并为该主机上的其他虚拟机（称为安全用户虚拟机（GVM））安装防病毒驱动，即可为安全用户虚拟机提供病毒查杀、病毒实时监控等服务，如图 6-16 所示。

虚拟化防病毒的优势体现在以下 2 个方面。

① 相比于传统防病毒方式，无须在用户虚拟机上安装完整的防病毒软件，节省用户存储资源。运行病毒查杀等功能时，无须占用用户虚拟机的计算资源。

② 相比于在线防病毒方式，对主机的物理内存进行病毒查杀和实时监控效率高、速度快，同时由于不依赖网络，故不占用用户虚拟机的网络资源。

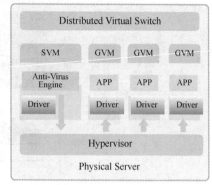

图 6-16　虚拟化防病毒

6.2.7　虚拟机模板

模板是虚拟机的一个副本，包含操作系统、应用软件和虚拟机规格配置。使用模板创建虚拟机能够大幅节省配置新虚拟机和安装操作系统的时间。新虚拟机可以通过将模板转换为虚拟机、按模板部署虚拟机的方式来创建，还可将另一站点使用的模板导出，并通过模板导入虚拟机的方式在该站点创建虚拟机。

虚拟机模板格式分为 OVA（Open Virtualization Appliance，开放虚拟化设备）和 OVF（Open Virtualization Format，开放虚拟化格式）两种，其中 OVA 格式的模板只有一个 OVA 文件，OVF 格式的模板由一个 OVF 文件和多个 VHD 文件组成。

- OVF 文件：即虚拟机的描述文件，文件名为导出模板时设置的文件名，例如 template01.ovf。
- VHD 文件：即虚拟机的磁盘文件，每个磁盘生成一个 VHD 文件，文件名为"模板名称-磁盘槽位号.vhd"，例如 template01-1.vhd。

制作模板有以下 3 种方式。

① 虚拟机转为模板：将虚拟机直接转换为模板，所有参数均使用该虚拟机当前设置。转换后，该虚拟机不再存在。

② 虚拟机克隆为模板：克隆虚拟机为模板并可调整部分参数，使其与虚拟机稍有不同。克隆完成后，该虚拟机仍可正常使用。

③ 模板克隆为模板：克隆模板为新模板并可调整部分参数，使其与原模板稍有不同。克隆完成后，原模板仍存在。

6.3　项目实施

6.3.1　项目实施条件

在实验室环境中模拟该项目，需要的条件如下。

1. 硬件环境

（1）华为 RH2288 V3 服务器 2 台。

（2）华为 S3700 以太网交换机 1 台。

（3）华为 SNS2124 光纤交换机 1 台。

（4）华为 OceanStor S2600/5300 V3 存储 1 台。

（5）计算机 1 台。

（6）千兆以太网线缆、光纤线缆若干。

2. 软件环境

FusionCompute 虚拟化环境包含 2 台 CNA 主机和 1 个 VRM 虚拟机。CNA 主机完成与 S2600 V3 存储阵列的 SAN 组网连接。

6.3.2 数据中心规划

1. FusionCompute 虚拟化环境规划

FusionCompute 虚拟化环境规划参见表 6-1。

2. 虚拟机环境规划

虚拟机环境规划如表 6-1 所示。

表 6-1　虚拟机环境规划

虚拟机	主机	IP 地址	VLAN	连接 DVS	端口组
VM_test01	CNA02	192.168.1.12/24	1	ManagementDVS	managePortgroup
VM_test02	CNA01	192.168.1.13/24	1	ManagementDVS	managePortgroup
VM_test03	CNA01	192.168.1.14/24	1	ManagementDVS	managePortgroup
VM_test04	CNA01	192.168.1.15/24	1	ManagementDVS	managePortgroup
VM_test05	CNA01	192.168.1.16/24	1	ManagementDVS	managePortgroup
VM_Test_New	CNA01	192.168.1.17/24	1	ManagementDVS	managePortgroup

3. 拓扑规划

根据以上的规划要求，虚拟化高级特性的项目实施拓扑如图 6-17 所示。

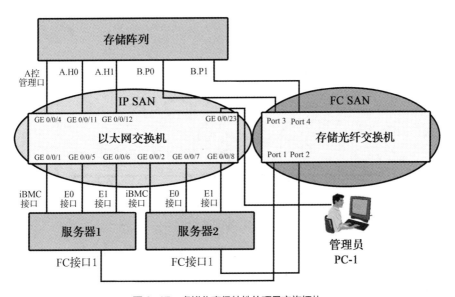

图 6-17　虚拟化高级特性的项目实施拓扑

6.3.3　项目实施的任务

项目实践分为如下几个任务。

- 任务 1：虚拟机模板制作和虚拟机创建。
- 任务 2：设置集群内虚拟机的 HA 特性。
- 任务 3：设置集群计算资源调度，实现 DRS、DPM 高级特性。
- 任务 4：创建虚拟机快照，保护业务数据。
- 任务 5：虚拟机热迁移。

任务 1：虚拟机模板制作和虚拟机创建

【任务描述】

创建虚拟机模板，并使用模板快速部署虚拟机，缩短业务上线时间。

【任务实施】

本任务实施环节如下。

1. 存储阵列配置

步骤 1：创建存储池，名称为 share-fcsan，容量为 300GB。

步骤 2：创建 LUN，名称为 share-fcsan，并添加到 LUN 组"share-fcsan"。

步骤 3：创建主机，名称为 share-fcsan，添加到主机组"share-fcsan"，并为主机添加 FC 启动器，如图 6-18 所示。

图 6-18　添加 FC 启动器

步骤 4：创建端口组，名称为 share-fcsan，添加存储阵列 B 控的 P0 和 P1 端口。

步骤 5：创建映射视图，名称为 share-fcsan，关联已创建的 LUN 组、主机组和端口组，如图 6-19 所示。

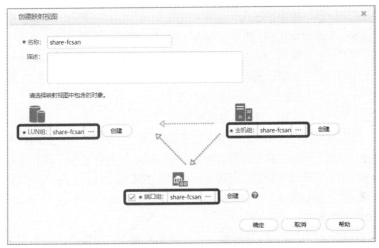

图 6-19　创建映射视图

2. 关联 FC SAN 存储资源，创建数据存储

步骤 1：在 FusionCompute 中，单击"存储池"选项，进入"入门"选项卡。

步骤 2：添加存储资源。单击"添加存储资源"按钮，打开"添加存储资源"页面，选择存储资源类型为 FC SAN，单击"下一步"按钮。

步骤 3：关联主机。选中需要关联的 CNA01 和 CNA02 主机，单击"下一步"按钮。

步骤 4：扫描存储设备。在 FusionCompute 中依次单击"存储池"→"存储设备"选项。单击"🔍"按钮，打开"扫描存储设备"对话框。选中需扫描的 CNA01 主机和 CNA02 主机，找到图 6-20 所示的 FC SAN 存储设备。

图 6-20　扫描 FC SAN 存储设备

步骤 5：创建数据存储。在 FC SAN 设备上创建共享数据存储 share-fcsan，使用方式选择非虚拟化方式。

3. 在 CNA01 主机上创建空壳虚拟机 VM_Temp

步骤 1：在 FusionCompute 的"虚拟机和模板"页面内，单击"创建虚拟机"按钮。

步骤 2：单击"下一步"按钮，进入"选择名称和文件夹"页面，输入虚拟机名称（VM_Temp），并选择新虚拟机创建在站点"site"内。

步骤 3：单击"下一步"按钮，进入"选择计算资源"页面，选择新虚拟机创建位置（本任务选择集群"ManagementCluster"→主机"CNA01"），不选中"与所选主机绑定"单选按钮。

步骤 4：单击"下一步"按钮，进入"选择数据存储"页面，选择数据存储"share-fcsan"。

步骤 5：单击"下一步"按钮，进入"选择操作系统"页面，选择操作系统类型和版本。本任务选择"windows server 2008r2 standard 64bit"选项。

步骤 6：单击"下一步"按钮，进入"虚拟机配置"页面。

步骤 7：在"虚拟机配置"页面内，按系统默认设置 CPU、内存、磁盘和网卡等虚拟设备规格。

步骤 8：单击"完成"按钮，开始创建虚拟机。在"提示"对话框中，单击"点击这里"链接，进入"任务中心"页面，查看虚拟机的创建进度。虚拟机创建完成后，可在"虚拟机和模板"页面左侧导航栏内查看新创建的虚拟机。

4. 安装虚拟机操作系统

步骤 1：挂载光驱。在 FusionCompute 的"虚拟机和模板"页面内，选择"虚拟机"选项卡，找到刚创建的虚拟机 VM_Temp。

步骤 2：选中该虚拟机，在"硬件"选项卡中，单击"光驱"选项。

步骤 3：选择挂载光驱方式为"挂载光驱（本地）"，单击"确定"按钮，弹出新的窗口。

步骤 4：单击"浏览"按钮，选择 ISO 光盘镜像文件。

步骤 5：选中"立即重启虚拟机，安装操作系统"复选框，单击"确定"按钮。

步骤 6：在虚拟机"概要"选项卡中，单击"VNC 登录"按钮，进入操作系统安装页面。等待操作系统安装完成。

步骤 7：在虚拟机"硬件"选项卡中，单击"光驱"选项。

步骤 8：在光驱页面，单击"卸载光驱"按钮，弹出提示框。

步骤 9：单击"确定"按钮，完成卸载光驱。

5. 安装 Tools

步骤 1：在 FusionCompute 中，单击"虚拟机和模板"选项。

步骤 2：选择"虚拟机"选项卡，进入"虚拟机"页面。

步骤 3：选中待操作的虚拟机，在"操作"选项内选择"挂载 Tools"选项，弹出对话框。

步骤 4：单击"确定"按钮，弹出提示框。

步骤 5：单击"确定"按钮。

步骤 6：采用 VNC 方式登录虚拟机桌面。

步骤 7：在虚拟机系统桌面内，单击"开始"→"计算机"按钮。

步骤 8：进入"计算机"页面。

步骤 9：右键单击"CD 驱动器"，并单击"打开"选项。运行"Setup"应用程序，并选择"以管理员身份运行"选项，根据页面提示完成软件安装。

步骤 10：根据提示重启虚拟机，使 Tools 生效。

6. 制作虚拟机模板

本任务中，选择"虚拟机转为模板"方式制作模板。

步骤 1：在 FusionCompute 中，单击"虚拟机和模板"选项，将制作模板的虚拟机下电。

步骤 2：选中该虚拟机，单击"更多"→"转为模板"选项，如图 6-21 所示。

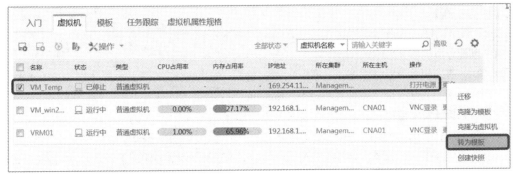

图 6-21　虚拟机转为模板

步骤 3：单击"确定"按钮，弹出提示框。

步骤 4：单击"确定"按钮。

步骤 5：在 FusionCompute 中，单击"虚拟机和模板"选项，查看创建好的虚拟机模板。

7. 导出模板/虚拟机（可选）

业务管理员通过 FusionCompute 将系统内的模板或虚拟机导出到本地作为虚拟机模板，以便在其他系统中使用该虚拟机模板创建虚拟机。导出模板/虚拟机有以下的限制条件。

① 运行中的虚拟机导出为虚拟机模板时，要求虚拟机不存在属性为"快照时不包含该磁盘"的磁盘且其磁盘创建在虚拟化的数据存储上，包括虚拟化本地硬盘、虚拟化 SAN、虚拟化 NAS。

② 已停止的虚拟机导出为虚拟机模板，如果其磁盘创建在非虚拟化的数据存储上，则要求虚拟机不能有快照。

③ 虚拟机绑定 SCSI 类型的磁盘时，不支持导出模板。

8. 使用模板部署虚拟机

业务管理员在 FusionCompute 中，可以基于系统内已有的虚拟机模板快速创建新的虚拟机。创建过程中可调整部分虚拟机参数，使其与模板稍有不同。部署步骤如下。

步骤 1：在 FusionCompute 中，单击"虚拟机和模板"选项。

步骤 2：单击"模板"选项卡，选中模板，单击右侧"更多"选项，在菜单中选择"按模板部署虚拟机"选项，打开"创建虚拟机"向导对话框。

步骤 3：单击"下一步"按钮，进入"选择用于部署的模板"页面，选择已有模板 VM_Temp，单击"下一步"按钮。

步骤 4：输入虚拟机名称（VM_test01）及描述信息，并选择将新虚拟机创建到集群的 CNA02 主机上，不选中"与所选主机绑定"单选按钮。需要注意的是，创建到 CNA02 主机是便于后续做 HA 特性测试。

步骤 5：单击"下一步"按钮，进入"虚拟机配置硬件"对话框，设置虚拟机硬件规格。本任务保持默认设置，单击"下一步"按钮。

步骤 6："虚拟机规格"设置。本任务保持默认设置，单击"下一步"按钮，确认虚拟机信息。

步骤 7：单击"完成"按钮，开始创建虚拟机。创建完成后，采用 VNC 方式登录虚拟机，完成后续网络服务配置。

任务 2：设置集群内虚拟机的 HA 特性

【任务描述】

设置集群 HA 特性，维持业务的可靠性。

【任务实施】

本任务的实施环节如下。

1. 创建虚拟机

步骤 1：在主机 CNA02 上创建虚拟机 VM_test01，磁盘建立在共享数据存储 share-fcsan 上。

步骤 2：在虚拟机 VM_test01 上安装 Tools，使 Tools 运行正常。

2. 设置集群资源控制

步骤：在 FusionCompute 中，单击"计算池"选项，在左侧导航栏内选中集群"Management-Cluster"。单击并打开"配置"选项卡，单击"集群资源控制"按钮，如图 6-22 所示，弹出"设置集群资源控制"对话框。

图 6-22　设置集群资源控制

3. HA 配置

在"集群资源控制"对话框内单击"HA 配置"选项，展开"主机故障控制策略"区域，选中"虚拟机集群内恢复"单选按钮。单击展开"接入控制策略"区域，勾选"开启"选项。需要注意的是，只有开启集群 HA 特性，集群内的虚拟机才能开启 HA 功能。在"接入控制策略"区域内，允许在"HA 资源预留""使用专用故障切换主机""集群允许主机故障设置"3 种 HA 策略中选择一种。

① HA 资源预留：整个集群内，按照配置值预留 CPU 与内存资源，该资源仅用于虚拟机 HA 功能实现。

- CPU 预留（%）：集群的 CPU 预留占集群总 CPU 的百分比。
- 内存预留（%）：集群的内存预留占集群总内存的百分比。

② 使用专用故障切换主机：预留指定主机作为专用的故障切换主机，普通虚拟机禁止在该主机上启动、迁入、唤醒和快照恢复。仅当虚拟机 HA 特性启动时，系统才会根据主机上资源占用情况，选择在普通主机或故障切换主机上启动。当选中"开启自动迁空"选项时，系统会定期将故障切换主机中的虚拟机迁移到其他有合适资源的普通主机上，以确保为故障切换主机预留资源。

③ 集群允许主机故障设置：设置集群内允许发生故障的主机数量，则系统定期检查集群内是否留有足够的资源来对这些主机上的虚拟机进行故障切换。当资源不足时，系统会自动上报告警，对用户提出预警，以确保剩余主机的资源能够满足故障主机上的虚拟机实施 HA 功能。该项设置需要自定义或自动配置插槽参数，插槽可理解为虚拟机 CPU、内存资源的基本单元。插槽大小可设置为"自动设置"或"自定义设置"方式。

- 自动设置：系统将根据集群中虚拟机的 CPU 和内存要求，选择最大值，计算出插槽大小，即 CPU 插槽＝MAX（每个运行虚拟机的 CPU 预留大小）；内存插槽＝MAX（每个运行虚拟机的内存预留大小）。

- 自定义设置：根据用户需要来设置插槽中 CPU 和内存的大小。当集群中某一虚拟机内存、CPU 预留值特别大，其他虚拟机预留值较小时，可根据情况自定义合适的插槽大小来满足多数虚拟机需求。设置插槽大小后单击"计算"按钮，可查看需要多个插槽的虚拟机数量和运行的虚拟机总数，根据实际值可调整插槽大小。

【疑难解析】

Ⅰ．虚拟机插槽是什么？为什么设置虚拟机插槽可以优化虚拟机性能？

答：在物理主机上，每个物理 CPU 均对应若干内存，CPU 可读写所有内存的数据，但对自身的内存进行读写操作时性能最佳。因此虚拟机在使用多个 CPU 时，可通过设置虚拟机 CPU 插槽，使虚拟机的 vCPU 平均地由多个物理 CPU 提供。这时单个物理 CPU 的压力较小，也能达到更佳的内存读写性能。

虚拟机的 CPU 插槽数量决定虚拟机的多个 vCPU 可平均分布到多少个物理 CPU 上。因此，虚拟机 CPU 插槽的数量必须能整除虚拟机的 CPU 个数。需要注意的是，该特性需要在集群的高级设置中开启"GuestNUMA"功能。

假设每台主机拥有 4 颗 8 核的物理 CPU，总物理核数为 32 个。一个未设置 CPU 插槽的虚拟机 VM1 的 vCPU 数量为 8 个，则可由主机上一颗物理 CPU 的 8 个内核组成虚拟机的 8 个 vCPU；或可由一个物理 CPU 提供 5 个内核，另一个物理 CPU 提供 3 个内核，一同组成虚拟机的 8 个 vCPU 等。虚拟机 VM2 设置了 CPU 插槽数量为 4，此时虚拟机的 8 个 vCPU 平均地由主机上的 4 颗物理 CPU 提供，每个物理 CPU 提供 2 个内核。显然，设置了插槽的虚拟机 VM2 比虚拟机 VM1 具有更好的计算性能。

4. 开启 HA 功能

单击"虚拟机和模板"选项，在左侧导航栏中选择虚拟机 VM_test01，在工作区域内单击"选项"选项卡。在 HA 的下拉菜单中选择"开启"选项，单击"确定"按钮开启虚拟机 VM_test01 的 HA 功能，如图 6-23 所示。

图 6-23　开启虚拟机的 HA 功能

任务 3：设置集群计算资源调度，实现 DRS、DPM 高级特性

【任务描述】

设置集群调度策略、虚拟机规则以及 DRS、DPM 特性，实现以下功能。

① DRS 特性将 VM_test01、VM_test02、VM_test03、VM_test04 合理分配在集群内两台主机上。

② 集群调度互斥策略禁止 VM_test01 和 VM_test02 迁移到同一台主机。

③ 集群虚拟机到主机策略禁止 VM_test05 从 CNA01 迁移。

【任务实施】

本任务实施环节如下。

1. 集群内创建虚拟机

根据表 6-1 使用模板重新部署虚拟机 VM_test01～VM_test05 到 CNA01 主机，磁盘建立在共享数据存储 share-fcsan 上。

2. 集群资源控制基础配置

步骤 1：在 FusionCompute 中单击"计算池"选项，进入"计算池"页面。在左侧导航栏中，单击站点"site"→集群"ManagementCluster"。

步骤 2：选中集群"ManagementCluster"，单击"配置"选项卡→"集群资源控制"按钮，弹出"设置集群资源控制"对话框。

步骤 3：单击左侧导航栏"基本配置"选项，虚拟机启动策略选项选择"负载均衡"选项。

3. 计算资源调度配置

步骤 1：单击左侧导航栏"计算资源调度配置"选项，选中"开启计算资源调度"复选框。在"迁移阈值"表格内将迁移级别改为"激进"级别，如图 6-24 所示。

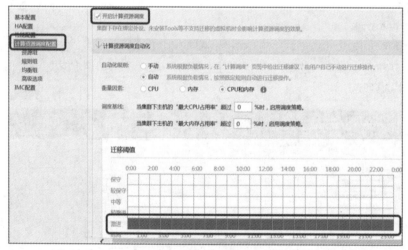

图 6-24　设置计算资源调度策略

步骤 2：单击"计算资源调度配置"选项，并单击展开"电源管理"区域，选中"开启电源管理"复选框，如图 6-25 所示。单击"确定"按钮使设置生效。

"计算资源调度配置"选项内有"资源组""规则组""均衡组"选项，其功能如下。

① 资源组：虚拟机迁移规则中的"虚拟机到主机"规则需要关联一个虚拟机组和一个主机组。用于指定所选的虚拟机组成员（某虚拟机）能否在特定主机组成员（某 CNA 主机）上运行。因此需要在"资源组"中按规划提前设定虚拟机组和主机组。

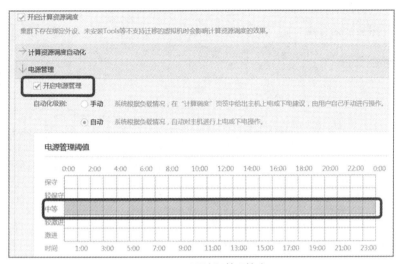

图 6-25　设置电源管理策略

② 规则组: 根据所设置的规则类型, 执行相应的操作。

• 聚集虚拟机: 列出的虚拟机必须在同一主机上运行, 一个虚拟机只能被加入一条聚集虚拟机规则中。

• 互斥虚拟机: 列出的虚拟机必须在不同主机上运行, 一个虚拟机只能被加入一条互斥虚拟机规则中。

• 虚拟机到主机: 关联一个虚拟机组和主机组并设置关联规则, 指定所选的虚拟机组成员能否在特定主机组成员上运行。

③ 均衡组: 用户可以在均衡组中添加若干当前集群下的虚拟机。经过资源调度, 在集群内整体负载均衡的基础上, 组内的虚拟机默认以负载均衡的方式在当前集群内也达到均衡分布。例如, 同一个集群部署了两种不同的业务, 为了让两种业务稳定运行, 可将两种业务的虚拟机加入均衡组中, 基于业务实现负载均衡。

4. 创建互斥规则组

单击 "计算资源调度配置" → "规则组" → "添加" 按钮, 添加互斥规则, 如图 6-26 所示。在 "添加规则" 对话框中输入名称为 "rule-huchi", 选择类型为 "互斥虚拟机", 将 VM_test01 和 VM_test02 从 "待选虚拟机" 区域加入 "已选虚拟机" 区域, 如图 6-27 所示。添加成功后, 在 "规则组" 选项内查看互斥组信息, 如图 6-28 所示。

图 6-26　添加互斥规则

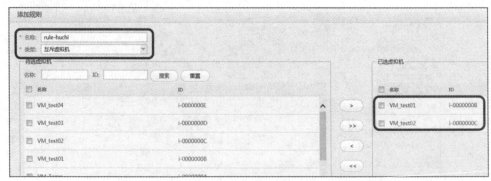

图 6-27　设置互斥规则组

图 6-28　查看互斥组信息

5. 创建虚拟机到主机规则

在"设置集群资源控制"对话框内分别创建属于资源组的虚拟机组和主机组，并关联至创建的规则组。

步骤 1：创建虚拟机组。单击"资源组"选项→"添加"按钮，创建虚拟机组 VMGroup_Bind，并将虚拟机 VM_test05 加入该虚拟机组中，如图 6-29 所示。

图 6-29　创建虚拟机组

步骤 2：创建主机组。单击"主机组"选项→"添加"按钮，创建主机组 HostGroup_Bind，并将主机 CNA01 加入该主机组中，如图 6-30 所示。

步骤 3：创建虚拟机到主机规则。单击"规则组"选项→"添加"按钮，创建规则 Rule_Bind，类型为"虚拟机到主机"，规则为"必须在主机组上运行"，并选中"集群虚拟机组"区域内的虚拟机组 VMGroup_Bind 和"集群主机组"内的主机组 HostGroup_Bind，如图 6-31 所示。

图 6-30　创建主机组

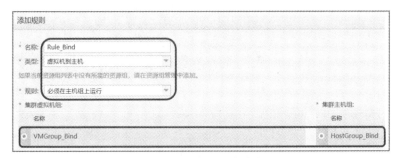

图 6-31　创建虚拟机到主机规则

任务 4：创建虚拟机快照，保护业务数据

【任务描述】

采用快照技术在线保护业务数据，实现业务数据的追溯性。

【任务实施】

本任务实施环节如下。

1．创建虚拟化数据存储和虚拟磁盘

步骤 1：创建虚拟化数据存储。使用任务 1 的方法在存储阵列上创建容量为 100GB 的存储池 Pool_Virtual，再创建使用其全部容量的 LUN（LUN_Virtual）。在 FusionCompute 的"存储池"选项内扫描存储设备，使 CNA01 主机找到 FC SAN 存储设备，如图 6-32 所示。同样在 CNA02 主机上扫描也可以找到同样的存储设备。

图 6-32　发现 FC SAN 存储设备

使用发现的存储设备创建虚拟化数据存储 Store_Virtual，"使用方式"选择"虚拟化"，"是否格

167

式化"选择"是"选项，如图 6-33 所示。单击"下一步"→"确定"按钮，完成虚拟化数据存储的创建。在 CNA02 主机上直接添加已创建的数据存储 Store_Virtual 即可。

图 6-33　创建虚拟化数据存储

步骤 2：创建虚拟磁盘。在虚拟化数据存储 Store_Virtual 上分别创建虚拟磁盘 disk_1、disk_2 和 disk_3。磁盘参数如下。

- disk_1：容量为 8GB；类型为普通；配置模式为精简；磁盘模式为从属。
- disk_2：容量为 10GB；类型为普通；配置模式为精简；磁盘模式为独立-持久。
- disk_3：容量为 12GB；类型为普通；配置模式为精简；磁盘模式为独立-非持久。

其中磁盘 disk_1 参数如图 6-34 所示，disk_2 和 disk_3 磁盘配置与之类似。

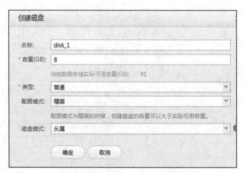

图 6-34　磁盘 disk_1 参数

2. 虚拟机绑定磁盘

步骤 1：磁盘初始化、格式化。首先将新创建的 3 个磁盘绑定给虚拟机 VM_test01 使用，然后采用 VNC 方式登录 VM_test01。在"计算机管理"→"磁盘管理"选项内对新磁盘进行初始化、格式化并建立文件系统。在"此电脑"窗口内查看新建立的分区 E（对应从属磁盘 disk_1）、F（对应独立-持久磁盘 disk_2）和 G（对应独立-非持久磁盘 disk_3），如图 6-35 所示。分别在 3 个分区内创建测试文档 test.txt 用于后续测试。

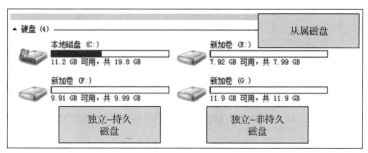

图 6-35　3 种类型的磁盘分区

步骤 2：在 FusionCompute 中单击"虚拟机和模板"选项，选择待操作的虚拟机 VM_test01，单击"快照"选项卡→"创建快照"按钮，弹出对话框。

3. 创建快照

步骤 1：在对话框内输入快照名称（Snap_test）和描述，取消选中"生成内存快照"和"一致性快照"复选框，如图 6-36 所示。

图 6-36　创建快照

"生成内存快照"和"一致性快照"的功能如下。

* 当虚拟机处于运行状态时，若选中"生成内存快照"复选框，则快照创建时会保存虚拟机当前的内存数据。

* 当虚拟机处于运行状态时，若选中"一致性快照"复选框，则快照创建时会将虚拟机当前未保存的缓存数据先保存，再创建快照。

* 当虚拟机处于运行状态时，若同时选中"生成内存快照"和"一致性快照"复选框，则只按照"生成内存快照"方式创建快照。

步骤 2：单击"确定"按钮，弹出对话框。再单击"确定"按钮，完成快照创建。在"任务跟踪"选项卡内查看任务进度。快照创建完成后，可单击虚拟机名称，在虚拟机的"快照"选项卡内查看快照信息。

任务 5：虚拟机热迁移

【任务描述】

本任务要求虚拟机 VM_test01 在运行状态下由 CNA02 主机迁移至 CNA01 主机。

【任务实施】

实施环节如下。

FusionCompute 支持 3 种类型的虚拟机热迁移，即更改主机、更改数据存储以及更改主机和数据存储。

1. 更改主机

步骤 1：虚拟机 VM_test01 绑定磁盘并设置 IP 地址。将任务 4 的共享磁盘 disk_1～disk_3 绑定给虚拟机 VM_test01，并根据表 6-1 设置 VM_test01 的 IP 地址。

步骤 2：在 FusionCompute 的"虚拟机和模板"页面内，右键单击虚拟机 VM_test01，在弹出的菜单中选择"迁移"选项。打开"迁移虚拟机"对话框，迁移方式选择"更改主机"，如图 6-37 所示，单击"下一步"按钮。

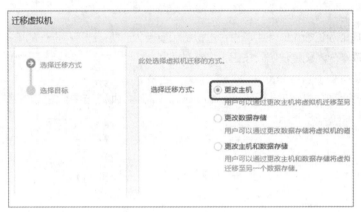

图 6-37　选择迁移方式

步骤 3：在"此处选择迁移的目的主机或集群"页面内，依次单击展开站点"site"→集群"ManagementCluster"→主机"CNA01"，如图 6-38 所示。单击"确定"按钮，开始执行虚拟机迁移。

图 6-38　选择迁移的目的主机

2. 更改数据存储

步骤 1：创建新的虚拟化目标数据存储。存储热迁移的目标是将虚拟机磁盘从源数据存储迁移至目标数据存储，其前提是源数据存储和目标数据存储都是虚拟化类型的数据存储（本地虚拟化存储或共享虚拟化存储）。因此需要创建虚拟化的目标数据存储 Store_Virtual_Target。使用任务 1 的方法在存储阵列上创建容量为 100GB 的虚拟化数据存储 Store_Virtual_Target。

步骤 2：在 FusionCompute 的"虚拟机和模板"页面内，右键单击虚拟机 VM_test01，在弹出的菜单中选择"迁移"选项，打开"迁移虚拟机"对话框。迁移方式选择"更改数据存储"，单击"下一步"按钮。

步骤 3：在"此处选择存储迁移的设置"页面内，选中"按磁盘迁移"单选按钮，并设置"迁移速率"为"快速"，如图 6-39 所示，单击"下一步"按钮。

此处选择存储迁移的设置。
存储整体迁移
按磁盘迁移
迁移速率:
适中
系统资源占用较小。
快速
系统资源占用较大，建议在业务空闲时选择。
不限
系统不对迁移速率进行限制，以最快速率进行迁移，会影
推荐在系统压力较小时选用。

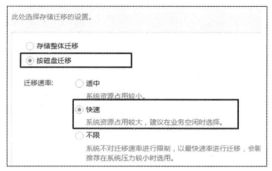

图 6-39　存储迁移设置

步骤 4：在“此处配置磁盘迁移的信息”页面内，发现虚拟机有 4 个磁盘，系统盘（C 盘）是非虚拟化数据存储的磁盘（非虚拟化磁盘），其余 3 个磁盘（E 盘、F 盘和 G 盘）是虚拟化数据存储的磁盘（虚拟化磁盘）。由于非虚拟化磁盘不支持存储热迁移，因此仅能针对虚拟化磁盘进行存储热迁移。在“源数据存储”栏内，选择源数据存储“Store_Virtual”，如图 6-40 所示。单击“目的数据存储”的“选择”按钮，选择目的数据存储为“Store_Virtual_Target”，如图 6-41 所示。

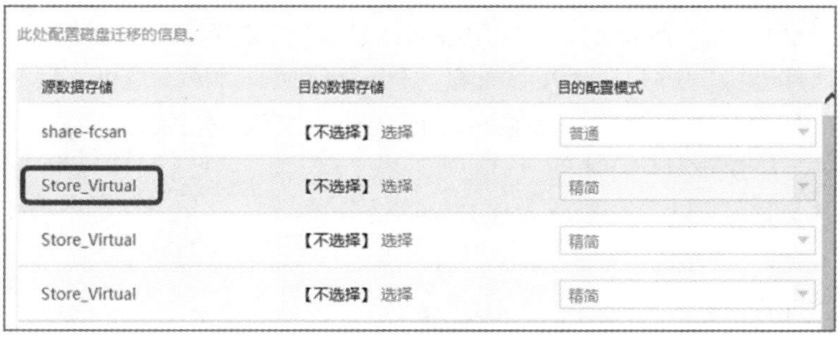

此处配置磁盘迁移的信息。
源数据存储
目的数据存储
目的配置模式
share-fcsan
【不选择】 选择
普通
Store_Virtual
【不选择】 选择
精简
Store_Virtual
【不选择】 选择
精简
Store_Virtual
【不选择】 选择
精简

图 6-40　选择源数据存储

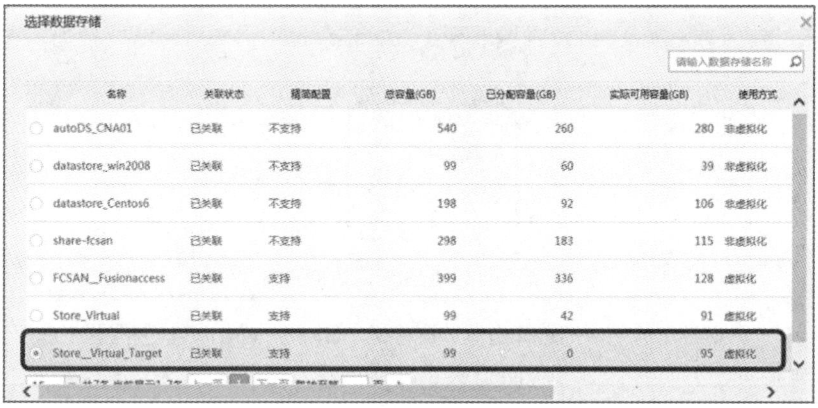

选择数据存储
请输入数据存储名称
名称
关联状态
精简配置
总容量(GB)
已分配容量(GB)
实际可用容量(GB)
使用方式
autoDS_CNA01 已关联 不支持 540 260 280 非虚拟化
datastore_win2008 已关联 不支持 99 60 39 非虚拟化
datastore_Centos6 已关联 不支持 198 92 106 非虚拟化
share-fcsan 已关联 不支持 298 183 115 非虚拟化
FCSAN_Fusionaccess 已关联 支持 399 336 128 虚拟化
Store_Virtual 已关联 支持 99 42 91 虚拟化
Store_Virtual_Target 已关联 支持 99 0 95 虚拟化

图 6-41　选择目的数据存储

步骤 5：按照上述方式为 disk_1 和 disk_2 选择目的数据存储“Store_Virtual_Target”，完成存储在线迁移。disk_3 选择目的数据存储时出现“如果是非持久化磁盘，请关闭虚拟机后重新迁移”提示框，如图 6-42 所示。这表明，独立-非持久类型的磁盘 disk_3 不支持热迁移，如果需要迁移则必须先对虚拟机下电再迁移。故本任务只能针对 disk_1 和 disk_2 磁盘进行热迁移。在“存储迁移”内单击“完成”按钮，结束存储迁移设置。

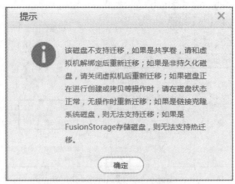

图 6-42　disk_3 磁盘不支持热迁移

3. 更改主机和数据存储（完整迁移）

更改主机和数据存储的热迁移也被称为完整迁移。只有数据存储为"虚拟化本地硬盘"、"虚拟化 SAN 存储"或版本号为 V3 的"Advanced SAN 存储"时，才支持完整迁移。虚拟机 VM_test01 由于系统磁盘（C 盘）是非虚拟化磁盘，因而不满足完整迁移的前提条件。本实验重新创建虚拟机 VM_Test_New，磁盘使用虚拟化磁盘。实验步骤如下。

步骤 1：在 FusionCompute 的"虚拟机和模板"页面内，选择模板 VM_temp，并按模板部署虚拟机的方式创建新虚拟机 VM_Test_New。创建时选择创建到 CNA01 主机，不选中"与所选主机绑定"单选按钮。在"在此处配置虚拟机的硬件"页面内选择虚拟数据存储 Store_Virtual，如图 6-43 所示。根据向导提示，完成虚拟机创建。

图 6-43　配置虚拟机的硬件

步骤 2：在"存储池"导航栏内选择虚拟数据存储"Store_Virtual"，创建两个虚拟磁盘 disk_1 和 disk_2，再将该磁盘绑定给虚拟机 VM_Test_New。

步骤 3：在 FusionCompute 的"虚拟机和模板"页面内，右键单击虚拟机 VM_Test_New，在弹出的菜单中选择"迁移"选项，打开"迁移虚拟机"对话框。虚拟机迁移方式选择"更改主机和数据存储"，单击"下一步"按钮。

步骤 4：在"选择虚拟机迁移位置"页面内依次选中站点"site"→集群"ManagementCluster"→主机"CNA02"，将虚拟机完整迁移至主机 CNA02，单击"下一步"按钮。

步骤 5：在"此处选择存储迁移的设置"页面内，选中"按磁盘迁移"单选按钮，迁移速率选择

"快速"，单击"下一步"按钮。

步骤 6：在"此处配置磁盘迁移的信息"页面内，为虚拟机的系统磁盘（C 盘）、disk_1 和 disk_2 磁盘选择目的数据存储"Store_Virtual_Target"，如图 6-44 所示。单击"完成"按钮开始执行迁移。

图 6-44　完整迁移选择目的数据存储

6.3.4　项目测试

虚拟机热迁移和 HA、DRS 和虚拟机互斥规则在集群范围内实现了业务的高可靠性与负载均衡，以及实现了业务主备的互斥规则，并且可借助快照技术对业务数据实施在线保护。上述功能验证如下。

1. HA 特性验证

本任务中，虚拟机 VM_test01 运行在主机 CNA02 上。为了演示 HA 特性的实际效果，选择 CNA02 主机下电，模拟其发生故障的情景，步骤如下。

① 在 FusionCompute 中采用 VNC 方式登录虚拟机 VM_test01，设置 IP 地址为 192.168.1.12/24。

② 在管理主机 PC-1 上打开"命令提示符"窗口，使用"Ping 192.168.1.12 –t"指令，连续测试与 VM_test01 虚拟机的连通性，如图 6-45 所示，表明在 CNA02 发生故障前，VM_test01 可以被正常访问。

③ 远程 iBMC 登录 CNA02 主机，对 CNA02 主机执行强制下电。主机下电后测试数据会有短暂的中断，当虚拟机 VM_test01 自动迁移到 CNA01 主机后，连通性得以很快恢复，如图 6-46 所示。

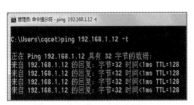

图 6-45　PC-1 测试到 VM_test01 的连通性

图 6-46　HA 功能恢复连通性

④ 登录 FusionCompute，单击"虚拟机和模板"选项→"概要"选项卡，发现虚拟机 VM_test01 已经迁移至 CNA01，如图 6-47 所示，验证成功。

⑤ 测试完毕，重新开启主机 CNA02 电源。

图 6-47　迁移后主机更改

2. DRS 特性验证

4 个虚拟机 VM_test01、VM_test02、VM_test03 和 VM_test04 分别安装并运行 CPUHog 软件。通过消耗 CPU 资源，造成 CPU 负载显著升高，促使计算资源调度发挥作用，从而验证集群负载均衡功能，操作步骤如下。

① 在管理主机 PC-1 上将 CPUHog 软件放入共享文件夹，允许本地用户登录，并设置本地用户账号和密码。

② 查看虚拟机 VM_test01~VM_test04 是否都运行于主机 CNA01 上，否则采用手动方式迁移至 CNA01 主机。

③ 在 FusionCompute 中通过 VNC 方式登录所有虚拟机，根据表 6-1 的参数设置虚拟机 IP 地址和网关。

④ 各虚拟机采用网络文件共享方式访问管理主机的共享文件夹，如图 6-48 所示，并下载 CPUHog 软件至各虚拟机桌面。

图 6-48　访问网络共享文件夹

⑤ 各虚拟机安装并运行 CPUHog 软件。各虚拟机的 CPU 使用率瞬间上升为 100%，如图 6-49 所示。在 FusionCompute 中查看各虚拟机在调度前的运行状态，如图 6-50 所示。经过 5~8 分钟后系统开始自动调度，如图 6-51 所示。系统自动调度完毕后各虚拟机的运行情况如图 6-52 所示。由此可见，系统将虚拟机 VM_test03 和 VM_test04 从 CNA01 主机自动迁移至 CNA02 主机，验证成功。

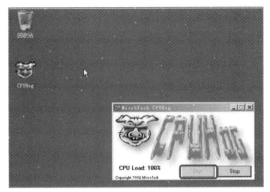

回收站
CPUHog
CPU Load: 100%
Start
Stop

图 6-49　运行 CPUHog 软件

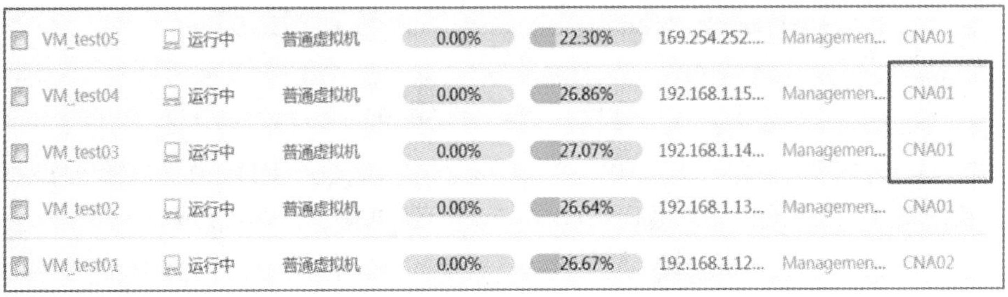
VM_test05 运行中 普通虚拟机 0.00% 22.30% 169.254.252.... Managemen... CNA01
VM_test04 运行中 普通虚拟机 0.00% 26.86% 192.168.1.15... Managemen... CNA01
VM_test03 运行中 普通虚拟机 0.00% 27.07% 192.168.1.14... Managemen... CNA01
VM_test02 运行中 普通虚拟机 0.00% 26.64% 192.168.1.13... Managemen... CNA01
VM_test01 运行中 普通虚拟机 0.00% 26.67% 192.168.1.12... Managemen... CNA02

图 6-50　各虚拟机在调度前的运行状态

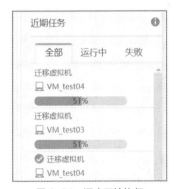

近期任务
全部
运行中
失败
迁移虚拟机
VM_test04
51%
迁移虚拟机
VM_test03
51%
迁移虚拟机
VM_test04

图 6-51　调度开始执行

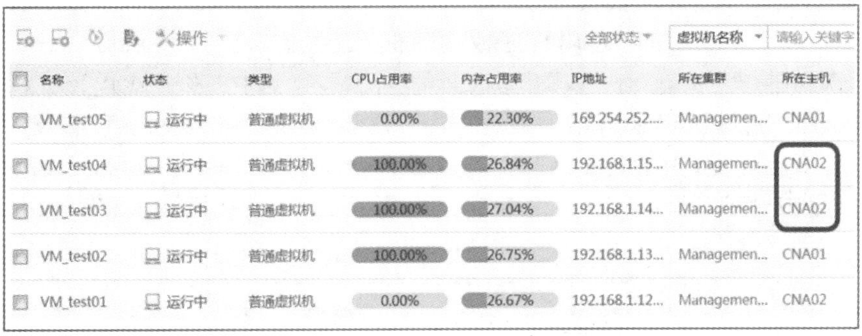
操作
全部状态
虚拟机名称
请输入关键字
名称 状态 类型 CPU占用率 内存占用率 IP地址 所在集群 所在主机
VM_test05 运行中 普通虚拟机 0.00% 22.30% 169.254.252.... Managemen... CNA01
VM_test04 运行中 普通虚拟机 100.00% 26.84% 192.168.1.15... Managemen... CNA02
VM_test03 运行中 普通虚拟机 100.00% 27.04% 192.168.1.14... Managemen... CNA02
VM_test02 运行中 普通虚拟机 100.00% 26.75% 192.168.1.13... Managemen... CNA01
VM_test01 运行中 普通虚拟机 0.00% 26.67% 192.168.1.12... Managemen... CNA02

图 6-52　调度完成后各虚拟机的运行情况

3. 虚拟机互斥规则验证

互斥规则设置后，虚拟机 VM_test01 与 VM_test02 不允许同时运行在同一个 CNA 主机上。通过手动迁移方式验证互斥策略是否有效，验证操作如下。

① 在 FusionCompute 的"虚拟机和模板"页面内，单击"虚拟机"选项卡，选中虚拟机 VM_test02，在"更多"选项的下拉菜单中选择"迁移"选项，如图 6-53 所示。在"选择迁移方式"对话框内选择"更改主机"选项。

图 6-53　选中虚拟机迁移

② 在"选择迁移目的主机"对话框内选中 CNA02 主机，单击"完成"按钮后弹出对话框，提示"DRS 规则限制，不允许迁移"，如图 6-54 所示。说明互斥规则生效，验证成功。

图 6-54　互斥规则阻止热迁移

4. 快照功能验证

验证虚拟机 VM_test01 是否具备在线数据保护功能，按照以下步骤进行测试。

① 在 FusionCompute 中采用 VNC 方式登录虚拟机 VM_test01，在 3 个新建磁盘分区（E 盘、F 盘和 G 盘）内删除测试文档 test.txt。

② 在 FusionCompute 的"虚拟机和模板"页面内，选中虚拟机"VM_test01"→"快照"选项卡。单击"恢复虚拟机"按钮，在"恢复虚拟机快照"对话框内，选中快照"Snap_test"，再单击"恢复虚拟机"按钮。出现提示信息，单击"确定"按钮，磁盘数据恢复至快照时刻点。恢复完成后虚拟机重新启动，在"此电脑"窗口中查看各个磁盘状态，如图 6-55 所示。从属磁盘（E 盘）丢失的文件 test.txt 得以恢复，而独立-持久磁盘（F 盘）内该文档没有恢复，独立-非持久磁盘甚至直接消失不见。

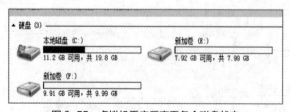

图 6-55　虚拟机重启后查看各个磁盘状态

上述测试的结论如下。

① 从属磁盘：快照中包含该类型的磁盘，具备在线数据保护功能。

② 独立-持久磁盘：快照中不包含该类型的磁盘，不具备在线数据保护功能。

③ 独立-非持久磁盘：快照恢复后该虚拟机不存在该磁盘。如果需要继续使用该磁盘，需要重新挂载并格式化，因此该类型的磁盘也不具备在线数据保护功能。

5. 虚拟机迁移验证

① 迁移主机：迁移操作经过数秒的延迟后完成，虚拟机已经迁移至 CNA01 主机。查看日志文件，如图 6-56 所示，表明虚拟机迁移成功。为了检查迁移过程的业务连续性，管理主机 PC-1 连续测试与虚拟机 VM_test01 的连通性，测试结果如图 6-57 所示。结果表明业务只有非常短暂的中断（仅有一个数据包丢失），因此热迁移对业务影响较小。

图 6-56　查看虚拟机日志文件

图 6-57　热迁移过程中的连通性测试

② 更改存储：执行存储迁移后，在 FusionCompute 的"虚拟机和模板"页面内查看虚拟机 VM_test01 的属性信息。打开"硬件"选项卡，单击"磁盘"选项，虚拟机磁盘已经从源数据存储 Store_Virtual 迁移至目的数据存储 Store_Virtual_Target，如图 6-58 所示。

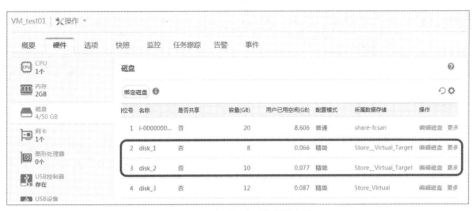

图 6-58　查看更改后的数据存储

③ 更改主机和存储（完整迁移）：执行完整迁移后，在 FusionCompute 的"虚拟机和模板"页面内查看虚拟机 VM_Test_New 的属性信息。打开"概要"选项卡，显示虚拟机已经迁移至 CNA02 主机，如图 6-59 所示。再打开"硬件"选项卡，单击"磁盘"选项，显示虚拟机磁盘（系统磁盘、disk_1 和 disk_2 磁盘）已经迁移至目的数据存储 Store_Virtual_Target，如图 6-60 所示，实验成功。

图 6-59　虚拟机完成迁移

图 6-60　数据存储完成迁移

6.3.5　项目总结

本项目围绕服务器虚拟化的高级特性展开理论讲述和实验配置操作，讲解了集群技术、集群资源调度策略、快照技术和虚拟机防病毒技术的基本原理。同时，结合多个实验任务，帮助读者掌握必备的模板制作、集群 HA 和 DRS 特性配置、虚拟机快照和虚拟机热迁移等实践技能。

6.4　思考练习

一、选择题

1. FusionCompute 的虚拟机磁盘文件格式为（　　）。
   A. OVF　　　　B. VMDK　　　　C. VHD　　　　D. DHT
2. FusionCompute 可以在虚拟机运行过程中感知全局物理资源的使用情况，并通过智能调度算法，计算出适合虚拟机运行的最佳主机。同时，可通过热迁移等手段将虚拟机运行在最佳主机上，从而提升全局业务体验。（　　）
   A. 对　　　　B. 错
3. 华为 FusionCompute 可以为虚拟机创建一个快照，该快照可以保存虚拟机所有磁盘的信息。（　　）
   A. 对　　　　B. 错
4. 以下关于华为 FusionCompute 的 HA 特性描述不正确的是（　　）。
   A. 该功能支持虚拟机故障后自动重启
   B. 虚拟机数据如果保存在共享存储内，发生故障时未保存的数据不会丢失

  C. 系统周期性检测虚拟机状态，当物理主机故障引起虚拟机故障时，系统会将虚拟机迁移到
   其他物理主机处重新启动，保证虚拟机能够快速恢复

  D. 目前系统能够检测到的引起虚拟机故障的原因不包括物理硬件故障、操作系统故障

5. 在 FusionCompute 中使用模板部署虚拟机时，若要实现如下要求：对虚拟机创建快照时不对该磁盘的数据进行快照，使用快照还原虚拟机时也不对该磁盘的数据进行还原，同时希望所有虚拟机的数据永久写入磁盘，则应该选择哪个磁盘模式？（ ）

  A. 从属   B. 独立   C. 独立-持久   D. 独立-非持久

6. 使用 FusionCompute 的已有模板可以创建出与模板规格一致的虚拟机，实现虚拟机快速部署。（ ）

  A. 对   B. 错

7. 在 FusionCompute 中，以下关于虚拟机热迁移的描述哪个是错误的？（ ）

  A. 源、目标主机使用不同厂商、不同系列的 CPU 不会影响热迁移

  B. 为提高迁移效率使用内存压缩传输技术

  C. 在虚拟机迁移期间，用户业务不会有任何中断

  D. 可以在集群内部和集群之间迁移虚拟机

8. 在华为 FusionCompute 解决方案中，当计算节点断电时，系统可以将该节点上具有 HA 特性的虚拟机在其他计算节点拉起，下列选项中哪个不是实现该功能的必要条件？（ ）

  A. 节点上具有 HA 特性的虚拟机均使用同一网段的 IP 地址

  B. 虚拟机未与主机绑定

  C. 节点所属集群开启 HA

  D. 节点连接相同的共享数据存储

9. 在 FusionCompute 中，DRS 功能是在哪里开启的？（ ）

  A. 集群   B. 主机   C. 虚拟机   D. 操作系统

10. 在华为 FusionCompute 中，关于虚拟机存储热迁移说法错误的是（ ）。

  A. 存储热迁移可以在不同的数据存储之间进行

  B. 存储热迁移可以在不同的存储资源之间进行

  C. 存储热迁移可以在不同的存储设备之间进行

  D. 存储热迁移仅限在不同的存储资源之间进行

二、简答题

1. 集群内虚拟机热迁移有哪几种方式？

2. 虚拟机热迁移的更改主机方式需要满足哪些限制条件？

3. 简述服务器虚拟化 HA 特性、FT 特性的实现原理以及两者功能上的区别。

4. 简述动态资源调度特性、分布式电源管理特性的实现原理。

5. 分布式电源管理可以实现哪些功能？

6. 快照技术根据实现方式不同通常可分为哪些类型？

7. 全复制快照和差分快照的实现原理是什么？

8. 简述写时复制快照的原理。

9. 简述写时重定向快照的原理。

项目 7
服务器虚拟化的网络应用

07

项目导读

　　服务器虚拟化实现了计算资源虚拟化、存储资源虚拟化和部分网络虚拟化，使得虚拟机不仅可以与外部网络互访，而且能够与相同或不同主机上的其他虚拟机相互通信。服务器虚拟化通过虚拟交换技术实现其网络虚拟化功能。虚拟交换技术是为满足虚拟机的网络访问需求而设计出来的，在不更改虚拟机网络属性的情况下，实现虚拟机的互访和自由迁移。虚拟交换技术为数据中心业务的动态部署带来了巨大的灵活性，是云数据中心的重要技术之一。

拓展阅读

知识教学目标

① 理解集群基本概念及主要功能
② 理解分布式虚拟交换技术的基本原理

③ 理解端口组、上行链路的功能原理
④ 理解虚拟端口和物理端口的基本功能

技能培养目标

① 掌握创建分布式交换机的操作方法
② 掌握添加端口组、设置 VLAN 池的操作方法
③ 掌握添加、设置上行链路组的操作方法
④ 掌握相同主机上同一网段的虚拟机通信设置方法
⑤ 掌握相同主机上不同网段的虚拟机通信设置方法

⑥ 掌握不同主机上相同网段的虚拟机通信设置方法
⑦ 掌握不同主机上不同网段的虚拟机通信设置方法

7.1 项目综述

1. 需求描述

　　为有效管理数据中心的虚拟网络，便于实施流量控制，将其规划为多个虚拟网段。同时允许业务流量跨越多个虚拟网段传递，满足多业务的协同要求。

2. 项目方案

　　基于虚拟交换技术实现以上需求，部署方案如下。

- 业务网段与管理网段实现逻辑隔离。
- 创建分布式虚拟交换机以承载虚拟机的业务流量。

- 通过 VLAN 路由使不同虚拟网段的业务流量可以互访。

7.2 基础知识

7.2.1 虚拟交换技术

计算虚拟化驱动网络虚拟化的发展。传统数据中心中,一台主机运行一种操作系统,通过物理网线与交换机相连,由交换机实现不同主机的交换、流量控制和安全控制等功能。在计算虚拟化后,一台主机虚拟成多台虚拟机,每台虚拟机有自己的 CPU、内存和网卡。在相同或不同主机的虚拟机之间既要维持通信,又要在网络设备上对流量进行安全隔离和控制,由此诞生了虚拟交换技术。虚拟交换技术是指在主机内部通过虚拟化软件创建虚拟交换机,以实现流量转发和控制功能的技术。借助虚拟交换技术创建的虚拟交换机也被称为标准虚拟交换机,用于实现虚拟机之间和虚拟机与外部物理网络之间的通信,以及虚拟流量的隔离、控制功能。

虚拟交换技术的实现原理如图 7-1 所示。图 7-1 中宿主机上的 3 个虚拟机 VM1~VM3 都需要访问网络,而宿主机的物理网口通常不会直接分配给虚拟机使用。因此,虚拟化软件在宿主机内部创建了一个虚拟交换机,使其通过不同的端口组连接至虚拟机的虚拟网口,从而实现虚拟机流量的汇聚和转发。如果虚拟机与其他主机通信,则虚拟交换机使用上行链路绑定物理网口,将流量转发至外部的物理交换机。

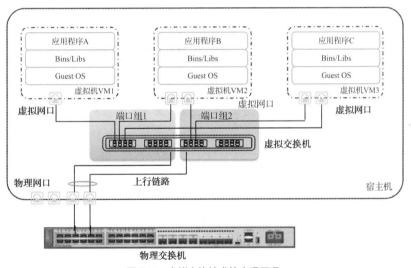

图 7-1 虚拟交换技术的实现原理

虚拟交换机的不同端口组具有不同的网络属性,例如 VLAN ID、网络地址或 QoS 等特性。虚拟机的虚拟网口连接到不同的端口组,就具有不同的网络属性。同一个虚拟机允许使用多个虚拟网口分别连接不同的端口组,具备不同的网络属性。

7.2.2 分布式虚拟交换技术

1. 分布式虚拟交换技术原理

虚拟交换技术解决了单一主机上的虚拟机通信问题,但无法解决虚拟机在跨主

微课视频

机迁移时的通信问题。这是因为在线迁移需要在不同的虚拟网络间进行切换，会导致其网络属性发生改变，因此虚拟交换技术不能很好地满足虚拟机在主机间的迁移需求。为满足这种需求，应同时统一和简化对各虚拟交换机的配置管理，故业界引入分布式虚拟交换技术。分布式虚拟交换技术可以对多台主机的虚拟交换机进行统一配置、管理和监控，确保虚拟机迁移时的业务连续性。

分布式虚拟交换（Distributed Virtual Switch，DVS）技术通过分布式虚拟交换机实现主机内部和主机之间虚拟机流量的标识和转发，其功能类似普通的物理交换机。它将各主机都连接到同一个分布式虚拟交换机中，形成一个跨越主机的更大范围的虚拟交换机。分布式虚拟交换机的一端是与虚拟机相连的虚拟端口组，另一端是与物理以太网适配器相连的上行链路。分布式虚拟交换机在所关联的主机之间既可以作为单个虚拟交换机使用，又能使虚拟机在跨主机迁移时确保其网络配置保持一致。分布式虚拟交换机的实现原理如图 7-2 所示。图 7-2 中主机 Host1 中的虚拟机 VM1 借助分布式虚拟交换机 DVS1，可以在线迁移至主机 Host2，而无须修改其网络属性。需要说明的是，虚拟机只有在相同分布式虚拟交换机的相同端口组范围内才能在线迁移。

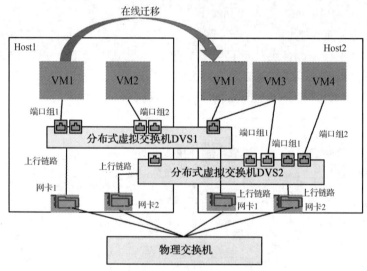

图 7-2　分布式虚拟交换机的实现原理

此外，分布式虚拟交换机只拥有二层转发能力，并不具备三层路由能力。如需三层路由功能还需借助物理三层交换机通过 VLAN 路由去实现。

2. 分布式虚拟交换技术的实现方式

分布式虚拟交换技术的实现方式一般有3种：基于 CPU 实现的虚拟交换、基于物理网卡实现的虚拟交换和基于物理交换机实现的虚拟交换。

（1）基于 CPU 实现的虚拟交换

基于 CPU 实现的虚拟交换，顾名思义就是指虚拟交换功能是由主机内部的CPU 来模拟实现的。当同一主机、相同端口组的两台虚拟机通信时，由虚拟交换机完成转发，流量在物理主机内流转，转发路径如图 7-3 的①所示；当同一主机、不同端口组的两台虚拟机通信时，流量由虚拟交换机转发至外部的物理三层交换机，完成数据的 VLAN 路由后再转发回来，经虚拟交换机转发至指定虚拟机，流量需要进出物理主机，转发路径如图 7-3 的②所示；当不同主机、相同端口组的两台虚拟机通信时，虽然同属一个二层域，但由于在不同的物理主机内，也需要借助物理网络，流量同样需要进出物理主机，转发路径如图 7-3 的③所示；当不同主机、不同端口组的两台虚拟机通信时，流量被虚拟交换机转发至外部的物理三层交换机，完成 VLAN 路由后转发至目标物理主机，再由其内部的虚拟交换机转发至指定虚拟机，转发路径如图 7-3 的④所示。

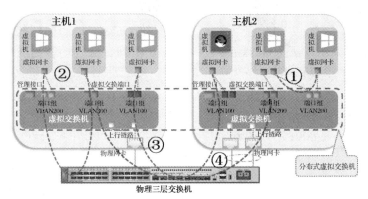

图 7-3　基于 CPU 实现的虚拟交换

基于 CPU 实现的虚拟交换的特点如下。

- 主机内部的通信性能：同一主机内部的二层交换，报文不出主机，转发路径短，性能高、延时低。
- 跨主机通信性能：需要经物理交换机转发，由于虚拟交换模块的消耗，性能稍低于物理交换机实现的虚拟交换。
- 扩展灵活：由于采用纯软件实现，功能扩展灵活、快速，满足云计算的网络扩展需求。
- 规格容量大：借助主机的大容量内存，在二层交换容量、ACL（Access Control List，访问控制列表）容量等方面远大于物理交换机。

（2）基于物理网卡实现的虚拟交换

基于物理网卡实现的虚拟交换是由物理网卡模拟实现虚拟交换功能的。这种物理网卡并非普通网卡，而是用特殊工艺制作的网卡，其流量转发流程与基于 CPU 实现的虚拟交换流程类似，但是所有的交换流量必须经过物理网卡。它将虚拟交换功能的实现主体从主机的 CPU 移植到物理网卡，通过网卡硬件改善因虚拟交换机占用 CPU 资源对虚拟机性能产生的影响。同时，借助物理网卡的直通能力，加速虚拟交换的性能。其典型的解决方案就是 SR-IOV 网卡硬件直通方案，虚拟机 VM1 与虚拟机 VM2 之间的数据交换由物理网卡完成，如图 7-4 所示。

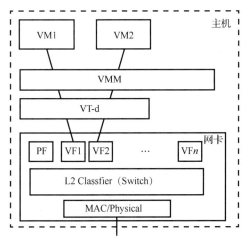

图 7-4　基于物理网卡实现的虚拟交换

SR-IOV 网卡支持简单的虚拟交换功能，高级特性较少，并且由于自身设计以及缺乏与虚拟机监控器的配合，因此存在一些功能缺陷，例如不支持热迁移、快照等特性。基于物理网卡实现的虚拟交换特点如下。

- 相比于软件实现的虚拟交换，不再需要 CPU 参与虚拟交换处理，可减少 CPU 占用率。
- 可实现虚拟机对 PCI-E 设备的直接访问和操作，显著降低从虚拟机到物理网卡的报文处理时延。
- SR-IOV 网卡无法支持热迁移，同时功能简单，无法支持灵活的安全隔离等特性，且功能扩展困难。

（3）基于物理交换机实现的虚拟交换

基于物理交换机实现的虚拟交换使用物理交换机来模拟虚拟交换功能，其功能需要特殊的交换机来支撑。其设计思想在于将所有二层的虚拟机流量都由接入层的物理交换机完成转发，即使是同一 VLAN 内的广播和组播报文也要绕出来。当同一主机、相同端口组的两台虚拟机通信时，虚拟机流量通过物理网卡和物理传输线路，在物理交换机处完成交换，再将流量转发回同一主机内的虚拟机，转发路径如图 7-5 的①所示，其余方式的流量转发路径如图 7-5 的②~④所示。

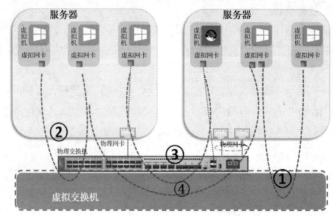

图 7-5　基于物理交换机实现的虚拟交换

上述虚拟交换的主要代表性技术有两种：VEPA（Virtual Ethernet Port Aggregator，虚拟以太网端口汇聚器）和 VN-Tag。

① VEPA 技术：将虚拟机间的交换行为从主机内部移出到上联交换机上，如图 7-6 所示。当两个处于同一主机内的虚拟机要通信时，从虚拟机 VM2 出来的数据帧首先会经过主机网卡送往上联的物理交换机。物理交换机通过查看帧头携带的目的 MAC 地址（虚拟机 VM3 的 MAC 地址）发现目的虚拟机在同一主机中，因此又将这个帧送回原主机，完成寻址转发。以 VEPA 方式实现的虚拟交换不但依赖支持 VEPA 功能的物理交换机，而且需要虚拟交换机软件、主机的物理网口驱动联动修改。这种虚拟交换方式的优点在于可减少物理主机 CPU 的资源消耗，缺点是物理交换机转发功能依赖芯片，功能扩展性差。

② VN-Tag 技术：是由 Cisco 公司和 VMware 公司共同提出的一项技术，其核心思想是在标准以太网数据帧中增加一段专用的标记——VN-Tag，以区分不同的 VIF（Virtual Interface，虚拟网络接口），从而识别特定虚拟机的流量。VN-Tag 技术借助端口扩展设备（支持 VN-Tag 技术的物理交换机）识别数据帧中的 VN-Tag 信息，将物理端口映射成上行物理交换机的一个虚拟端口，并且使用 VN-Tag 信息实现数据帧的转发和策略控制。VN-Tag 技术实现原理如图 7-7 所示，上联物理交换机与主机之间虽然只有一条网线，但 VN-Tag 的上联物理交换机能区分来自不同虚拟机产生的流量，

并在物理交换机上生成对应的 VIF，与虚拟机的 vVNC 接口一一对应，即把虚拟机的 vVNC 和物理交换机的 VIF 直接对接起来。全部交换工作都在上联物理交换机上进行，即使是同一物理主机内部的虚拟流量交换，也通过上联物理交换机转发。这样做虽然增加了网卡的 I/O 频率，但通过 VN-Tag 标识可将虚拟网络的流量过滤和访问控制权力重新交还给网络设备。

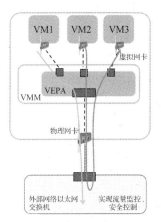

图 7-6　VEPA 技术

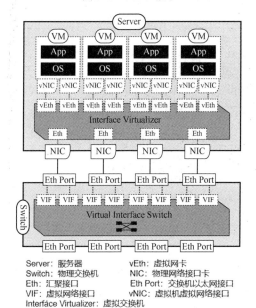

Server：服务器　　　　　　vEth：虚拟网卡
Switch：物理交换机　　　　NIC：物理网络接口卡
Eth：汇聚接口　　　　　　 Eth Port：交换机以太网接口
VIF：虚拟网络接口　　　　 vNIC：虚拟机虚拟网络接口
Interface Virtualizer：虚拟交换机
Virtual Interface Switch：虚拟接口交换

图 7-7　VN-Tag 技术实现原理

基于物理交换机实现虚拟交换的特点如下。

① 优点。

• 适合于对流量监管、安全策略部署能力要求较高的场景（如数据中心），可以将虚拟机流量引出至物理交换机，便于实施流量过滤、筛选和流量控制等安全监控操作。

• 可减少因虚拟交换机查找转发表导致的物理主机 CPU 资源消耗。

② 缺点。

• 所有流量被引入外部网络，会带来更多的网络带宽开销问题。

- 兼容性较差，需要特殊物理交换机。
- 需要虚拟交换机软件、主机物理网口驱动联动修改。
- 物理交换机转发功能依赖芯片，功能扩展性差。

7.2.3 华为虚拟交换技术

华为虚拟交换技术可以实现网卡的虚拟交换和虚拟交换机。

1. 网卡的虚拟交换

华为虚拟交换技术支持 3 种网卡的虚拟交换模式。

① VNI 前后端模式：采用 virtio_net 高效的前后端网络方案（华为 VNI 虚拟网卡技术），使物理网卡支持虚拟网卡的多队列配置，如图 7-8 所示。底层的 Xen 虚拟化使虚拟机原有的虚拟网卡只能使用一个收发包队列对外通信，仅能利用单个 CPU 的处理能力，因此无法满足高网络带宽的需求。华为 VNI 虚拟网卡提供虚拟网卡的多队列配置能力，借助多个 CPU 资源可使带宽大幅提升，可以解决虚拟机网卡的发包性能受限问题。

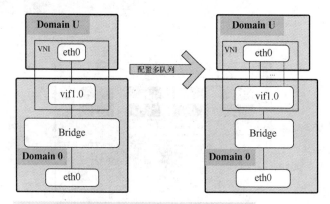

eth0:Domain U中代表虚拟网卡/Domain 0中代表物理网卡
Bridge:Domain 0中的弹性虚拟交换机（EVS）

图 7-8 华为 VNI 虚拟网卡技术

② 基于 iNIC 的 VMDq 直通模式：华为自研的 iNIC 硬件可实现虚拟机网卡与 iNIC 的虚拟队列直接相连，同时支持热迁移、安全隔离功能，是支持热迁移的直通方案产品。iNIC 采用 Intel VMDq 技术，主要解决因 I/O 设备上频繁的 VMM 切换和中断处理导致的虚拟化效率低下问题，可以减轻 VMM 负担，同时提高虚拟化平台的网络 I/O 性能。

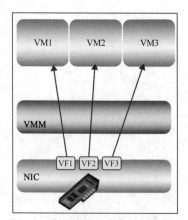

图 7-9 基于 SR-IOV 网卡的直通模式

③ 基于 SR-IOV 网卡的直通模式：将一个 PCI-E 设备虚拟成多个 PCI-E 设备，通过 SR-IOV 技术将网卡切分为多个虚拟交换功能（Virtual Function，VF）组件，每个 VF 组件都可以被直接分配给一个虚拟机，其原理如图 7-9 所示。直通方案使网络传输绕过软件模拟层的 VMM，直接分配到虚拟机，能实现 PCI-E 设备的共享，降低软件模拟层的 I/O 开销，因此可达到接近物理主机的网络 I/O 性能。

2. 华为虚拟交换机 OVS、EVS 与 DVS

OVS（Open vSwitch）是一款软件实现的开源虚拟交换机，它遵循 Apache 2.0 许可证，能够支持多种标准的管理接口和协议。OVS 提供对 OpenFlow 协议的支持，并且能够与众多开源的虚拟化平台相整合。

EVS（Elastic Virtual Switch）是华为基于 OVS 开发的弹性虚拟交换机，它的弹性化虚拟交换可提升虚拟机的 I/O 性能，但仍遵从 OpenFlow 协议标准。需要注意的是，OVS/EVS 都属于标准虚拟交换机，仅支持单一主机的使用方式。

DVS 基于分布式虚拟交换技术，支持统一管理多台物理主机上的 EVS（基于软件的虚拟交换机或智能网卡虚拟交换机），包括对主机的物理端口和虚拟机的虚拟端口管理。分布式虚拟交换机的逻辑功能如图 7-10 所示，一台分布式虚拟交换机跨越在多台物理主机上，通过对多台物理主机的 EVS 管理，保证虚拟机在主机之间迁移时的网络配置一致性。

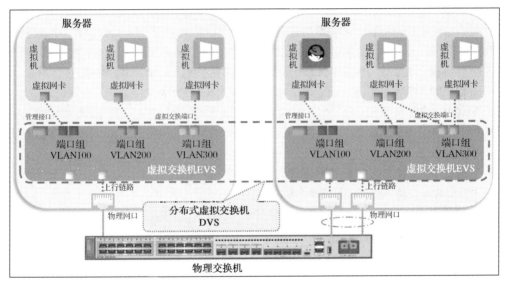

图 7-10　分布式虚拟交换机的逻辑功能

【疑难解析】

Ⅰ. 如何理解 DVS？

答：DVS 本身是逻辑对象，是一个跨越多个 CNA（计算节点代理）节点，由 VRM（虚拟资源管理器）来维持和建立的并不真实存在的逻辑组件。管理员通过 VRM 操作 DVS，实际上是将 VRM 发送的指令传递给对应 CNA 主机上的 EVS，最终由该 EVS 来实现的。

Ⅱ. 为什么需要 DVS？

答：借助 DVS，管理员在调整虚拟机网络时，可以忽略虚拟机所在的具体位置。即只要 CNA 主机连接在同一网络平面，无论虚拟机在哪一个 CNA 主机上，都按照类似配置单一交换机的方式完成网络配置，可简化网络配置的复杂度。

7.2.4　华为虚拟交换机结构

华为虚拟交换机具有以下结构。

① 虚拟交换端口：是虚拟交换机的一部分，通过与虚拟网卡相连使虚拟机流量能够接入网络中，

如图 7-11 所示。每一个虚拟机的网卡都必须通过虚拟交换端口才能连接到虚拟交换机上。

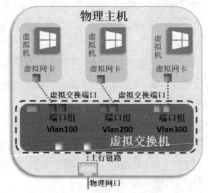

图 7-11 虚拟交换端口

② 端口组：为了方便管理，将多个具有相同属性的虚拟交换端口组成一个端口组。端口组与物理交换机的端口一样，可以通过配置端口组的属性来确定与其相连的虚拟机的网络属性，并维持虚拟机迁移后的网络属性不变。端口组是体现虚拟网络特性的重要部件，其属性设置具体如下。

• 端口类型：支持普通（access）和中继（trunk）类型的虚拟交换端口。

• VLAN：与标准 IEEE 802.1Q 虚拟局域网实现方式兼容。在上行链路或进入虚拟机的所有数据帧中使用 IEEE 802.1Q 虚拟局域网标记，以增强流量隔离和网络安全性，限制第二层广播域的范围。

• 流量整形：支持发送流量和接收流量的整形功能。

• 广播抑制：支持 ARP 和 IP 广播抑制。

• 安全属性：支持 DHCP 隔离、IP 和 MAC 绑定。

③ 上行链路：是虚拟交换机的一部分，通过与主机的物理网卡绑定来连接物理网络，如图 7-12 所示。

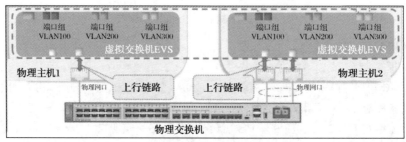

图 7-12 上行链路

虚拟交换机通过上行链路绑定物理端口，将虚拟机的数据流量发送至外部的物理网络。上行链路在使用中需要注意以下 3 个方面的问题。

• 同一主机上的不同 DVS 不能共用同一个上行链路。

• 与上行链路绑定的物理网卡可以是单独的一个网口，也可以是多个网卡绑定后的一个逻辑通道。

• 同一个 DVS 的所有上行链路组成上行链路组。

【疑难解析】

Ⅲ. 各个 CNA 主机的 EVS 是如何组成一个 DVS 的？

答：FusionCompute 创建 DVS 时，为实现与外部网络通信，需要给 DVS 创建上行链路并绑定物理网口。在 DVS 的上行链路组中添加 CNA 主机的物理网口，则主机的 EVS 便加入该 DVS，成为该 DVS 的组成部分。例如，将同一集群内两个主机的物理网口添加到 DVS 的同一个上行链路组，则两个主机内的 EVS 组成了跨越主机的 DVS。

7.3 项目实施

7.3.1 项目实施条件

实验室环境中模拟该项目，需要的条件如下。

1. 硬件环境

（1）华为 RH2288 V3 服务器 2 台。

（2）华为 S3700 以太网交换机 1 台。

（3）华为 SNS2124 光纤交换机 1 台。

（4）华为 OceanStor S2600/5300 V3 存储 1 台。

（5）计算机 1 台。

（6）千兆以太网线缆、光纤线缆若干。

2. 软件环境

FusionCompute 虚拟化环境包含 2 台 CNA 主机和 1 个 VRM 虚拟机。CNA 主机完成与 S2600 V3 存储阵列的 SAN 组网连接。

7.3.2 数据中心规划

1. FusionCompute 虚拟化环境规划

FusionCompute 虚拟化环境规划参见表 4-1。

2. 虚拟网络属性规划

① 在集群内的两台 CNA 主机上创建 4 个虚拟机，虚拟机网络规划如表 7-1 所示。

表 7-1　虚拟机网络规划

虚拟机	所在主机	IP 地址	VLAN
VM_test01	CNA01	192.168.10.1/24	10
VM_test02	CNA01	192.168.11.2/24	11
VM_test03	CNA02	192.168.10.3/24	10
VM_test04	CNA02	192.168.10.4/24	10

② 分布式虚拟交换机和端口组规划如表 7-2 所示。

表 7-2　分布式虚拟交换机和端口组规划

虚拟机	所在主机	分布式交换机	端口组
VM_test01	CNA01	DVS_test	PortGroup_net_10
VM_test02	CNA01	DVS_test	PortGroup_net_11
VM_test03	CNA02	DVS_test	PortGroup_net_10
VM_test04	CNA02	DVS_test	PortGroup_net_10

3. 拓扑规划

根据上述规划，虚拟网络项目实施的物理拓扑如图 7-13 所示，其逻辑连接如图 7-14 所示。

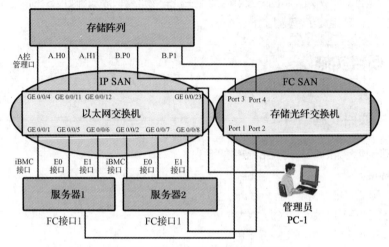

图 7-13　虚拟网络项目实施的物理拓扑

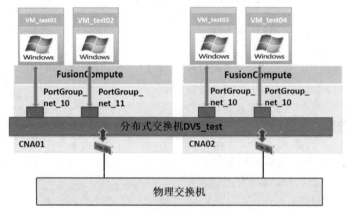

图 7-14　虚拟网络的逻辑连接

7.3.3　项目实施的任务

本项目实施分为如下几个任务。

- 任务 1：相同主机不同网段的虚拟机相互通信。
- 任务 2：不同主机相同网段的虚拟机相互通信。
- 任务 3：相同主机相同网段的虚拟机相互通信。
- 任务 4：不同主机不同网段的虚拟机相互通信。

微课视频

任务 1：相同主机不同网段的虚拟机相互通信

【任务描述】

实现 CNA01 主机上的虚拟机 VM_test01 和 VM_test02 相互通信。

【任务实施】

本任务实施环节如下。

1. 创建虚拟机 VM_test01、VM_test02

本任务基于共享数据存储share-san重新创建虚拟机VM_test01和VM_test02。VM_test01和 VM_test02 都部署在主机 CNA01 上。需要注意的是，应关闭集群 HA 和计算资源调度，避免虚拟机自动迁移。

2. 物理交换机配置

本任务需要创建分布式交换机 DVS_test，使其上行链路绑定 CNA 主机的 PORT1（eth1 端口）。由于 PORT1 端口同时作为 CNA 主机的 IP SAN 存储接口，因此虚拟机的业务流量与 CNA 主机的存储流量需共同使用该端口。物理交换机配置指令如下。

```
[switch]interface GigabitEthernet 1/0/6
[switch-GigabitEthernet1/0/6]port link-type trunk
[switch-GigabitEthernet1/0/6]port trunk permit vlan all
[switch-GigabitEthernet1/0/6]port trunk pvid vlan 1
[switch-GigabitEthernet1/0/6]quit
[switch]interface GigabitEthernet 1/0/8
[switch-GigabitEthernet1/0/6]port link-type trunk
[switch-GigabitEthernet1/0/6]port trunk permit vlan all
[switch-GigabitEthernet1/0/6]port trunk pvid vlan 1
[switch-GigabitEthernet1/0/6]quit
[switch]vlan 10
[[switch-vlan10]quit
[switch]vlan 11
[switch-vlan11]quit
[switch]interface vlan 10
[switch-Vlan-interface10]ip address 192.168.10.254 24
[switch-Vlan-interface10]quit
[switch]interface vlan 11
[switch-Vlan-interface11]ip address 192.168.11.254 24
[switch-Vlan-interface6]quit
```

需要指出的是，为简化实验环境，本任务规划让存储流量和虚拟机业务流量使用同一个网卡接口，但不建议在实际项目中这样实施，避免影响业务性能。

3. 创建分布式交换机

根据表 7-2 所示的虚拟网络规划，创建分布式交换机 DVS_test，配置步骤如下。

步骤 1：在 FusionCompute 内单击"网络池"选项，进入"网络池"页面。单击"添加分布式交换机"按钮，打开"创建分布式交换机"对话框。设置名称为 DVS_test，交换类型为"普通模式"，选中"添加上行链路"和"添加 VLAN 池"复选框，单击"下一步"按钮，如图 7-15 所示。

步骤 2：在"创建分布式交换机"的"添加上行链路"页面内，选中 CNA01 和 CNA02 主机的 PORT1 端口。

步骤 3：单击"添加 VLAN 池"，打开"添加 VLAN 池"对话框，设置 VLAN ID 的范围为 1～4094。单击"下一步"按钮，在"确认信息"区域内检查各信息，核对无误后单击"创建"→"确定"按钮，完成分布式交换机的创建。

图 7-15　创建分布式交换机

4. 创建端口组

步骤 1: 在 FusionCompute 内单击"网络池"选项，打开"网络池"页面。在左侧的导航栏内右键单击分布式交换机"DVS_test"，在弹出的菜单中选择"创建端口组"选项，进入"基本信息"页面。

步骤 2: 在"基本信息"页面内，填写如下端口组信息，其中主要信息含义如下。

* 名称: PortGroup_net_10。
* 端口类型: 普通类型的虚拟端口只能属于一个 VLAN，中继类型的虚拟端口可以允许接收和发送多个 VLAN 的报文。普通虚拟机选择普通类型的端口，虚拟机的网卡在启用 VLAN 设备的情况下应选择中继类型的端口，否则虚拟机的网络可能不通。
* 中继: 可以在 Linux 虚拟机内创建多个 VLAN 设备，这些 VLAN 设备通过 1 个虚拟网卡即可以收发携带不同 VLAN 标签的网络数据包，使虚拟机不用创建多个虚拟网卡。
* 发送流量整形: 发送平均带宽（Mbit/s）是指某段时间内允许通过端口的平均每秒的发送位数；发送峰值带宽（Mbit/s）是指发送突发流量时，每秒允许通过端口的最大传输位数；发送突发大小（Mbit/s）是指允许发送流量在平均带宽的基础上产生的突发流量的大小。
* 接收流量整形: 接收平均带宽（Mbit/s）是指某段时间内允许通过端口的平均每秒的接收位数；接收峰值带宽（Mbit/s）是指接收突发流量时，每秒允许通过端口的最大传输位数；接收突发大小（Mbit/s）是指允许接收流量在平均带宽的基础上产生的突发流量的大小。
* ARP 广播抑制带宽（kbit/s）: 端口组允许通过的 ARP 广播报文带宽。抑制广播报文带宽，可以限制虚拟机发送大量的 ARP 广播报文，防止 ARP 广播报文被攻击。
* IP 广播抑制带宽（kbit/s）: 端口组允许通过的 IP 广播报文带宽。抑制广播报文带宽，可以限制虚拟机发送大量的 IP 广播报文，防止 IP 广播报文攻击。
* DHCP 隔离: 使用该端口组的虚拟机无法启动 DHCP Server 服务，以防止用户无意识或恶意启动 DHCP Server 服务，影响其他虚拟机 IP 地址的正常获取。
* IP 与 MAC 绑定: 仅当端口类型为"普通"时有效。使用该端口组的虚拟机，其 IP 地址与 MAC 地址绑定，防止用户通过修改虚拟机网卡的 IP 地址或 MAC 地址，发起 IP 或 MAC 仿冒攻击，增强用户虚拟机的网络安全性。开启该功能时，如某个虚拟机网卡配置多个 IP 地址会导致该网卡的部分 IP 地址通信异常，建议在配置多个 IP 地址时不开启该功能。

本任务的端口类型选择"普通"选项，其余保持默认设置，单击"下一步"按钮。

步骤 3：进入"网络连接"页面，选择端口组的连接方式。端口组连接方式有两种。

• 子网方式：管理节点 VRM 会根据子网配置的 IP 地址池，为使用该端口组的虚拟机自动分配 IP 地址。

• VLAN 方式：连接该端口组的虚拟网卡不会被分配 IP 地址，需要在创建后由用户自行设置。
本任务选择端口组连接方式为"子网"，单击"添加子网"按钮，如图 7-16 所示，单击"下一步"按钮。

图 7-16　添加子网

步骤 4：打开"添加子网"对话框，填写各项参数如下："名称"为"subnet_10"，"子网"为"192.168.10.0"，"子网掩码"为"255.255.255.0"，"网关"为"192.168.10.254"，"VLAN ID"为"10"，如图 7-17 所示。需要注意的是，VLAN ID 必须在分布式交换机设置的 VLAN 池范围内。

图 7-17　设置子网参数

步骤 5：创建子网之后，在左侧子网列表中选择端口组对应的子网"subnet_10"，单击"下一步"按钮，进入"信息核对"页面。核对信息后，单击"创建"按钮。系统提示创建成功，单击"确定"按钮完成端口组的创建。

步骤 6：按上述同样方式在分布式交换机 DVS_test 上创建端口组 PortGroup_net_11。该端口组的参数设置如下："名称"为"PortGroup_net_11"，"端口类型"为"普通"，"连接方式"为"子网"方式。其添加的子网信息如下："名称"为"subnet_11"，"子网"为"192.168.11.0"，"子网掩码"为"255.255.255.0"，"网关"为"192.168.11.254"，"VLAN ID"为"11"。

5. 虚拟机网卡关联到端口组

步骤 1：虚拟机 VM_test01 连接到端口组 PortGroup_net_10。在 FusionCompute 页面内单击"虚拟机和模板"选项，显示虚拟机列表。单击选中虚拟机"VM_test01"，对该虚拟机执行关机操作。关闭后依次单击"硬件"选项卡→"网卡"选项，并单击对应的"更多"选项。在弹出的菜单中选择"修改端口组"选项，如图 7-18 所示。在"修改端口组"对话框内选择分布式交换机"DVS_test"，在"请选择端口组："列表内选中端口组"PortGroup_net_10"，如图 7-19 所示。单击"确定"按钮，将虚拟网卡关联到指定的端口组。

图 7-18　修改端口组

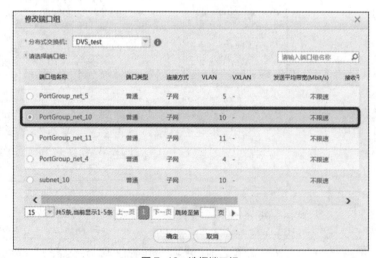

图 7-19　选择端口组

步骤 2：虚拟机 VM_test02 连接到端口组 PortGroup_net_11。将虚拟机 VM_test02 关机后关联到分布式虚拟交换机的端口组 PortGroup_net_11 上。

任务 2：不同主机相同网段的虚拟机相互通信

【任务描述】

实现在不同主机上的虚拟机 VM_test01 和 VM_test03 相互通信。

【任务实施】

本任务实施环节如下。

1. 创建虚拟机 VM_test01 和 VM_test03

本任务基于共享数据存储 share-san 重新创建虚拟机 VM_test01 和 VM_test03。VM_test01 部署在主机 CNA01 上，VM_test03 部署在主机 CNA02 上。需要注意的是，应关闭集群 HA 和计算资源调度，避免虚拟机自动迁移。

2. 物理交换机配置

物理交换机配置指令如下。

```
[switch]interface GigabitEthernet 1/0/6

[switch-GigabitEthernet1/0/6]port link-type trunk

[switch-GigabitEthernet1/0/6]port trunk permit vlan all

[switch-GigabitEthernet1/0/6]port trunk pvid vlan 1

[switch-GigabitEthernet1/0/6]quit

[switch]interface GigabitEthernet 1/0/8

[switch-GigabitEthernet1/0/6]port link-type trunk

[switch-GigabitEthernet1/0/6]port trunk permit vlan all

[switch-GigabitEthernet1/0/6]port trunk pvid vlan 1

[switch-GigabitEthernet1/0/6]quit
```

3. 虚拟机网卡关联到端口组

步骤 1：将虚拟机 VM_test01 关联到分布式交换机 DVS_test 的端口组 PortGroup_net_10。
步骤 2：将虚拟机 VM_test03 关联到分布式交换机 DVS_test 的端口组 PortGroup_net_10。

任务 3：相同主机相同网段的虚拟机相互通信

【任务描述】

部署在相同主机 CNA02 上的虚拟机 VM_test03 和 VM_test04 相互通信。

【任务实施】

本任务实施环节如下。

1. 创建虚拟机 VM_test03 和 VM_test04

本任务基于共享数据存储 share-san 重新创建虚拟机 VM_test03 和 VM_test04。VM_test03 和 VM_test04 都部署在主机 CNA02 上。需要注意的是，应关闭集群 HA 和计算资源调度，避免虚拟机自动迁移。

2. 物理交换机配置

由于本任务中仅实现相同主机的相同网段互访，因此不需要设置物理交换机。

3. 虚拟机网卡关联到端口组

步骤 1：将虚拟机 VM_test03 关联到分布式交换机 DVS_test 的端口组 PortGroup_net_10。

步骤 2：将虚拟机 VM_test04 关联到分布式交换机 DVS_test 的端口组 PortGroup_net_10。

相同主机、相同网段的虚拟机通信仅需要把两个虚拟机连接到同一个分布式交换机的同一个端口组即可，即使该分布式交换机没有绑定上行链路，或者未使用物理交换机也不影响虚拟机 VM_test03 与 VM_test04 之间的相互通信。

任务 4：不同主机不同网段的虚拟机相互通信

【任务描述】

实现不同主机、不同网段的虚拟机 VM_test02 和 VM_test04 相互通信。

【任务实施】

本任务实施环节如下。

1. 创建虚拟机 VM_test02 和 VM_test04

本任务基于共享数据存储 share-san 重新创建虚拟机 VM_test02 和 VM_test04。VM_test02 部署在主机 CNA01 上，VM_test04 部署在主机 CNA02 上。需要注意的是，应关闭集群 HA 和计算资源调度，避免虚拟机自动迁移。

2. 物理交换机配置

物理交换机配置指令如下。

```
[switch]interface GigabitEthernet 1/0/6
[switch-GigabitEthernet1/0/6]port link-type trunk
[switch-GigabitEthernet1/0/6]port trunk permit vlan all
[switch-GigabitEthernet1/0/6]port trunk pvid vlan 1
[switch-GigabitEthernet1/0/6]quit
[switch]interface GigabitEthernet 1/0/8
[switch-GigabitEthernet1/0/6]port link-type trunk
[switch-GigabitEthernet1/0/6]port trunk permit vlan all
[switch-GigabitEthernet1/0/6]port trunk pvid vlan 1
[switch-GigabitEthernet1/0/6]quit
[switch]vlan 10
[[switch-vlan10]quit
[switch]vlan 11
[switch-vlan11]quit
[switch]interface vlan 10
[switch-Vlan-interface10]ip address 192.168.10.254 24
[switch-Vlan-interface10]quit
[switch]interface vlan 11
[switch-Vlan-interface11]ip address 192.168.11.254 24
[switch-Vlan-interface11]quit
```

3. 虚拟机网卡关联到端口组

步骤 1：将虚拟机 VM_test02 关联到分布式交换机 DVS_test 的端口组 PortGroup_net_11。
步骤 2：将虚拟机 VM_test04 关联到分布式交换机 DVS_test 的端口组 PortGroup_net_10。

7.3.4 项目测试

1. 相同主机、不同网段的虚拟机 VM_test01 和 VM_test02 通信

在 FusionCompute 上采用 VNC 方式分别登录虚拟机 VM_test01 和 VM_test02，根据表 7-1 设置虚拟机的 IP 地址。再相互测试连通性，图 7-20 和图 7-21 表明两台虚拟机实现了相互连通。

图 7-20　VM_test01 访问 VM_test02　　　　图 7-21　VM_test02 访问 VM_test01

2. 不同主机、相同网段的虚拟机 VM_test01 和 VM_test03 相互通信

在 FusionCompute 上采用 VNC 方式分别登录虚拟机 VM_test01 和 VM_test03，根据表 7-1 设置虚拟机的 IP 属性。再相互测试连通性，图 7-22 和图 7-23 表明两台虚拟机实现了相互连通。

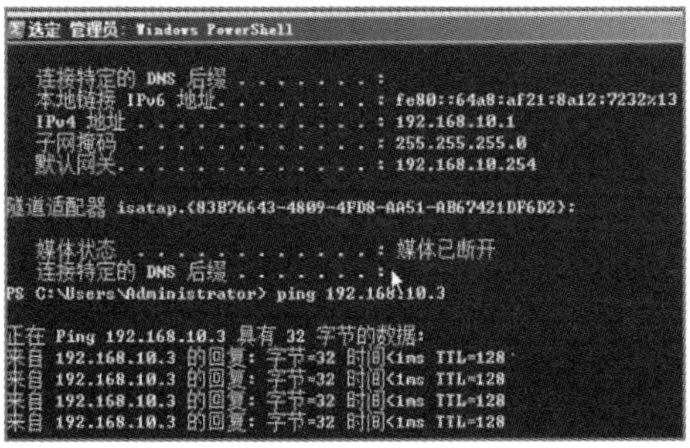

图 7-22　VM_test01 访问 VM_test03 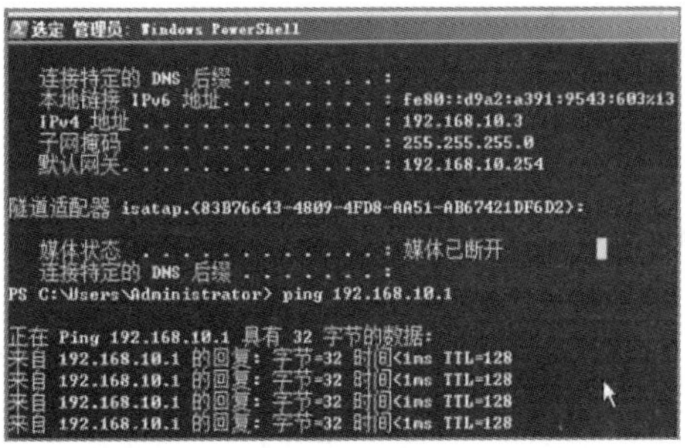　　　　图 7-23　VM_test03 访问 VM_test01

3. 相同主机、相同网段的虚拟机 VM_test03 与 VM_test04 相互通信

在 FusionCompute 上采用 VNC 方式分别登录虚拟机 VM_test03 和 VM_test04，根据表 7-1 设置虚拟机的 IP 属性。再相互测试连通性，图 7-24 和图 7-25 表明两台虚拟机实现了相互连通。

图 7-24　VM_test03 访问 VM_test04 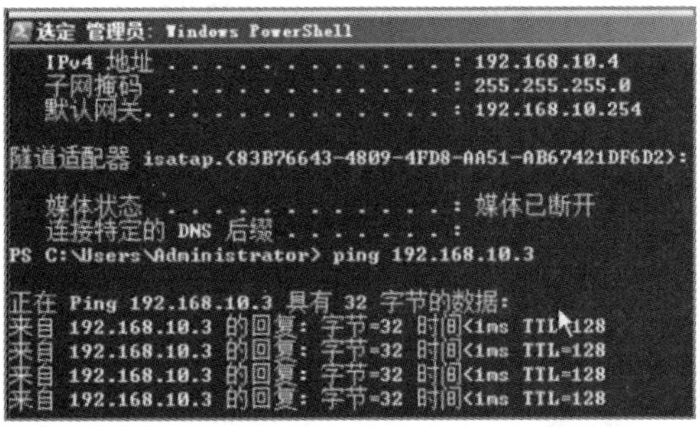　　　　图 7-25　VM_test04 访问 VM_test03

4. 不同主机、不同网段的虚拟机 VM_test02 与 VM_test04 相互通信

在 FusionCompute 上采用 VNC 方式分别登录虚拟机 VM_test02 和 VM_test04，根据表 7-1 设置虚拟机的 IP 属性。再相互测试连通性，图 7-26 和图 7-27 表明两台虚拟机实现了相互连通。

图 7-26　VM_test02 访问 VM_test04

图 7-27　VM_test04 访问 VM_test02

7.3.5　项目总结

本项目讲述了虚拟交换技术的基本原理、特点和实现方式，重点分析了华为虚拟交换技术。同时针对虚拟交换的不同应用场景，通过多个配置实验加以验证。通过理论与实践的结合，帮助读者更好地掌握华为服务器虚拟化的网络应用方法。

7.4　思考练习

一、选择题

1. 在 FusionCompute 中创建一个虚拟机，关于该虚拟机的网卡说法正确的是（　　　）。

　　A. 虚拟网卡和物理网络有本质的区别，虚拟网卡不需要 MAC 地址

　　B. 在虚拟网络中，虚拟网卡的 MAC 地址和 IP 地址都可以手动指定

　　C. 在虚拟网络中，虚拟网卡的 MAC 地址和 IP 地址都是由 VRM 自动分配的

　　D. 在虚拟网络中，虚拟网卡的 IP 地址需要手动指定

2. 在 FusionCompute 的 VLAN 池菜单下，下列哪些操作可以实现？（多选）（　　　）

　　A. 在同一个 DVS 中，添加 10 个 VLAN 池，并且每个 VLAN 池的 VLAN ID 相同

　　B. 在 DVS 下添加 1 个 VLAN 池，并且 VLAN 池的起始 VLAN ID 设为 100

　　C. 在 DVS 下添加 1 个 VLAN 池，并且 VLAN 池的起始 VLAN ID 设为 0

　　D. 在 DVS 下添加 1 个 VLAN 池，并且 VLAN 池的结束 VLAN ID 设为 4096

3. 在 FusionCompute 中创建端口组时，以下操作错误的是哪个？（　　　）

　　A. 将端口组的名称设为"ceshi"　　　　　　B. 将端口组类型设为"普通"

　　C. 将 VLAN ID 设为"5000"　　　　　　　　D. 在描述中添加"这是测试端口"

4. 华为 FusionCompute 的 DVS 对应传统网络中的哪个设备？（　　　）

　　A. 集线器　　　　B. 三层交换机　　　　C. 二层交换机　　　　D. 路由器

5. 关于物理交换机的端口模式和 FusionCompute 的端口组类型之间对应的关系说法正确的是哪些？（多选）（　　　）

　　A. 物理交换机的 access 对应端口组的普通端口

      B. 物理交换机的 trunk 对应端口组的普通端口

      C. 物理交换机的 access 对应端口组的中继端口

      D. 物理交换机的 trunk 对应端口组的中继端口

6. 在 FusionCompute 中，虚拟机的网关地址可以设置在哪种类型的网络设备上？（　　　）

      A. 三层交换机　　　　B. 二层交换机　　　　C. 虚拟交换机　　　　D. 一层物理设备

7. 下列关于华为虚拟交换机说法正确的是哪些？（多选）（　　　）

      A. 华为虚拟交换机就是开源的 Open vSwitch

      B. 华为分布式交换机具有多个虚拟端口，每个端口都具有各自的属性

      C. 华为虚拟交换机分为标准虚拟交换机和分布式虚拟交换机

      D. 智能网卡的虚拟交换功能也是由华为虚拟交换机提供的

8. 在 FusionCompute 内，下列关于虚拟机相互通信说法正确的是？（　　　）

      A. 虚拟机网卡属于同一端口组的两台虚拟机相互通信不需要通过物理网络

      B. 运行在同一主机上的两台虚拟机相互通信不需要通过物理网络

      C. 运行在同一主机上且网卡属于同一端口组的两台虚拟机相互通信不需要通过物理网络

      D. 运行在同一主机上且网卡不属于同一端口组的两台虚拟机相互通信不需要通过物理网络

9. 在 FusionCompute 内，虚拟交换机通过什么连接到物理网络？（　　　）

      A. 上行链路　　　　B. 端口组　　　　C. 虚拟网卡　　　　D. iNIC

10. FusionCompute 服务器虚拟化解决方案中，如果服务器的物理网卡数量较少，可考虑将多个平面合并，通过 VLAN 从逻辑上对各平面进行隔离。例如，业务平面和管理平面共用相同物理网卡，但使用不同的 VLAN 进行隔离。（　　　）

      A. 对　　　　　　　　B. 错

二、简答题

1. 分布式虚拟交换实现方式有哪些？

2. 华为分布式虚拟交换机方案是通过哪些技术实现的？

3. 华为虚拟交换机逻辑组件（虚拟端口、端口组和上行链路）的功能是什么？

4. 多台主机的弹性虚拟交换机是如何组成一个分布式虚拟交换机的？

5. 简述虚拟交换的实现形式及特点。

项目 8
桌面虚拟化FusionAccess的应用

项目导读

传统桌面办公主要采用PC，基于PC的应用方式在信息安全、维护效率、资源管理和资源利用率等方面存在局限性。为满足 IT 行业发展的低成本、高效率和敏捷服务的要求，桌面云取代 PC 已经成为一种趋势。用户办公桌面以虚拟机的方式运行在云端，其数据保存在云端，实现终端与数据分离，可有效地防止泄密事件。同时，虚拟桌面云依托高可靠性架构和灵活调整的资源配置方式，以满足业务的快速扩展和移动办公需求。

拓展阅读

知识教学目标

1. 了解桌面云技术的主要应用场景
2. 理解 FusionAccess 桌面云解决方案
3. 理解 FusionAccess 产品架构及部件功能
4. 理解 FusionAccess 基本功能特性
5. 理解 FusionAccess 桌面登录流程

技能培养目标

1. 掌握 Windows 活动目录的部署方法
2. 掌握 Windows DHCP 服务器、DNS 的部署方法
3. 掌握 Linux 架构主机的基本部署方法
4. 掌握 Windows 架构主机的基本部署方法
5. 掌握完整克隆虚拟机模板的制作方法
6. 掌握链接克隆虚拟机模板的制作方法
7. 掌握完整复制桌面的发放方法
8. 掌握链接克隆桌面的发放方法

8.1 项目综述

1. 客户需求描述

实施企业桌面办公环境的虚拟化改造，可实现节能减排、绿色办公，满足外出员工的移动办公需求，同时可根据工作岗位的特点，为不同的部门发布不同类型的虚拟桌面。例如研发部门、人事部门或财务部门的虚拟桌面保留个性化数据，客服等部门的虚拟桌面统一定制，不保留个性化数据。

2. 项目方案

采用华为桌面云解决方案 FusionAccess 对桌面办公环境实施改造，达到以下目标。

- 虚拟桌面代替 PC 作为桌面办公设施。
- 基于 FusionAccess 配置桌面云，实现桌面虚拟化。
- 研发等部门发布完整复制的虚拟桌面。
- 客服部门发布链接克隆的虚拟桌面。

8.2 基础知识

8.2.1 桌面云概述

1. 什么是桌面云？

随着应用虚拟化的推广，桌面云也日益普及。众多虚拟化产品的生产商都将桌面云作为自己的发力点，相继推出各类桌面云产品。什么是桌面云呢？百度百科给出的定义是，桌面云是指通过瘦终端或者其他任何与网络相连的设备来访问跨平台的应用程序，以及访问整个客户桌面。简单地说，桌面云主要由虚拟机+瘦终端+网络构成，通过在云端为用户创建所需的虚拟机，用户使用本地的瘦终端或桌面云

微课视频

客户端软件访问云端的虚拟机。桌面云将应用载体由物理形态转变为虚拟化的形态，所有数据和文件都不保存在本地，而是存储在云端的虚拟机内，本地的瘦终端仅仅是接收用户虚拟桌面图像和发送控制指令的设备。在桌面云应用领域，通常把运行在云端的作为用户桌面办公环境的虚拟机称为用户桌面、虚拟桌面或者桌面虚拟机。

2. 为什么会出现桌面云？

传统 IT 时代，各企业普遍存在如下场景。

场景 1：移动办公。全球 500 强的某 IT 企业主管经常需要往返世界各地，然而他在旅途中是无法办公的。虽然他可以携带笔记本计算机，在旅途中做一些资料整理和编辑工作，但是无法连接到公司的内部网络，因而无法及时获取当前企业的最新数据。

场景 2：价格。传统桌面办公使用的 PC 普遍每台数千元，大批量采购会耗费大量的采购资金，加重企业生产经营的负担。

场景 3：运维管理。随着企业信息化应用的普及，100~200 台主机就需要配备一名运维人员，大量的运维人员给企业带来沉重的人力成本负担。

场景 4：数据安全性。研发人员往往掌握着企业的一些核心技术机密，竞争对手无时无刻不在企图获取这些机密。由于传统 PC 的资源分散存放，使得机密数据非常容易被窃取。

场景 5：数据可靠性。传统 PC 的数据都是存放在硬盘中的，硬盘一旦损坏，保存的重要数据就面临着丢失的风险。虽然现在有数据恢复技术，但其成本高昂、恢复过程烦琐（有时甚至需要将硬盘寄回生产厂商），因此数据恢复技术显然不是保护业务数据的理想方式。

场景 6：工作便捷性。企业部分员工需要同时拥有多个计算机桌面，以便于随时切换工作桌面。在常规方式下，只能为此增加采购预算，采购多台 PC。

以上场景都是来自真实的生产环境，桌面云是解决上述问题较为理想的方案。通过部署桌面云，以虚拟机替代物理 PC，从而实现办公环境的低成本、高可靠性和高安全性等。

3. 桌面云的优势

（1）集中部署，减少维护，提升桌面服务水平

桌面云可改变过去分散、独立的桌面应用环境。通过集中部署，维护人员在信息中心就可以完成所有的管理维护工作。利用自动化管理系统，80%的维护工作将自动完成，包括软件下发、升级补丁、安全更新等。这不但能免去用户自行安装、维护的烦琐过程，而且能减少维护工作量，还可以提供迅捷的故障处理能力，全面提升维护人员对企业桌面的维护服务水平。每个维护人员可以维护多达 1000 个桌面，这可大幅减少维护人员的数量，降低企业维护成本。

（2）远程托管，数据隔离，有效保证数据安全

云端的用户虚拟桌面都托管在数据中心，本地终端只是一个显示设备而已。因此，即便用户在桌面系统中保存了数据，该数据仍然存放在数据中心，并没有在用户的终端设备上保存任何副本。这样不仅可以保障数据的安全，而且可使用户数据不易受到各种病毒、木马的攻击，从而可实现更高的系统安全性。

同时，维护人员通过设置不同的本地终端控制策略，限制用户对 USB 等设备的访问，可保证重要数据不被违规带出企业，有效防范了数据的非法窃取和传播。

（3）随时随地，远程接入，提供灵活的业务能力

桌面云可向用户提供 24 小时在线服务，用户可随时随地通过移动或固定网络访问。同时，桌面云支持多种终端设备的接入，例如瘦终端、PC、上网本、手机、平板电脑等，而且支持 iOS、Android 等移动系统平台。只要具备互联网的接入条件，员工就可以通过登录个人虚拟桌面来处理工作事务，真正实现了全员的移动办公。

（4）节能减排，数据备份，构建完整容灾体系

桌面云通过专用的瘦终端接入，可摆脱沉重的机箱和较大的风扇噪声，有效地减少了设备的发热量，可提供更加整洁和安静的办公环境，营造清爽舒适的办公氛围。据统计，采用桌面云以后，每个用户每天的耗电功率平均小于 25W，能够大幅降低能耗，全年可节省近 70% 的电费。同时，桌面云的所有虚拟桌面数据都集中存储在数据中心，通过设置备份策略，自动执行备份，不会因硬盘故障而丢失数据。当灾难发生的时候，桌面云系统可以迅速恢复所有托管的桌面，实现业务的完全恢复，因此让桌面办公系统融入企业的 IT 容灾体系中，有助于构成一个完整的容灾解决方案。

8.2.2　FusionAccess 概述和体系结构

华为 FusionAccess 是搭建在华为 FusionCube 或 FusionSphere 上的一种虚拟桌面应用。通过在云平台上部署桌面云软件，终端用户可通过网络访问跨平台的应用程序及整个桌面。

管理员通过 FusionAccess 的管理页面可快速为用户发放、维护、回收虚拟桌面，实现虚拟资源的弹性管理，提高资源利用率，降低运营成本。FusionAccess 的体系结构如图 8-1 所示，由上至下分别分为 4 个层次。

微课视频

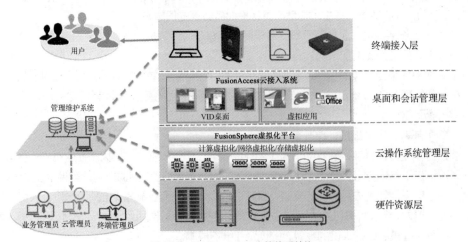

图 8-1　FusionAccess 的体系结构

① 终端接入层：通过提供瘦终端或客户端软件的方式，为用户接入桌面云提供服务。

② 桌面和会话管理层：即 FusionAccess，它只是桌面云软件，用于实现用户的接入控制，可为用户提供桌面虚拟化或虚拟应用服务。

③ 云操作系统管理层：即 FusionSphere 操作系统管理层，实施对底层的计算、存储和网络资源的虚拟化操作，并基于虚拟化资源池对资源进行管理和分配，为桌面云提供虚拟化资源池和资源的管理能力。

④ 硬件资源层：即计算、存储、网络资源所在的层次，包括底层的服务器、存储设备和网络设备，是桌面云实施的物质基础，为虚拟化及高层应用提供底层硬件设备。

8.2.3 FusionAccess 产品部署形态

FusionAccess 产品的部署形态由软件部分和硬件部分组成。

1. FusionAccess 产品的软件部分

FusionAccess 产品的软件部分在云操作系统管理层包含 FusionCompute 和 FusionManager 两大软件。FusionCompute 实现底层资源的虚拟化，形成计算、存储和网络虚拟化资源池，并借助 FusionManager 管理虚拟化资源池，完成虚拟资源的分配和管理任务。FusionManager 不但可以完成虚拟机的创建、删除和管理，而且可完成虚拟数据中心和虚拟私有云（Virtual Private Cloud，VPC）的创建和修改，也可实现虚拟资源的按需分配、隔离和多数据中心资源的统一分配，以及对底层软硬件资源的统一管理功能。桌面和会话管理层包含 FusionAccess 桌面云软件，用于实现桌面虚拟化和应用虚拟化。

2. FusionAccess 产品的硬件部分

FusionAccess 产品的硬件部署有以下两种方案。

（1）标准华为桌面云部署方案

部署华为桌面云需要计算资源设备（服务器）、存储资源设备（存储阵列）和网络交换设备（以太交换机），硬件设备推荐如下。

* 服务器：机架式服务器 RH2288 V3 或刀片式服务器 E9000。
* 存储设备：基于 IP SAN 组建存储区域网络。
* 网络设备：千兆以太网交换机。
* 瘦终端：CT3100。

（2）一体化解决方案 FusionCube

FusionCube 在 12U 机框中融合刀片服务器、分布式存储及网络交换机，无须外置存储等设备，并预集成分布式存储引擎、虚拟化平台及云管理软件，资源可按需调配、线性扩展。由于包含桌面云所需的硬件和软件设施，FusionCube 解决方案可以将企业新业务的上线周期从数月缩减到数天，并可针对企业应用优化配置，从而大幅提升运营效率。FusionCube 解决方案的硬件形态如图 8-2 所示。在物理节点数达到或超过 8 个时，如果用户对业务敏捷性、管理简化、计算和存储性能有较高的要求，推荐使用 FusionCube 解决方案。

为了减少服务器的硬件投资，可以根据用户的实际规模来确定服务器类型。例如，在用户数为 100～200 的小规模场景下，推荐使用的服务器为 RH2288 V3；如果用户数为 300～2000，推荐使用刀片式服务器 E9000。

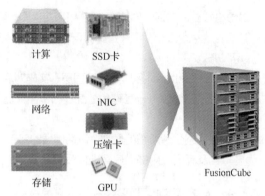

图 8-2　FusionCube 解决方案的硬件形态

8.2.4　FusionAccess 的逻辑架构

1. FusionAccess 的功能组件

桌面云解决方案 FusionAccess 的逻辑架构如图 8-3 所示，它由多个功能组件构成，其基本功能如下。

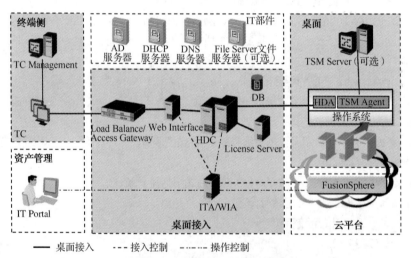

图 8-3　FusionAccess 的逻辑架构

①　桌面接入：采用华为自研的高效虚拟桌面协议（HDP），底层使用华为自研的云平台 FusionSphere。华为开发的虚拟桌面接入控制部件 ITA/WIA，帮助处理在登录过程中出现的虚拟机启动故障，并增强虚拟机的自动化创建、发放及相关操作维护能力。图 8-3 中 WI（Web Interface）与 ITA/WIA 之间的虚线，代表 WI 发送一条启动消息给 WIA，进而由 WIA 通知云平台启动指定虚拟机，具体步骤详见后续的桌面云基本业务流程。图中双点长划线操作控制流代表 IT 管理员创建虚拟机时向 ITA/WIA 发出创建指令，再由 ITA/WIA 向云平台发出指令，最终由云平台完成虚拟机的创建。上述部件之间的相互关系以及虚拟机发放的业务流程将在后续的内容中详细叙述。

②　终端侧：指 HDP 自身支持的各种客户端接入设备，通常由 TC/SC 部件组成。TC 是用于接入虚拟桌面的终端，就是一台小型的简化的 PC。SC（Soft Client）是指实现虚拟桌面接入功能的软件，它运行在 PC/移动平台上实现虚拟桌面接入。

③ 资产管理：虽然 ITA 借助 Portal 提供虚拟机的创建、发放和基本操作维护功能，但企业往往还要求运营系统具备虚拟机的申请、审批和发放等功能。因此，FusionAccess 通过 ITA 提供的北向接口支持用户基于已有的 IT 运营系统做定制开发。

④ TSM（Terminal Security Management，终端安全管理）：其本身不是桌面云必备部件，仅作为一个功能增强型可选部件供用户选择，需要额外购买。

⑤ IT 部件：是支撑整套业务系统运行的关键部件，其功能详见后续内容。

2. FusionAccess 的逻辑组件功能

FusionAccess 包含一系列的桌面逻辑组件，通过组件之间的协调工作，实现华为桌面云的各项功能。各逻辑组件的功能如下。

① WI：提供用户登录虚拟桌面的 Web 页面服务，为用户推送登录页面，以及登录后查看拥有的虚拟桌面列表。可以在 WI 上连接、启动、重启桌面，WI 的访问流程如图 8-4 所示。登录桌面云时，用户需要填写合法用户名和密码，验证通过后才能登录到桌面云系统中。

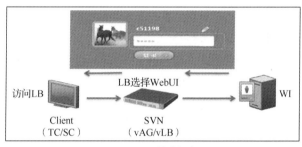

图 8-4　WI 的访问流程

② 负载均衡（Load Balance，LB）和接入网关（Access Gateway，AG）：LB 用于在多个 WI 之间实现接入的负载均衡，AG 用于将虚拟桌面接入网关代理，并隔离内外网。两者可以共用同一硬件平台 SVN，但在逻辑功能上两者是相互独立的。小规模场景下（桌面数量小于 600）推荐采用软件方式实现虚拟负载均衡（Virtual Load Balance，vLB）和虚拟接入网关（Virtual Access Gateway，vAG）。

③ ITA（IT Adapter）和 WIA（WI Adapter）：ITA 与 WIA 同质，即同一个产品，但功能根据需要有不同的设置，对外呈现的软件为 ITA。ITA 用于向 IT Portal 提供标准化的功能接口，可完成创建、关联、删除和解关联虚拟桌面等功能。WIA 通过它控制桌面的启动、重启。

④ HDC（Huawei Desktop Controller）：华为桌面云的核心管理部件，用于实现并维护用户与其虚拟桌面的对应关系；用户接入时与 WI 交互，为其提供接入信息，支持完成用户的整个接入过程；与用户虚拟桌面中的 HDA 进行交互，收集 HDA 上报的虚拟桌面状态和接入状态。

⑤ License Server：用于统一控制虚拟桌面接入的 License 授权，当用户连接虚拟桌面时系统会到 License Server 上检查 License，判断用户是否有权限连接到该桌面。

⑥ HDA（Huawei Desktop Agent）：TC/SC 通过 HDP 连接到虚拟桌面，必须先在虚拟桌面上安装 HDA。目前，HDA 支持安装在 Windows XP 32 位、Windows 7 32/64 位、Windows 8.1 和 Windows Server 2008 R2 64 位操作系统上。HDA 实际上是一系列桌面连接服务，可为 TC/SC 使用桌面提供支持。

⑦ IT 部件：IT 部件包含 AD 服务器、DHCP 服务器、DNS 和 File Server（文件服务器）这几个部件。其中 AD 服务器是活动目录服务器，用于对 WI 页面输入的用户名和密码进行鉴权，只有通

过鉴权的用户才能登录桌面云系统；DHCP 服务器为新建立的虚拟桌面分配 IP 地址；DNS 服务器用于完成域名解析；文件服务器提供文件共享功能。

⑧ 数据库（Data Base，DB）：采用 GaussDB 数据库为 ITA、HDC 提供数据存储服务。

8.2.5　FusionAccess 的基本业务流程

华为桌面云的登录流程较为复杂，为了便于理解，可把整个过程分为以下几个阶段。

微课视频

1. 用户身份鉴权

步骤 1：用户打开浏览器访问 vLB 的域名，客户端（Client，如 TC/SC）将请求发送给 SVN 的 vLB 组件。vLB 收到请求后，根据负载均衡算法，将请求转向其中一个负载较轻的 WI。

步骤 2：WI 发送的用户登录页面经过 vLB 返回至 Client。如果没有设置 SVN/vLB，则 Client 直接访问 WI，或者可简单地使用 DNS 轮询配置实现 2 个 WI 的负载均衡。

步骤 3：用户在推送的登录页面内输入用户名和密码、域（可能是隐藏默认值）信息，单击"登录"按钮，经过 vLB 发送给 WI。WI 向 AD 服务器发起请求，由 AD 服务器验证域账号是否合法。

步骤 4：AD 服务器收到来自 WI 的验证请求后，根据活动目录数据库内保存的域用户信息验证用户名和密码的正确性，验证通过后返回认证信息给 WI。

步骤 5：WI 返回登录成功的消息给 vLB，vLB 再将消息发送至云终端 TC/SC，在终端屏幕上显示 WI 登录后的页面。

本阶段的访问流程如图 8-5 所示。

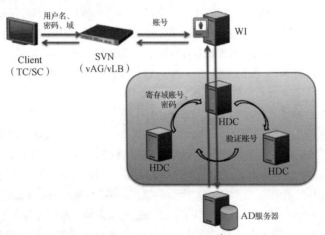

图 8-5　用户身份鉴权

2. 显示用户虚拟桌面列表

步骤 1：Client 发送查询虚拟桌面列表请求给 vLB，vLB 将请求转发给 WI。

步骤 2：WI 将查询虚拟桌面列表请求发送到 AD 服务器，查询用户所属的用户组信息。

步骤 3：AD 服务器返回用户所属的用户组信息给 WI。

步骤 4：WI 循环查询 HDC，请求查询用户拥有的虚拟桌面列表。

步骤 5：HDC 向 DB 查询用户关联的虚拟桌面列表信息（通过用户名和用户组信息查询）。确认用户虚拟桌面信息后，HDC 向 WI 返回用户拥有的虚拟桌面列表信息。

步骤 6：WI 返回虚拟桌面列表信息给 vLB，vLB 返回虚拟桌面列表信息给 Client，在终端屏幕上显示用户虚拟桌面列表。

本阶段的访问流程如图 8-6 所示。

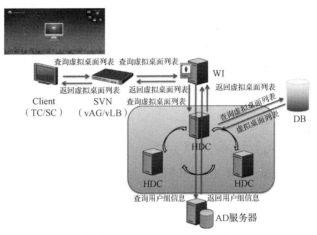

图 8-6　显示用户虚拟桌面列表

3. 虚拟桌面预连接

步骤 1：在 Client 上选择准备登录的虚拟桌面，发送获取登录信息到 vLB，vLB 将信息发送到 WI。

步骤 2：WI 将获取登录信息发送到 HDC，HDC 向 DB 查询虚拟桌面 IP 地址信息。

步骤 3：DB 返回虚拟桌面的 IP 地址、状态信息给 HDC。

步骤 4：HDC 发出预连接信息给准备登录的虚拟桌面（HDA）。

步骤 5：准备登录的虚拟桌面发出预连接请求（请求获取策略文件）给 HDC，HDC 根据虚拟桌面实际情况，返回预连接信息的策略文件给准备登录的虚拟桌面，于是预连接成功。

步骤 6：HDC 向 License 服务器发起 License 数量验证，验证 License 数量是否满足要求。

步骤 7：License 服务器返回 License 的验证结果给 HDC。

步骤 8：HDC 返回登录信息给 WI，再经过 vLB 返回给 Client，于是预连接完成。

本阶段的访问流程如图 8-7 所示。

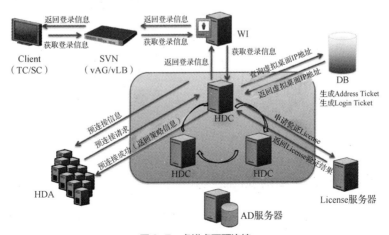

图 8-7　虚拟桌面预连接

【疑难解析】

Ⅰ. 在虚拟桌面预连接阶段的步骤 8，HDC 经过 vLB 返回给 Client 的虚拟桌面登录信息是什么内容？会是虚拟机的 IP 地址和登录用户名、密码等关键信息吗？

答：返回给 Client 的并非登录用户名、密码和 IP 地址等关键信息，而是由字符串组成的两个 Ticket（票据），即 Login Ticket 和 Address Ticket。Login Ticket 是由登录用户名和密码信息加密生成的字符串，Address Ticket 是由桌面 IP 地址、端口号信息加密生成的字符串。

Ⅱ. 为什么 HDC 不直接把虚拟桌面登录用户名、密码、IP 地址和端口号信息发给 Client，而要加密生成两个 Ticket？

答：由于客户端与 vLB 往往是通过公网连接的，如果把这些关键信息直接发给 Client，就会存在严重的安全性问题。采用这种方式也是为了提高桌面云的安全性，防止机密信息的泄露。

4. 虚拟桌面的连接

步骤 1：Client 发起请求虚拟桌面连接给 vAG，vAG 向 HDC 发送信息（Address Ticket），请求虚拟桌面的 IP 地址和端口号，用于 HDP 连接。

步骤 2：HDC 把虚拟桌面真实的 IP 地址和 HDP 对应的端口返回给 vAG。

步骤 3：vAG 解析 HDP 文件，向分配的虚拟桌面发起连接请求，并同时把 Login Ticket 发送给请求的虚拟桌面。

步骤 4：该虚拟桌面发送 Login Ticket 给 HDC 验证，以获取登录的用户名和密码信息。

步骤 5：HDC 返回用户名（域账号）、密码给该虚拟桌面。

步骤 6：虚拟桌面使用获取的用户名和密码进行登录，登录成功后 vAG 返回成功信息给 Client。

步骤 7：虚拟桌面上报桌面登录状态给 HDC 以更新，HDC 修改该桌面状态为"使用中"，于是登录完成。

本阶段的访问流程如图 8-8 所示。

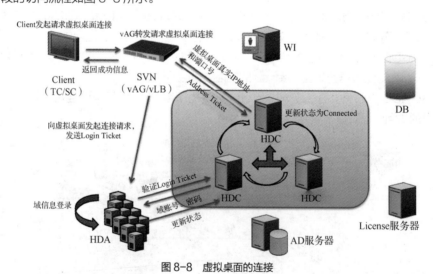

图 8-8 虚拟桌面的连接

8.2.6 FusionAccess 的高级功能特性

华为 FusionAccess 除了常见的基本功能外，还具有一些独特的功能，适用于分支机构、图像处理、高 I/O 和存储高性价比等场景。这些功能简要介绍如下。

1. 分支机构

微课视频

随着经济全球化的发展，企业在各地的分支机构越来越多。为了满足分支机构对桌面云的应用需求，华为推出了分支机构解决方案。该方案通过降低系统复杂性，提高分布式部署能力，可极大地提升系统的灵活性。

（1）分支机构解决方案的特点

分支机构解决方案具有高体验、高可靠性、集中管理、集中备份和低带宽等特点。

① 高体验：用户使用的虚拟桌面部署在分支机构本地，网络质量好。各分支机构的 TC 与虚拟桌面采用 HDP 直连接入方式，流量限制在本地，不占分支机构与总部的带宽，可提供良好的用户体验。

② 高可靠性：分支机构本地部署一套虚拟桌面管理软件，即使总部数据中心故障或与分支机构的网络中断，分支机构的本地用户仍可通过 HDP 访问本地虚拟桌面，如图 8-9 所示。

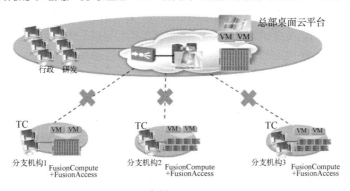

图 8-9 分支机构解决方案的高可靠性

③ 集中管理：总部能进行统一集中管理，分权分域。总部管理员可以根据需要设置分支机构管理员，负责本分支机构的业务管理。

④ 集中备份：各分支机构的用户数据和管理数据可通过总部的 NAS 设备进行统一备份，避免重复投资，如图 8-10 所示。

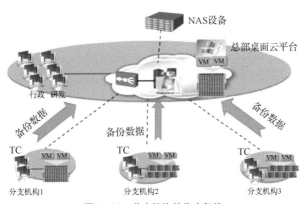

图 8-10 分支机构的集中备份

⑤ 低带宽：分支机构到总部仅传输管理流量，远程虚拟桌面的业务流量被限制在本地，因此对网络质量要求低（带宽≥2Mbit/s，延时＜120ms）。如果采用传统的集中部署、远程接入方式，正常办公对网络带宽和延时的要求都比较高，有播放音频、视频需求时则更高。

（2）分支机构部署方案

分支机构有以下两种部署方案。

① 集中式部署：总部统一建数据中心，集中部署所有服务器、存储、网络资源及管理系统（FusionCompute、FusionAccess，可选 FusionManager）。分支机构仅部署自己所需的 TC，远程登录使用总部数据中心的虚拟桌面。采用集中式部署的优点在于：总部完全集中管理所有虚拟桌面和统一制作模板，进行虚拟桌面的业务发放或应用的集中管理、发布和统一更新。但缺点在于：当分支机构与总部网络故障时，分支机构使用不了总部的虚拟桌面或虚拟应用，影响日常工作。

② 分布式部署：总部及分支机构各自建数据中心，分别部署自己所需的服务器、存储、网络资源及管理系统（FusionCompute、FusionAccess）。分支机构本地部署的 TC 就近登录使用本地数据中心的虚拟桌面。采用分布式部署的优点在于：各分支机构各自为政，分别管理自己本地的数据中心，并且各自负责制作本地模板和管理本地虚拟桌面的业务发放。此外，由于管理系统采用的是 B/S 架构，在网络允许的情况下，可以在总部通过远程登录各分支机构的管理系统进行部分集中管理。但缺点在于：不能完全集中管理，各分支机构需要专门配置维护人员负责硬件资源及管理节点的维护。

2. 链接克隆

由于虚拟桌面都是采用统一的虚拟机模板克隆出来的，因此该桌面具有完全相同的操作系统、应用软件乃至数据和文档。克隆技术能实现利用虚拟机模板批量部署大量虚拟桌面的功能。克隆技术分为完整克隆（完整复制）和链接克隆两种。

微课视频

① 完整克隆：这种克隆虚拟机和源虚拟机是两个完全独立的实体，源虚拟机的修改乃至删除不会影响克隆虚拟机的运行，但不同虚拟机需要各自占用完全独立的磁盘空间。采用完整克隆技术创建的虚拟桌面被称为完整克隆桌面。

② 链接克隆：这种克隆虚拟机必须在源虚拟机存在的情况下才能运行，其优点是多个克隆虚拟机之间的公共部分（共同来自源虚拟机的部分）可以共用同一份磁盘空间。目前，链接克隆已经成为最主流的一种桌面虚拟化应用方式。它可以节省大量的存储空间，降低企业的 IT 投入成本，缩短发放时间，只需秒级就能完成虚拟机的快速创建。它可以提高虚拟机的发放和维护管理效率，便于对链接克隆虚拟机进行统一的系统更新与打补丁等操作，节约了后期维护成本。采用链接克隆技术创建的虚拟桌面被称为链接克隆桌面。

链接克隆的实现原理如下：链接克隆母卷为只读卷，多个链接克隆虚拟机共用一份；链接克隆差分卷是读写卷，每个链接克隆虚拟机一份，其保存每个虚拟机差异化的数据，此份数据在虚拟机刚创建出来的时候，大小接近于 0。如图 8-11 所示，一个 Windows 7 虚拟机的母卷约为 20GB，差分卷初始空间接近于 0。创建 4 个完整克隆虚拟机需要 4×20GB 的空间，而同样多的链接克隆虚拟机仅需要略大于 20GB 的空间即可。当用户大批量创建链接克隆虚拟机的时候，多个虚拟机共享同一个母卷，差分卷占用空间又极小，因而相比完整克隆方

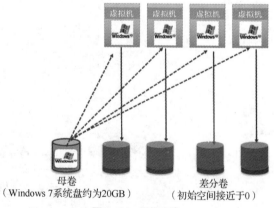

母卷
（Windows 7系统盘约为20GB）

差分卷
（初始空间接近于0）

图 8-11　链接克隆

式，链接克隆可极大地节省存储空间，并可减少企业对存储设备的投入。因此链接克隆桌面适合于图书馆、客服呼叫中心和电子阅览室等个性化数据较少、同质化较强的场景。

3. 全内存桌面

在链接克隆技术的应用中，如果过多的链接克隆桌面同时访问一个母卷，会导致 I/O 性能变差。为给用户提供良好的使用感受，华为桌面云还支持全内存桌面技术。全内存桌面技术将用户虚拟桌面的系统盘全量放到内存中，以内存作为系统盘的存储介质，可以大幅提高系统盘的 I/O 能力，表现出百倍于普通磁盘的性能。全内存桌面技术除了具有链接克隆技术的优势外，还具有极强的读写性能，启动、重启虚拟机都非常快，支持管理员统一部署虚拟机模板，统一完成模板更新和还原。此外，全内存桌面技术与链接克隆技术相比，还具有以下的技术优势。

微课视频

① 永远支持在线重删冗余数据，可最大限度地提高存储空间利用率。可避免链接克隆只能去重母卷数据，后续子卷数据无法去重的问题。

② 没有性能老化的问题，所有系统盘数据始终存储在内存中。

③ 全内存桌面采用内存作为主存介质，在提升用户体验的同时最大限度地减少了用户的存储资源投入，简化了后续运维。

④ I/O Tailor 去重压缩方案针对虚拟桌面和内存介质进行专门优化，去重压缩的同时还可保证数据交互的实时性和一致性。同时，采用高效的空间管理算法解决小块数据的存储问题，可大幅降低内存空间的资源消耗。

⑤ 提供应急磁盘保障机制，确保业务在内存空间耗尽时不中断。

4. GPU 虚拟化

如何在虚拟桌面中使用专业图形处理软件，这一直是业界的一个技术难点，主要原因是普通的虚拟桌面只提供计算、存储资源，无法提供显卡资源，因而无法支持需要图形加速的软件应用。华为桌面云解决方案提供 GPU 共享、GPU 直通和 GPU 硬件虚拟化 3 种 GPU 虚拟化方式，如图 8-12 所示。

微课视频

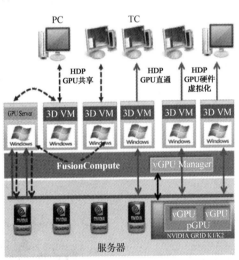

图 8-12　华为桌面云的 GPU 虚拟化实现方式

① GPU 共享：指多个虚拟桌面共享同一个物理 GPU 的使用方式。通过虚拟机监控程序运行转换管理器对 GPU 进行抽象化，让多个虚拟桌面共享同一个物理 GPU。GPU 共享转换管理器可以保证 API（网络应用程序接口）调用以及特定应用的数据能够关联合适的虚拟桌面，对性能要求不高的应用以及普通用户来说，采用 GPU 共享模式很合理。GPU 共享方式支持带有 GPU 共享特性的虚拟

桌面，拥有 OpenGL 2.1 和 DirectX 9 的图形处理能力，但 GPU 共享抽象层会增加应用程序调用与 GPU 之间的延迟，适合运行常用的制图软件与游戏，如图 8-13 所示。

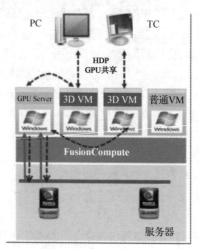

图 8-13　GPU 共享方式

② GPU 直通：指穿越虚拟化层直接将物理 GPU 分配给虚拟桌面使用的方式。GPU 直通可以获得与物理主机接入 GPU 效果基本一致的图像处理性能。该 GPU 成为这个虚拟桌面的专属部件，为其提供高性能的图形能力，支持符合最新 DirectX、OpenGL 规范的 3D 应用，如图 8-14 所示。但需要注意的是，采用 GPU 直通的虚拟桌面虽然具备优良的图形、图像处理能力，但不支持虚拟机热迁移功能。

③ GPU 硬件虚拟化：指在支持虚拟化的物理 GPU 上实现 GPU 共享的使用方式。基本实现原理为：物理 GPU 可以创建出多个 vGPU，所有 vGPU 可以分时共享物理 GPU 的 3D 图形引擎和视频编解码引擎，并各自拥有独立的显存，如图 8-15 所示。物理 GPU 通过直接内存访问（DMA）的方式直接获取图形应用下发给 vGPU Driver 的 3D 指令，渲染后将结果放在各自 vGPU 的显存内。虚拟桌面绑定 vGPU 并使用其驱动，直接从物理显存中抓取渲染数据，从而实现 GPU 的共享功能。由于上层应用可以直接使用物理 GPU 的硬件处理能力，对上层应用来说就像直接使用物理 GPU 一样，因而 GPU 硬件虚拟化具有强大的图形处理能力和良好的程序兼容性。需要注意的是，只有支持 GPU 虚拟化功能的 GPU 芯片才可以使用此方式。GPU 虚拟化支持带有 GPU 硬件虚拟化特性的虚拟桌面，拥有 OpenGL 4.4 和 DirectX 9/10/11 的图形处理能力，可以运行复杂的制图软件与游戏。

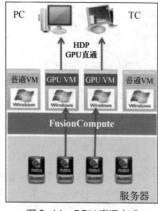

图 8-14　GPU 直通方式

图 8-15　GPU 硬件虚拟化方式

8.2.7　FusionAccess 涉及的基本术语

FusionAccess 在配置过程中涉及以下专业术语，读者需要理解其内涵。

1. 虚拟机类型（虚拟桌面类型）

① 完整复制虚拟机：使用源虚拟机（没有加入域）模板，创建出独立的虚拟机。用户可以保存虚拟机上的数据变更（如安装软件）。源虚拟机和目标虚拟机占用独立的 CPU、内存、磁盘资源，需要单独对每台虚拟机进行维护操作（升级软件、更新软件病毒库）。虚拟机关机后，可保存用户设置的个性化数据，不支持关机还原和一键式还原功能。

② 快速封装虚拟机：使用源虚拟机（已经加入域）模板，创建出独立的虚拟机。它与完整复制虚拟机的区别在于：快速封装虚拟机创建时，没有解封装过程，并且已经提前加入域，省去了重启操作，该类型虚拟机比完整复制虚拟机发放速度更快。

③ 链接克隆虚拟机：使用源虚拟机（已经加入域）模板，创建出共享同一个母卷的虚拟机。链接克隆母卷支持的最大克隆卷数量为 128 个，即共享同一母卷的链接克隆虚拟机最多为 128 个。在主机资源相同的情况下，采用链接克隆方式支持运行更多的虚拟桌面，可运行更多的业务，从而降低企业 IT 成本。链接克隆虚拟机可以通过升级模板（升级软件、更新软件病毒库）实现批量更新虚拟机，可以实现关机自动还原，并且创建单个链接克隆虚拟机的速度快。

④ 全内存虚拟机：类似链接克隆虚拟机，不同的是系统盘全部部署在内存中。通过实时在线重删和实时内存压缩技术，可缩减虚拟机的内存空间占用。它以内存作为主存介质，可完全免除系统卷的磁盘需求，可以大幅减少磁盘数量，具有极强的读写性能，启动、重启虚拟机都非常快。

⑤ 托管机：通过 FusionAccess 导入发放的第三方虚拟机（包括 OpenStack 平台或其他第三方平台发放或创建的虚拟机）。

2. 虚拟机组

虚拟机组通常是由同一个虚拟机模板创建的虚拟桌面的集合，是桌面云系统中虚拟机资源的管理容器。管理员根据业务需求创建不同的虚拟机组来管理桌面云系统的虚拟机资源。虚拟机组的概念只对管理员可见，管理员新创建虚拟机组时，需要指定虚拟机组的类型。当前支持完整复制虚拟机组、链接克隆虚拟机组和全内存虚拟机组 3 种类型。管理员可以在已存在的虚拟机组内添加新的虚拟机，也可以删除虚拟机组内未分配的虚拟机。

3. 桌面组用户

① 单用户：一个虚拟机只能供一个单用户使用，是该用户的专有虚拟机。

② 静态多用户：一个虚拟机可以供多个用户共享（非同时共享）。

③ 动态多用户：一个虚拟机可以供多个用户共享，与用户关系不固定。

4. 用户或用户组

用户或用户组指单个或一组域用户，使用桌面云的用户需使用域账户登录虚拟机。

5. 桌面组类型

桌面组是指一组分配给用户或用户组的虚拟机，包括动态池、静态池、专有（静态多用户、单用户）3 种类型。

① 动态池：桌面组中用户与虚拟机没有固定的分配绑定关系，但一个用户只能依次使用其中的一个虚拟机，支持链接克隆、全内存、完整复制和托管机的虚拟机类型。

② 静态池：桌面组在用户首次登录时，会随机分配给用户一个虚拟机与用户绑定，且一个用户只

能绑定一个虚拟机，支持链接克隆、全内存、完整复制和托管机的虚拟机类型。

③ 专有：可为一个用户分配一个独立的虚拟机，用户可以在这个虚拟机上安装个性化的应用程序，并可保存个性化的数据。专有桌面组仅支持完整复制和托管机的虚拟机类型，其桌面组类型可以使用静态多用户和单用户。

6. 模板虚拟机和虚拟机模板

模板虚拟机：是在 FusionCompute 上创建的空虚拟机，用于制作不同类型的虚拟机模板。

虚拟机模板：专用于部署虚拟机，即用于创建与该模板的操作系统完全一致的虚拟机。

【疑难解析】

Ⅲ. 以上关于虚拟机、虚拟机组、桌面组用户、用户/用户组和桌面组的概念比较繁杂，怎样去理解它们之间的关系呢？

答：在以上 5 个易混淆的术语中，最重要的就是理解虚拟机组、桌面组和桌面组用户这三者之间的关系。可以从桌面组类型的角度去理解虚拟机组和桌面组用户类型，具体如下。

- 当桌面组类型为"专有"时，用于发放"完整复制"类型的桌面，用户和虚拟机之间有固定的分配绑定关系。
  - 当分配方式为静态多用户时，一个用户可以拥有多个虚拟机。
  - 当分配方式为单用户时，一个用户只能拥有一个虚拟机。虚拟机分配后，用户每次都登录到相同的虚拟机。
- 当桌面组类型为"动态池"时，用于发放所有类型（5 种虚拟机类型）的桌面，其分配方式为动态多用户。用户和虚拟机之间无固定的分配绑定关系（分配前没有绑定关系），一个用户只能拥有一台虚拟机。虚拟机分配给用户后，用户每次都登录到不同的虚拟机。
- 当桌面组类型为"静态池"时，用户发放所有类型（5 种虚拟机类型）的桌面，其分配方式为动态多用户。用户和虚拟机之间无固定的分配绑定关系（分配前没有绑定关系），一个用户只能拥有一个虚拟机。虚拟机分配给用户后，一旦用户登录该虚拟机，即产生固定的绑定关系，用户每次都会登录该虚拟机。

Ⅳ. 桌面组用户的静态多用户和单用户各自适用的场景是什么？

答：静态多用户分配方式下，多个用户共享同一个虚拟桌面（并非同时共享），用户在虚拟桌面保存的资料能被其他用户访问，因此不能在虚拟桌面中保存个人的敏感数据。静态多用户分配方式适用于安全性要求不高的场景，例如营业厅、呼叫中心或学校实验室等场合；单用户分配方式下，虚拟桌面被单用户独自占有，是该用户的专有虚拟机，因此有利于保存个人的敏感数据，适用于需要保存个性化数据的场景，例如行政办公等场合。

Ⅴ. 同一虚拟机组中的虚拟桌面是否来自同一模板？

答：同一虚拟机组的虚拟桌面通常来自同一个虚拟机模板，但并非绝对。如果虚拟机组类型为完整复制时，允许来自多个不同模板创建的虚拟机放在同一个虚拟机组内；如果虚拟机组类型为链接克隆、全内存时，则同一虚拟机组的虚拟机必须来自同一个虚拟机模板。其原因在于，通常对链接克隆虚拟机组进行统一升级或者强制还原的时候，一般是对虚拟机组统一进行的。若这个虚拟机组中的虚拟桌面来自不同的链接克隆模板，显然是很难统一升级/还原的。与之相反的是，完整复制类型的虚拟桌面不具备这样的依赖性，每个虚拟桌面都相对独立，其本身就不能进行统一的升级管理，因此完整复制类型的虚拟桌面可以来自不同虚拟机模板。

8.3 项目实施

8.3.1 项目实施条件

实验室环境中模拟该项目，需要的条件如下。

1. 硬件环境

（1）华为 RH2288 V3 服务器 2 台。

（2）华为 S3700 以太网交换机 1 台。

（3）华为 SNS2124 光纤交换机 1 台。

（4）华为 OceanStor S2600/5300 V3 存储阵列 1 台。

（5）计算机 1 台。

（6）千兆以太网线缆、光纤线缆若干。

2. 软件环境

FusionCompute 虚拟化环境包含 2 台 CNA 主机和 1 个 VRM 虚拟机。CNA 主机完成与 S2600 V3 存储阵列的 SAN 组网连接。

8.3.2 数据中心规划

1. FusionCompute 虚拟化环境规划

FusionCompute 虚拟化环境规划参如表 4-1 所示。

2. 以太网交换机端口规划

以太网交换机端口规划参如表 4-3 所示。

3. FusionAccess 的网络规划

FusionAccess 网络配置规划如表 8-1 所示。

表 8-1 FusionAccess 网络配置规划

VLAN	分布式交换机	端口组	IP 地址	功能
1	managementDVS	managePortgroup	192.168.1.0/24	FusionCompute 管理子网
2	managementDVS	Store_business	192.168.2.0/24	存储业务子网
4	DVS_test	PortGroup_net_4	192.168.4.0/24	FusionAccess 管理子网
4	DVS_test	PortGroup_net_4	192.168.4.0/24	FusionAccess 业务子网
4	DVS_test	PortGroup_net_4	192.168.4.0/24	管理/业务子网的 DNS 反向查找区域

4. FusionAccess 功能组件的 IP 地址规划

FusionAccess 功能组件的 IP 地址规划如表 8-2 所示。

表 8-2 FusionAccess 功能组件的 IP 地址规划

FusionAccess 组件	IP 地址和子网掩码	网关信息	功能	使用数据存储
FA_Linux	192.168.4.1/24	192.168.4.254	ITA/GaussDB/WI/HDC/License	FCSAN_Fusionaccess

续表

FusionAccess 组件	IP 地址和子网掩码	网关信息	功能	使用数据存储
FA_vAG	192.168.4.2/24	192.168.4.254	vAG、vLB	FCSAN_Fusionaccess
FA_AD01	192.168.4.3/24	192.168.4.254	AD、DNS、DHCP	FCSAN_Fusionaccess

5. FusionAccess 虚拟机模板和桌面 IP 地址规划

虚拟机模板和桌面 IP 地址规划如表 8-3 所示。

表 8-3　虚拟机模板和桌面 IP 地址规划

虚拟机模板和桌面	IP 地址	功能
Win7_Full_Copy	动态获取 IP 地址	完整复制虚拟机模板
Win7_Link_Copy	动态获取 IP 地址	链接克隆虚拟机模板
桌面	192.168.4.10/24～192.168.4.20/24	用户虚拟桌面

6. 软件包规划

本项目需要使用的软件包及版本如表 8-4 所示。

表 8-4　软件包及版本

组件	软件包
FA_Linux、FA_vAG	FusionAccess_Linux_Installer_V100R006C00SPC100.iso
FA_AD01	FusionAccess_Windows_Installer_V100R006C00SPC100.iso
虚拟机操作系统	cn_windows_server_2012_r2_vl_x64_dvd_2979220.iso

7. 拓扑规划

根据以上规划，桌面云项目拓扑如图 8-16 所示。

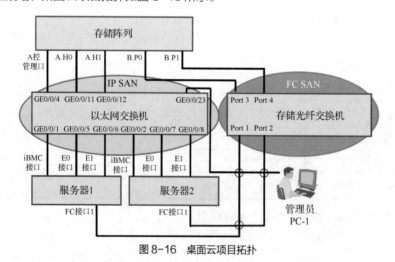

图 8-16　桌面云项目拓扑

8.3.3　项目实施的任务

本项目的实施分为以下几个任务。

- 任务 1: 安装部署 FusionAccess 功能组件。
- 任务 2: 发放完整复制桌面。
- 任务 3: 发放链接克隆桌面。

任务 1: 安装部署 FusionAccess 功能组件

【任务描述】

部署华为 FusionAccess 功能组件，搭建桌面虚拟化环境。

【任务实施】

本任务实施环节如下。

1. FusionCompute 基础准备

步骤 1: 在 FusionCompute 内，单击"网络池"选项，进入"网络池"页面。单击"添加分布式交换机"按钮，进入"创建分布式交换机"页面。设置"名称"为"DVS_test"，"交换类型"为"普通模式"，选中"添加上行链路"和"添加 VLAN 池"复选框，单击"下一步"按钮，如图 8-17 所示。

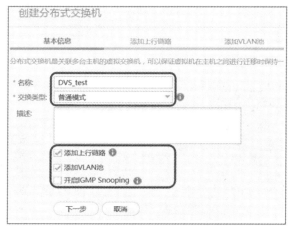

图 8-17　DVS_test 添加上行链路

步骤 2: 在"添加上行链路"页面内，单击选中 CNA01 主机和 CNA02 主机的 POPT1 端口，单击"下一步"按钮。

步骤 3: 在"添加 VLAN 池"页面内，单击"添加 VLAN 池"按钮。打开"添加 VLAN 池"对话框，设置 VLAN ID 范围为 1～4094。单击"下一步"按钮，在"确认信息"内检查各信息，核对信息无误后单击"创建"→"确定"按钮，完成分布式交换机的创建。

步骤 4: 创建端口组。

① 在 FusionCompute 内单击"网络池"选项，进入"网络池"页面。在左侧导航栏内右键单击"DVS_test"，在弹出的菜单中选择"创建端口组"选项，如图 8-18 所示。

② 在"创建端口组"对话框内，输入名称 PortGroup_net_4。

③ 在"网络连接"对话框内单击"添加子网"选项。

④ 在"添加子网"对话框内创建子网 subnet_4，如图 8-19 所示。单击"下一步"→"创建"按钮，完成端口组创建。

步骤 5: 存储池检查。本项目需要较大的存储空间，应确保空闲的容量至少在 300GB 以上。首先在存储阵列上重新创建 400GB 的 LUN_Fusionaccess，通过 FC SAN 将其映射给 CNA01 和

CNA02 主机，然后在 FusionCompute 的"存储池"内重新扫描存储设备，创建数据存储 FCSAN_Fusionaccess。

图 8-18　创建端口组

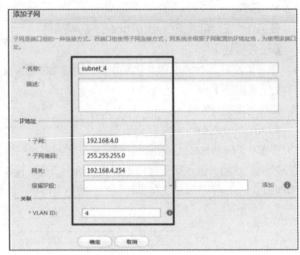

图 8-19　添加子网

2. 物理交换机配置

为了简化实验环境，将桌面云的管理和业务网段都设置为同一网段 192.168.4.0/24，桌面云的架构虚拟机和云桌面都连接到 DVS_test。交换机配置如下。

```
[switch]interface GigabitEthernet 1/0/6
[switch-GigabitEthernet1/0/6]port link-type trunk
[switch-GigabitEthernet1/0/6]port trunk permit vlan all
[switch-GigabitEthernet1/0/6]port trunk pvid vlan 1
[switch-GigabitEthernet1/0/6]quit
[switch]interface GigabitEthernet 1/0/8
[switch-GigabitEthernet1/0/6]port link-type trunk
[switch-GigabitEthernet1/0/6]port trunk permit vlan all
[switch-GigabitEthernet1/0/6]port trunk pvid vlan 1
[switch-GigabitEthernet1/0/6]quit
[switch]vlan 4
[[switch-vlan4]quit
[switch]interface vlan 4
[switch-Vlan-interface4]ip address 192.168.4.254 24
[switch-Vlan-interface4]quit
```

3. 安装 Linux 架构虚拟机 FA_Linux

步骤 1：基础架构虚拟机创建。

① 在 FusionCompute 的"虚拟机和模板"页面内，单击"创建虚拟机"→"下一步"按钮。

② 进入"选择名称和文件夹"页面，设置名称为 FA_Linux，并选择创建到站点"site"，单击"下一步"按钮。

③ 在"选择计算资源"页面，选择站点"site"→集群"ManagementCluster"，单击"下一步"

按钮。

④ 在"选择数据存储"页面的"数据存储"区域内选择"FCSAN_Fusionaccess"，单击"下一步"按钮。

⑤ 在"客户机操作系统"页面，选择操作系统为"Novell SUSE linux Enterprise Server 11SP3 64bit"，单击"下一步"按钮。

⑥ 在"配置虚拟机硬件"的"硬件"选项卡内，设置如下规格："CPU"为"4"，"内存"为"12GB"，"磁盘 1"为"40GB"，"网卡 1"选择"PortGroup_net_4"，如图 8-20 所示。

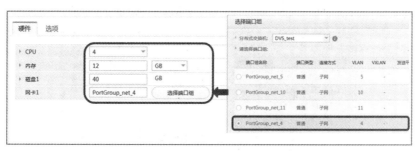

图 8-20　配置虚拟机硬件

⑦ 单击"完成"按钮，开始创建虚拟机。单击"系统管理"→"任务中心"页面，查看虚拟机创建进度。虚拟机创建完成后，可在"虚拟机和模板"左侧导航栏内查看新创建的虚拟机。

步骤 2：采用 VNC 方式登录 VRM，设置虚拟机自恢复属性。

① 登录 VRM。使用默认账户 gandalf 登录，密码为 Huawei@CLOUD8。

② 切换为 root 账户，命令如下。

```
$su - root      //root 账户的默认密码 Huawei@CLOUD8！
#TMOUT=0        //防止超时退出
#sh /opt/galax/vrm/tomcat/script/modifyRecover.sh vmId true  //vmId 为虚拟机 ID，针
对每个基础架构虚拟机需执行一次该命令
```

虚拟机 ID 可以在 FusionCompute 页面查询，如图 8-21 所示。

图 8-21　虚拟机 ID 查询

③ 输入如下指令，重启 VRM 进程。

```
#service vrmd restart
```

步骤 3：FA_Linux 架构虚拟机挂载镜像并进行安装。

① FA_Linux 虚拟机采用共享目录方式挂载安装文件 FusionAccess_Linux_Installer_V100R006C00SPC100.iso，选中"立即重启虚拟机，安装操作系统"复选框。

② 重启虚拟机后，进入 UVP 安装页面，用上下键选择"Install"选项。系统自动加载，稍后进入"Main Installation Windows"页面。

③ 移动光标到左侧导航栏中的"Network"选项，按"Enter"键进入"IP Configuration for eth0"页面。选中"Manual address configuration"选项，再按"Enter"键打开"Network Configuration"页面。根据表 8-2 设置 IP 地址、子网掩码和默认网关信息，如图 8-22 所示。

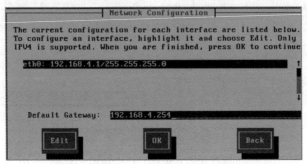

图 8-22　FA_Linux 网络配置

④ 在左侧导航栏中，选中"Hostname"选项，按"Enter"键。在"Hostname Configuration"页面内，设置虚拟机名称为 FA_Linux，并保存设置。

⑤ 在左侧导航栏中，选中"Timezone"选项，按"Enter"键。在"Time Zone Selection"页面内修改时区和时间，并保存设置。

⑥ 在左侧导航栏中，选中"Password"选项，按"Enter 键"。在"Root Password Configuration"页面，输入 root 账号的默认密码 Huawei@123，并保存设置。

⑦ 按"F12"键，弹出确认对话框，连续 2 次按"Enter"键。系统进入"Package Installation"页面，开始安装 Linux 操作系统。安装过程大概需要 10 分钟，安装成功后虚拟机自动重启。

步骤 4：安装 PV Driver。

① 在 FusionCompute 的"虚拟机和模板"页面内，选中虚拟机 FA_Linux，单击"硬件"选项卡→"光驱"选项，卸载光驱。再右键单击虚拟机 FA_Linux，在弹出的菜单中选择"操作"→"挂载 Tools"选项。

② 使用 root 账户登录虚拟机 FA_Linux，输入如下指令，弹出"FusionAccess"安装页面。

```
#startTools
```

③ 将光标移动到左侧导航栏中的"PV Driver"选项，根据提示完成"PV Driver"安装。

④ 当出现如下的回显提示时，代表 PV Driver 安装成功，按"F8"键重启虚拟机。

```
"PV Driver installed successfully."
```

步骤 5：安装 ITA/GaussDB/HDC/WI/License。

① 使用 root 账户以 VNC 方式登录 FA_Linux 虚拟机。

② 输入指令 startTools，弹出"FusionAccess"安装页面。

③ 依次选择"Software"→"Install all（Microsoft AD）"选项，按"Enter"键。

④ 弹出"Install all"对话框，选择"Create a new node"选项，如图 8-23 所示。按"Tab"

键将光标切换到"Enter"按钮，按"Enter"键保存设置。

图 8-23　安装 FA_Linux 组件

⑤ 在弹出的对话框中，设置"Local Service IP"选项为 FA_Linux 的业务平面地址 192.168.4.1。

⑥ 连续按两次"Enter"键，开始自动安装并配置 ITA、WI、License、GaussDB 等组件。耗时约 3 分钟，出现"Install all components successfully."提示，说明安装成功。按"Enter"键完成主用服务器组件的安装与配置。本任务不设置备用服务器，因此 FA_Linux 虚拟机设置完毕。

⑦ 将光标移动到"Status"选项，查看 GaussDB/HDC/ITA/License/WI 组件状态。如图 8-24 所示，说明上述组件均已安装成功。

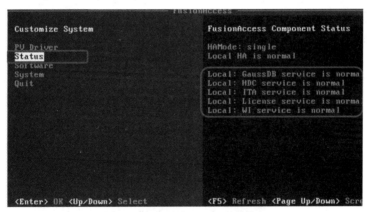

图 8-24　查看 FA_Linux 组件状态

4. 安装 Linux 架构虚拟机 FA_vAG

步骤 1：基础架构虚拟机创建。按上述方法创建 FA_vAG，步骤如下。

① 在 FusionCompute 的"虚拟机和模板"页面内，单击"创建虚拟机"选项，选择创建在集群"ManagementCluster"，单击"下一步"按钮。

② 进入"选择名称和文件夹"页面，输入名称 FA_vAG，并选择站点"site"，单击"下一步"按钮。

微课视频

③ 在"选择计算资源"页面，选择站点"site"→集群"ManagementCluster"，单击"下一步"按钮。

④ 在"选择数据存储"页面的"数据存储"区域内选择"FCSAN_Fusionaccess"，单击"下一步"按钮。

⑤ 在"标识客户机操作系统"页面，选择操作系统为"Novell SUSE linux Enterprise Server 11SP3 64bit"，单击"下一步"按钮。

⑥ 在"在此处配置虚拟机的硬件"页面的"硬件"选项卡内设置如下规格："CPU"为"4"，"内存"为"4GB"，"磁盘 1"为"30GB"，"网卡 1"选择为"PortGroup_net_4"，如图 8-25 所示。

图 8-25　配置 FA_vAG 硬件规格

⑦ 单击"完成"按钮，开始创建虚拟机。

步骤 2：采用 VNC 方式登录到 VRM，设置虚拟机 FA_vAG 的自恢复属性。设置方法如前所述，设置完成之后重启 VRM。

步骤 3：FA_vAG 架构虚拟机挂载镜像并进行安装。

① FA_vAG 虚拟机采用共享目录方式挂载安装文件 FusionAccess_Linux_Installer_V100R006C00SPC100.iso，选中"立即重启虚拟机，安装操作系统"复选框。

② 重启虚拟机后，进入 UVP 安装页面。用上下键选择"Install"选项，系统自动加载，稍后进入"Main Installation Windows"页面（主安装页面）。

③ 移动光标到左侧导航栏中的"Network"选项，按"Enter"键进入"IP Configuration for eth0"页面。选中"Manual address configuration"选项，再按"Enter"键打开"Network Configuration"页面。根据表 8-2 设置 IP 地址、子网掩码和默认网关信息，如图 8-26 所示。移动光标并通过"OK"按钮返回。

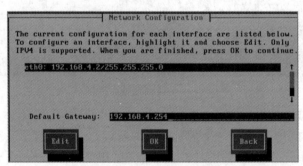

图 8-26　FA_vAG 网络配置

④ 在左侧导航栏中选中"Hostname"选项，按"Enter"键。在"Hostname Configuration"页面，设置名称为 FA_vAG，保存设置并返回。

⑤ 在左侧导航栏中选中"Timezone"选项，按"Enter"键。在"Time Zone Selection"页面，修改时区和时间，并保存设置。

⑥ 在左侧导航栏中选中"Password"选项，按"Enter"键。在"Root Password Configuration"页面，输入账户 root 和密码 Huawei@123，并保存设置。

⑦ 按 "F12" 键，弹出确认对话框，连续两次按 "Enter" 键。系统进入 "Package Installation" 页面，开始安装 Linux 操作系统。安装大概需要 10 分钟，安装成功后虚拟机自动重启。

步骤 4: 安装 PV Driver。首先卸载光驱，并挂载 Tools 安装 PV Driver，完成安装后重启。

步骤 5: 安装 vAG/vLB。需要注意的是，仅当网关与负载均衡器部署均采用软件的 vAG/vLB 时，才需安装 vAG/vLB。当采用硬件 SVN 实现时，则无须安装 vAG/vLB。软件安装环节如下。

① 以 VNC 方式登录 FA_vAG 虚拟机（账户为 root，密码为 Huawei@123）。

② 输入指令 startTools，弹出 "FusionAccess" 安装页面。

③ 在安装页面的左侧导航栏中，依次进入 "Software" → "Custom Install" → "vAG" 选项，按 "Enter" 键。在弹出的 "Install or Uninstall vAG" 对话框中，选择 "Install vAG" 选项。连续两次按 "Enter" 键后开始安装。当回显 "vAG installed successfully" 提示时，表示 vAG 安装成功。需要注意的是，选择安装 vAG 组件过程中，会出现警告信息，可忽略。

④ 在安装页面的左侧导航栏中，依次进入 "Software" → "Custom Install" → "vLB" 选项。在弹出的 "Install or Uninstall or Configure vLB" 对话框中，选择 "Install vLB" 选项，按 "Enter" 键后开始安装。当回显 "vLB installed successfully" 提示时，表示 vLB 安装成功。vLB 安装后需要进行配置。

⑤ vLB 配置。在自定义安装 "Custom Install" 页面内，选中 "vLB" 选项，按 "Enter" 键。打开 "Install or Uninstall or Configure vLB" 对话框，选中 "Configure vLB" 选项。按 "Enter" 键并在对话框中选择 "Configure WI/UNS" 选项，如图 8-27 所示。在 "Configure WI/UNS" 对话框内输入当前唯一的 WI 地址 192.168.4.1，如图 8-28 所示。连续两次按 "Enter" 键完成设置。

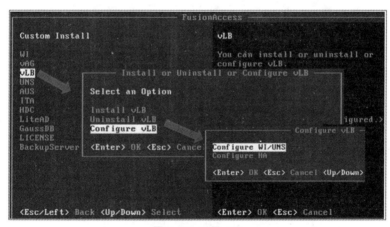

图 8-27　配置 vLB

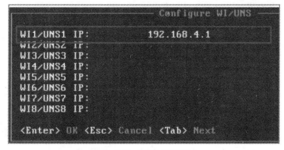

图 8-28　配置 WI 地址

5. 安装 Windows 架构虚拟机 FA_AD01

步骤 1：创建模板虚拟机。

微课视频

① 在 FusionCompute 的"虚拟机和模板"页面内，单击"创建虚拟机"选项。选择在集群"ManagementCluster"中创建虚拟机，单击"下一步"按钮。

② 进入"选择名称和文件夹"页面，设置名称为 Windows_2012R2_temp，并选择站点"site"，单击"下一步"按钮。

③ 在"选择计算资源"页面，选择站点"site"→集群"ManagementCluster"，单击"下一步"按钮。

④ 在"选择数据存储"页面的"数据存储"区域内选择"FCSAN__Fusionaccess"，单击"下一步"按钮。

⑤ 在"标识客户机操作系统"页面，选择操作系统为"Windows Server 2012 R2 Standard 64bit"，单击"下一步"按钮。

⑥ 在"在此处配置虚拟机的硬件"页面的"硬件"选项卡内，设置规格如下："CPU"为"2"，"内存"为"2GB"，"磁盘 1"为"50GB"，"网卡 1"选择为"PortGroup_net_4"，如图 8-29 所示。

图 8-29 配置 FA_AD01 硬件规格

⑦ 单击"完成"按钮，结束模板虚拟机创建。

步骤 2：模板虚拟机安装操作系统。在 FusionCompute 中以共享目录方式挂载 cn_windows_server_2012_r2_vl_x64_dvd_2979220.iso 镜像文件。安装时一定要选择"Windows Server 2012 R2 Standard（带有 GUI 的服务器）"。安装完成后，设置管理员账户 administrator 的登录密码为 Huawei@123。

步骤 3：禁用防火墙。

① 打开 Windows Server 2012 虚拟机的"运行"对话框，输入命令"gpedit.msc"，按"Enter"键，打开"本地组策略编辑器"窗口。

② 在窗口的左侧导航栏中依次展开目录"计算机配置"→"管理模板"→"网络"→"网络连接"→"Windows 防火墙"选项。将"域配置文件"与"标准配置文件"选项中的"Windows 防火墙：保护所有网络连接"规则设置为"已禁用"，如图 8-30 所示。

③ 设置完成后关闭"本地组策略编辑器"窗口。

步骤 4：在 Windows Server 2012 虚拟机的"运行"对话框内执行命令"services.msc"，打开"服务"对话框。设置"Application Layer Gateway Service"（ALG 服务）的"启动类型"为"禁用"，如图 8-31 所示。

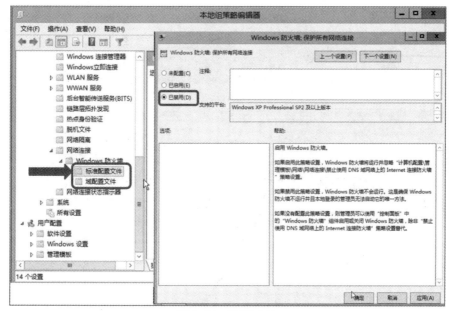

图 8-30　禁用防火墙

图 8-31　禁用 ALG 服务

步骤 5：安装 PV Driver。首先卸载光驱，并挂载 Tools，安装 PV Driver。完成安装后重启，最后卸载 Tools。

步骤 6：安装.NET Framework 3.5.1。

① 将 ISO 镜像文件"cn_windows_server_2012_r2_vl_x64_dvd_2979220.iso"挂载至虚拟机，取消选中"立即重启虚拟机，安装操作系统"复选框，并单击"确定"按钮。

② 在系统桌面左下角的任务栏内，单击"▤"按钮，打开"服务器管理器"窗口。在工作区内单击"添加角色和功能"选项，弹出"添加角色和功能向导"对话框。

③ 连续 4 次单击"下一步"按钮，选中".NET Framework 3.5 功能"复选框，并单击"下一步"按钮。单击"指定备用源路径"选项，在弹出的对话框中修改"路径"为 Windows Server 2012

225

R2 安装镜像文件的路径，即"盘符:\sources\sxs"。例如，Windows Server 2012 R2 安装镜像文件放在 D 盘中，则"路径"为"D:\sources\sxs"，如图 8-32 所示。

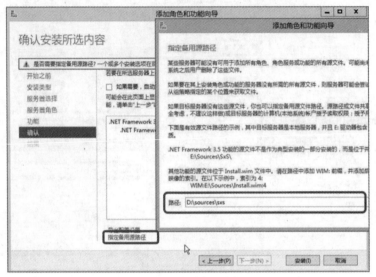

图 8-32　指定备用路径

④ 单击"确定"→"安装"按钮。进度条显示安装进度，当提示"安装成功"后关闭"添加角色和功能向导"对话框。关闭"服务器管理器"窗口，卸载光驱。

步骤 7：安装监控代理。

① 挂载 FusionAccess_Windows_Installer_V100R006C00SPC100.iso 文件，取消选中"立即重启虚拟机，安装操作系统"复选框，单击"确定"按钮。

② 登录虚拟机桌面，双击打开光驱，并运行文件"run.bat"，打开图 8-33 所示的对话框。

③ 单击"扩展部署"区域，打开"部署"对话框。单击安装监控代理，根据提示完成监控代理的安装。

④ 关闭"FusionAccess Windows Installer"对话框，卸载光驱。

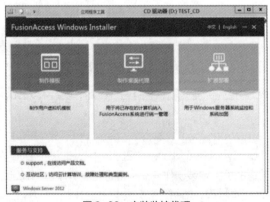

图 8-33　安装监控代理

步骤 8：封装模板。

① 在 Windows Server 2012 模板虚拟机上按路径"C:\Windows\System32\Sysprep"进入

文件夹 Sysprep，双击应用程序"sysprep.exe"，打开"系统准备工具 3.14"对话框。

② 设置封装模板的参数。在对话框内为"系统清理操作"选择"进入系统全新体验（OOBE）"选项，选中"通用"复选框，"关机选项"选择"关机"，如图 8-34 所示。

图 8-34　封装模板

③ 单击"确定"按钮，弹出"Sysprep 正在工作"提示框，封装完成后系统将自动关机。

步骤 9：将模板虚拟机转为模板。在 FusionCompute 的"虚拟机和模板"页面内单击模板虚拟机，选择"更多"→"转为模板"选项，根据提示完成操作。单击"模板"选项卡，可看到新创建的模板。

步骤 10：使用模板创建 Windows 虚拟机。登录 FusionCompute，在"虚拟机和模板"页面内单击"创建虚拟机"按钮，弹出"创建虚拟机"对话框。选择"使用模板部署虚拟机"选项，单击"下一步"按钮，进入"选择用于部署的模板"对话框，选择已有的模板"Windows_2012R2_temp"。单击"下一步"按钮进入"为新的虚拟机输入名称和描述"对话框。配置如下参数："名称"为"FA_AD01"，"CPU"为"2"、"内存"为"2GB"、"磁盘 1"默认为"50GB"，"网卡 1"选择为"PortGroup_net_4"，如图 8-35 所示。操作系统不使用自定义，其他参数保持默认值。

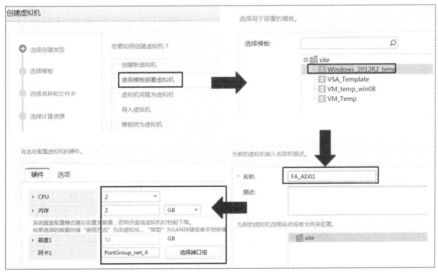

图 8-35　利用模板部署虚拟机

步骤 11：配置 Windows 虚拟机。

① 在 FusionCompute 内选择"存储池"选项，然后在左侧导航栏中选择数据存储

"FCSAN_Fusionaccess"。

② 单击"创建磁盘"按钮，打开"创建磁盘"对话框，设置"名称"为"disk_FA01"，"容量"为"20GB"。其他参数保持默认值。连续 2 次单击"确定"按钮，完成磁盘的创建。

③ 绑定磁盘。单击"磁盘"选项卡，选中磁盘"disk_FA01"，在"更多"选项的下拉菜单内选择"绑定虚拟机"选项。在虚拟机列表中选择 FA_AD01，连续 2 次单击"确定"按钮，完成磁盘的绑定。

④ 磁盘初始化、格式化。登录 FA_AD01 虚拟机桌面，在"运行"对话框中执行指令"compmgmt.msc"，打开"计算机管理"窗口，选择"存储"→"磁盘管理"选项。打开"新增磁盘"对话框，在右键单击弹出的菜单中选择"联机"→"初始化磁盘"选项。弹出"初始化磁盘"对话框，选中新增磁盘，并选择"MBR（主启动记录）"选项，单击"确定"按钮。在新增磁盘的"未分配"区域，右键单击空白处，在弹出的菜单中选择"新建简单卷"选项，根据提示完成磁盘格式化。

⑤ 设置虚拟机 IP 地址。根据规划表 8-2，完成虚拟机网卡属性配置。本任务中虚拟机 IP 地址为 192.168.4.3/24，网关为 192.168.4.254，DNS 地址为 192.168.4.3。

6. 配置 AD、DNS 和 DHCP 网络服务

步骤 1：添加 AD/DNS/DHCP 服务。具体设置如下。

① 修改 FA_AD01 主机名。使用管理员账号 administrator 以 VNC 方式登录主用 AD/DNS/DHCP 服务器。在"运行"对话框中，执行指令"sysdm.cpl"，按"Enter"键打开"系统属性"窗口。单击"更改"按钮，在"计算机名"栏中填入"fa_ad01"，单击"确定"按钮后重启配置生效，再使用管理员账户重新登录。

② 添加 AD/DNS/DHCP 角色与备份功能。打开"服务器管理器"窗口，单击"添加角色和功能"选项，弹出"添加角色和功能向导"对话框，连续 3 次单击"下一步"按钮。在"角色"对话框中，选中"Active Directory 域服务""DHCP 服务器""DNS 服务器"复选项，在弹出的对话框中单击"添加功能"选项，单击"下一步"按钮。

③ 添加备份功能。在"功能"对话框中，选中"Windows Server Backup"选项，连续 4 次单击"下一步"按钮，单击"安装"按钮。进度条显示安装进度，当提示"安装成功"信息时，表示安装完成。

步骤 2：配置 AD 服务。

① 使用域管理员账号 administrator 登录 AD 服务器，在"服务器管理器"窗口的右上角单击"⚠"按钮，选择"将此服务器提升为域控制器"选项。

② 弹出"Active Directory 域服务配置向导"窗口，选择"添加新林"选项，并在"根域名"栏内填入"vds.huawei.com"，单击"下一步"按钮。

③ 将"林功能级别"与"域功能级别"设置为"Windows Server 2012 R2"，并设置"键入目录服务还原模式（DSRM）密码"为"Huawei@123"，单击"下一步"按钮。

④ 保持默认值，连续 5 次单击"下一步"→"安装"按钮。根据页面提示完成服务安装并重新启动虚拟机。重新启动后使用域管理员账户重新登录，登录账号的录入格式为"域名\域用户账号"，如"vds\administrator"。

步骤 3：配置 DNS 服务。

① 打开"服务器管理器"窗口，在左侧导航栏中选中"DNS"选项。在"服务器"工作区域，右键单击服务器名称，在弹出的菜单中选择"DNS 管理器"选项，如图 8-36 所示，打开"DNS 管理器"对话框。

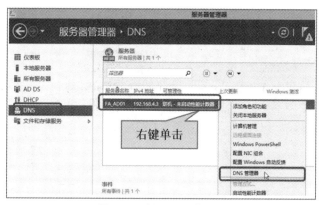

图 8-36　打开 DNS 管理器

② 在左侧导航栏中，右键单击"反向查找区域"并选择"新建区域"选项，弹出"新建区域向导"对话框。按照页面提示，单击"下一步"按钮，选择创建"主要区域"选项。单击 2 次"下一步"按钮，选中"IPv4 反向查找区域"选项，单击"下一步"按钮。

③ 在"网络 ID"中填写管理和业务子网的反向解析地址段，本任务中为 192.168.4，单击"下一步"按钮，进入"动态更新"页面。以上完成了对 FusionAccess 管理和业务子网的反向区域创建。

④ 配置 DNS 正向解析区域。在"DNS 管理器"左侧导航栏中，依次展开目录"DNS"→计算机名称"fa_ad01.vds.huawei.com"→"正向查找区域"→用户域"vds.huawei.com"。在工作区域双击打开"fa_ad01"主机记录（A 记录）属性对话框，选中"更新相关的指针（PTR）记录"复选框，如图 8-37 所示。再单击"确定"按钮完成对 fa_ad01 主机的反向指针记录的创建。在 DNS 管理器工作区右键单击并选择"新建主机"选项，在弹出的对话框中填写 HDC 主机名"FA_Linux"，选中"创建相关的指针（PTR）记录"复选框，单击"添加主机"按钮，根据提示完成正向主机记录和反向指针记录的创建。新建主机的 IP 地址为 192.168.4.1，如图 8-38 所示。新建主机记录后，在"反向查找区域"选择"刷新"选项，并检查其反向解析记录是否自动添加成功。

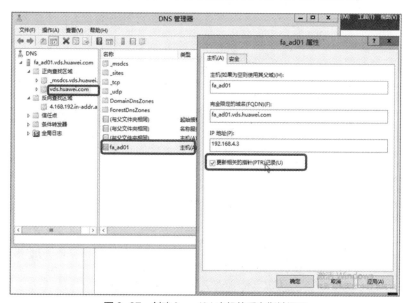

图 8-37　创建 fa_ad01 主机的反向指针记录

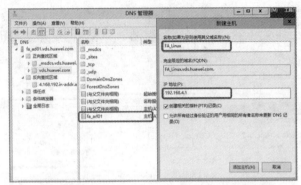

图 8-38 创建 HDC 主机（FA_Linux）的正反向记录

步骤 4：配置 DNS 策略。限制 DNS 监听地址、配置 DNS 高级属性、开启 DNS 的老化和清理功能、修改起始授权机构（SOA）记录和禁用 DNS IPv6 协议，操作详见产品文档有关配置步骤，在这里暂时不做配置。

步骤 5：配置 DHCP 服务。

① 在"服务器管理器"窗口的右上角，单击"▲"按钮完成 DHCP 配置，单击"下一步"按钮。

② 选择"使用以下用户凭据：VDS\Administrator"，单击"提交"按钮。

③ 在"服务器管理器"工作区右键单击"FA_AD01"记录，在弹出的菜单中选择"DHCP 服务器"选项，如图 8-39 所示，打开 DHCP 管理器。

图 8-39 打开 DHCP 管理器

④ 配置 DHCP 地址池。展开 DHCP 管理器的左侧导航栏，右键单击"IPv4"选项，在弹出的菜单中选择"新建作用域"选项，开始配置"新建作用域"。单击"下一步"按钮，进入"作用域名称"对话框。新建"作用域"名称为 VLAN_4，单击"下一步"按钮，进入"IP 地址范围"对话框。根据规划表 8-3 配置参数，起始 IP 地址为"192.168.4.10"，结束 IP 地址为"192.168.4.20"，子网掩码为"255.255.255.0"。

⑤ 在"添加排除和延迟"对话框中，单击"下一步"按钮，进入"租用期限"对话框。保持默认租约期，单击"下一步"按钮。确认选择"是，我想现在配置这些选项"，单击"下一步"按钮。

⑥ 进入"路由器（默认网关）"对话框，在"IP 地址"参数下方，输入虚拟机的网关地址"192.168.4.254"，单击"下一步"按钮。

⑦ 进入"域名称和 DNS 服务器"对话框，为虚拟机指定主用 DNS 地址。

• 服务器名称（可选）：配置为主用 DNS 的计算机名，本例中省略名称。

- IP 地址（必选）：配置为主用 DNS 的 IP 地址 192.168.4.3。

⑧ 单击"下一步"按钮，进入"WINS 服务器"对话框。使用默认配置，单击"下一步"按钮，进入"激活作用域"对话框。确认选择"是，我想现在激活此作用域"，单击"下一步"→"完成"按钮。

步骤 6：创建域管理账户。

① 创建组织单元：打开"Active Directory 用户和计算机"管理器。在左侧导航栏内，右键单击"vds.huawei.com"，在弹出的菜单中选择"新建"→"组织单位"选项。在"名称"栏内输入组织单元名称"UserOU"，单击"确定"按钮。

② 创建域账户：右键单击"UserOU"，在弹出的菜单中选择"新建"→"用户"选项。弹出"新建对象 - 用户"对话框，在"姓""姓名"和"用户登录名"中填写域账户信息"vdsadmin"，如图 8-40 所示。单击"下一步"按钮，设置域账户密码，取消选中"用户下次登录时须更改密码"复选框，单击"下一步"→"完成"按钮。再按照同样的方式创建域账户 vdsuser01。

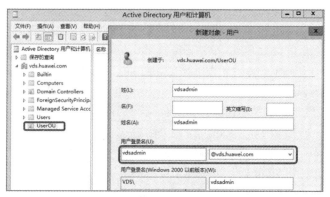

图 8-40　创建域账户

③ 设置域账户权限：将域账户 vdsadmin 加入域管理员组 Domain Admins，使 vdsadmin 成为域管理员。右键单击账号"vdsadmin"，在弹出的菜单中选择"属性"选项。打开"隶属于"选项卡，单击"添加"按钮，输入域管理员组名称"Domain Admins"，如图 8-41 所示。单击"检查名称"按钮，校验成功后多次单击"确定"按钮，关闭属性设置窗口。域账户 vdsuser01 默认为域普通用户，无须更改。

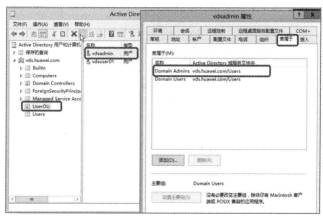

图 8-41　设置域账户权限

7. 配置备份路径和远程协助

步骤 1：使用域管理员账号 administrator 登录主 AD/DNS/DHCP 服务器。

步骤 2：虚拟机 FA_AD01 挂载"FusionAccess_Windows_Installer_V100R006C00SPC 100.iso"镜像文件。

步骤 3：登录虚拟机 FA_AD01 桌面，双击运行文件"run.bat"。

步骤 4：单击"扩展部署"区域，在弹出的"部署"对话框内选择"Windows 备份工具"，单击"安装"按钮。在弹出的"Windows 备份工具"对话框中，单击"选择"按钮，将"备份路径"设置为除系统盘以外的其他路径，且该路径所对应的磁盘可用空间大于 15GB。单击"保存并退出"按钮，完成备份路径的配置。

步骤 5：远程协助配置。为了降低配置复杂程度，远程协助在本例中暂时忽略，不做配置。

8. FusionAccess 管理平台初始化配置

微课视频

安装各种基础架构组件后，必须完成虚拟化环境配置、域与 DNS 配置、vAG/vLB 配置等相关操作，系统才能正常工作。

步骤 1：登录 FusionAccess 管理系统。在管理主机的浏览器地址栏内输入"https://主 ITA 业务平面 IP 地址:8448"，本任务为 https://192.168.4.1:8448。按"Enter"键，显示 FusionAccess 管理系统的登录页面。初次登录时，用户名和密码与 ITA 安装时设置的"权限管理模式"相关，"普通模式"的用户名与密码分别为"admin"与"Huawei123#"。首次登录时，提示强制修改密码。本任务将密码修改为 Huawei@123，修改密码后进入"FusionAccess 配置向导"页面。

步骤 2：配置虚拟化环境。在"配置虚拟化环境"页面中，选择"虚拟化环境类型"为"FusionCompute"，并配置相关参数。虚拟化环境配置如图 8-42 所示。

配置虚拟化环境	配置域和DN

配置FusionAccess实际运行的虚拟化环境，支持运行在FusionCompu

* 虚拟化环境类型:	⦿ FusionCompute
	○ OpenStack
	○ 其他
* FusionCompute IP:	192 . 168 . 1 . 8
* FusionCompute 端口号:	7070
* SSL端口号:	7443
* 用户名:	vdisysman
* 密码:	●●●●●●●●●●●●●
* 通讯协议类型:	○ http ⦿ https
描述:	

图 8-42　虚拟化环境配置

- FusionCompute IP：输入 VRM 节点的浮动 IP 地址，本任务为"192.168.1.8"。
- FusionCompute 端口号：输入"7070"，直接输入即可，不要修改。
- SSL 端口号：输入"7443"，直接输入即可，不要修改。
- 用户名：默认为"vdisysman"，直接输入即可，不要修改。
- 密码：默认为"VdiEnginE@234"，直接输入即可，不要修改。
- 通信协议类型：用于选择 FusionCompute 与 ITA 通信协议类型，建议设置为"https"。

步骤 3：配置域和 DNS。单击 "下一步" 按钮，进入配置域和 DNS 页面。配置域和 DNS 相关
参数如图 8-43 所示。

图 8-43　配置域和 DNS 相关参数

- 域：vds.huawei.com。
- 域账号：vdsadmin。
- 密码：Huawei@123。
- 主域控制器 IP 地址：192.168.4.3。
- 主 DNS IP 地址：192.168.4.3。

步骤 4：配置 vAG/vLB。单击 "下一步" → "新增" 按钮，弹出 "配置 vAG/vLB" 对话框，填
写 vAG/vLB 相关参数，如图 8-44 所示。

图 8-44　配置 vAG/vLB

- 服务器 IP 地址：192.168.4.2。
- 部署类型：vAG+vLB。
- SSH 账户：gandalf（默认）。
- 密码：Huawei@123（默认）。
- 描述：可选参数，用于填写描述 vAG 的相关信息。

单击 "确认" → "配置 vAG/vLB" 按钮，页面显示新增的 vAG/vLB 组件信息。单击 "下一步"
按钮，进入 "确认信息" 页面。确认每一个选项参数无误后，单击 "提交" 按钮。系统自动配置信息，
配置完成后进入 FusionAccess 管理页面。

任务 2：发放完整复制桌面

【任务描述】

研发、财务等重要部门的办公桌面需要维持个性化的数据和配置，因此应为该部门用户发放完整复制桌面。

【任务实施】

本任务实施环节如下。

1. 创建空壳虚拟机

步骤 1：在 FusionCompute 的"虚拟机和模板"页面内单击"创建虚拟机"按钮，弹出"创建虚拟机"对话框。

步骤 2：单击"下一步"按钮，配置相关参数。虚拟机规格如下：名称为 Win7_Full_Copy，位置为集群 ManagementCluster，操作系统为 Windows 7 Ultimate 32bit，CPU 为 2 个，每个插槽的内核数为 2 个，内存为 4GB，磁盘为 20GB，网卡为 1 个（连接至分布式虚拟交换机 DVS_test 的端口组 PortGroup_net_4）。需要注意的是，磁盘需要使用共享数据存储，本任务选择共享数据存储"FCSAN_Fusionaccess"。

2. 配置虚拟机操作系统并安装 PV Driver

步骤 1：虚拟机安装操作系统。参照前文所述的方式，挂载镜像安装文件并安装操作系统。安装完成后，卸载光驱，并设置登录密码为 Huawei@123。设置完成后注销并重新登录，挂载 Tools 安装 PV Driver。

步骤 2：制作模板。使用模板工具配置虚拟机操作系统，将模板工具"FusionAccess_Windows_Installer_V100R006C00SPC100.iso"挂载给虚拟机，不要选中"立即重启虚拟机，安装操作系统"复选框。在虚拟桌面双击打开光驱并运行文件"run.bat"，进入图 8-45 所示的"FusionAccess Windows Installer"对话框。单击"制作模板"，进入制作流程，按照提示逐步操作，模板类型选择"完整复制"，如图 8-46 所示。单击"下一步"按钮，在桌面代理（HDA）类型中选择"普通"选项，连续单击"下一步"按钮，单击"封装系统"选项。封装完成后，单击"完成"按钮，并卸载光驱，同时关闭虚拟机。

微课视频

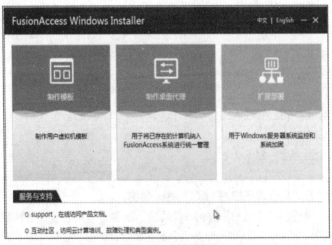

图 8-45 制作模板

图 8-46 选择模板类型

3. 将虚拟机转为模板

在 FusionCompute 中，单击"虚拟机和模板"选项→"虚拟机"选项卡。选择待转为模板的虚拟机，单击"更多"→"转为模板"选项。

4. FusionAccess 发放完整复制桌面

步骤 1：配置模板。登录 FusionAccess 管理页面，单击"桌面管理"选项，打开"桌面管理"选项卡。在左侧导航栏中，依次展开目录"业务配置"→"虚拟机模板"。在虚拟机模板栏内选择已创建的模板 win7_full_copy，选择如下参数："业务类型"为"VDI"，"类型"为"桌面完整复制模板"，如图 8-47 所示。

微课视频

图 8-47 配置虚拟机模板类型

步骤 2：创建虚拟机 OU。在主 AD 服务器上打开"Active Directory 用户和计算机" 管理器，在左侧导航栏中右键单击域名 vds.huawei.com，在弹出的菜单中选择"新建"→"组织单位"选项。弹出"新建对象-组织单位"对话框，在"名称"中输入"VMOU"，单击"确定"按钮完成虚拟机 OU 的创建。

步骤 3：配置 OU。登录 FusionAccess 管理页面，选中"系统管理"选项。在左侧导航栏中，选择"域/OU"选项，单击"OU 配置"区域内的"新增"按钮，填写 OU 名称为 VMOU，选择域 vds.huawei.com，单击"确定"按钮，完成 OU 配置。

步骤 4：创建命名规则。在 FusionAccess 管理页面内单击"桌面管理"选项卡，在左侧导航栏中展开目录"业务配置"→"虚拟机命名规则"，再单击"新增"按钮。打开"虚拟机命名规则"对话框，"命名规则名称"为"Full_Copy"，其余保持默认，如图 8-48 所示。

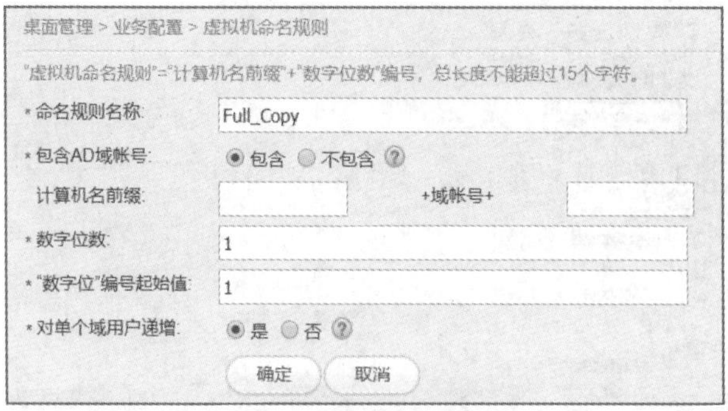

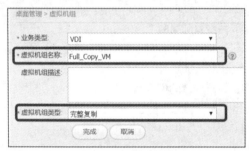

图 8-48　创建命名规则

步骤 5：创建虚拟机组。单击"桌面管理"选项卡→"虚拟机组"选项，单击"创建虚拟机组"按钮。"虚拟机组名称"为"Full_Copy_VM"，选择"虚拟机组类型"为"完整复制"，如图 8-49 所示。单击"完成"按钮，返回虚拟机组列表。需要注意的是，虚拟机组类型一定要与模板类型一致。

图 8-49　创建虚拟机组

步骤 6：创建桌面组。单击"桌面管理"选项卡→"桌面组"选项，单击"创建桌面组"按钮。在弹出的对话框中设置如下参数："桌面组名称"为"Full_Copy_DG"，"桌面组类型"为"专有"，"虚拟机类型"为"完整复制"，如图 8-50 所示。

图 8-50　创建桌面组

5. 快速发放完整复制桌面

步骤 1：创建虚拟机。在 FusionAccess 管理页面，单击"快速发放"选项，打开"快速发放"选项卡，选择虚拟机组 Full_Copy_VM。在"站点"→"资源集群"→"主机"选项的下拉菜单中依次选择站点"site"→资源集群"ManagementCluster"→主机"CNA01"，确定虚拟机位置。单击

"虚拟机模板"的"选择"按钮，在弹出的菜单中选择模板"win7_full_copy"，再单击"确认"按钮，虚拟机默认采用源于虚拟机模板的各项参数（CPU 个数、系统磁盘和网卡端口组设置），设置"虚拟机数量"为"1"，如图 8-51 所示。单击"下一步"按钮。需要注意的是，完整复制虚拟机必须使用共享存储，且虚拟机网卡所在的端口组必须与 DHCP 服务器所使用的端口组相同，否则虚拟机无法获取分配的 IP 地址。

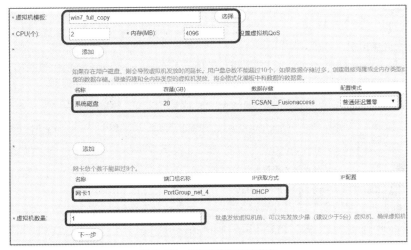

图 8-51　发放完整复制虚拟机

步骤 2：配置虚拟机选项。依次选择虚拟机命名规则"Full_Copy"→域"vds.huawei.com"→OU"VMOU"，单击"下一步"按钮。

步骤 3：分配桌面。选择桌面组名称"Full_Copy_DG"，设置分配类型为"单用户"，添加用户 vds\vdsuser01，权限组选择"administrators"，如图 8-52 所示。单击"下一步"→"提交"按钮，完成快速发放虚拟机配置，发放进度可以在"任务中心"内查看。

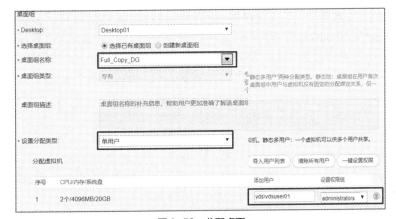

图 8-52　分配桌面

注意 　在图 8-52"添加用户"栏内不要输入图 8-43 中 FusionAccess 所使用的管理员账号"vdsadmin"。

任务 3：发放链接克隆桌面

【任务描述】

企业客服部门的白班和夜班工作人员使用相同的桌面，不需要保存个性化数据，要求桌面具有自动还原功能。同时，由于客服人员的桌面数量较多，希望整合资源，降低存储资源的消耗，因此拟定为客服人员分配链接克隆的桌面。

【任务实施】

本任务分为以下几个环节。

1. 创建空壳虚拟机

步骤 1：在 FusionCompute 的"虚拟机和模板"页面内单击"创建虚拟机"选项，弹出"创建虚拟机"对话框。

步骤 2：选择"创建新虚拟机"选项，单击"下一步"按钮，配置相关参数。规格如下：名称为 Win7_Link_Copy，操作系统为 Windows 7 Ultimate 32bit，CPU 为 2 个，每个插槽的内核数为 2 个，内存为 4GB，磁盘为 20GB，网卡为 1 个（连接至分布式交换机 DVS_test 的 PortGroup_net_4 端口组）。需要注意的是，磁盘需要使用共享数据存储，选择数据存储"FCSAN_Fusionaccess"。

2. 配置虚拟机操作系统并安装 PV Driver

步骤 1：虚拟机安装操作系统。挂载镜像安装文件安装操作系统，安装完成后，卸载光驱。再激活管理员账号 administrator，并设置登录密码为 Huawei@123。设置完成后注销并重新登录，挂载 Tools 安装 PV Driver。

步骤 2：制作模板。

① 修改组策略的防火墙设置：在 Windows 7 系统的"运行"对话框内执行指令"gpedit.msc"，打开本地组策略编辑器。依次单击"管理模板"→"网络"→"网络连接"→"Windows 防火墙"→"标准配置文件"选项，打开"Windows 防火墙：保护所有网络连接"对话框，单击"已禁用"选项。然后在同一个父文件夹内，将"域配置文件"中"Windows 防火墙：保护所有网络连接"也设置为"已禁用"。

② 使用模板工具配置虚拟机操作系统，将模板工具"FusionAccess_Windows_Installer_V100R006C00SPC100.iso"挂载到虚拟机中，不要选中"立即重启虚拟机，安装操作系统"复选框。在虚拟桌面中，双击打开光驱并运行文件"run.bat"，进入"FusionAccess Windows Installer"对话框。单击"制作模板"，进入模板制作流程。按照提示逐步操作，部署类型选"链接克隆、全内存"。4 次单击"下一步"按钮，在"功能"对话框内，选中"配置用户登录"复选框，如图 8-53 所示。进入"域配置"对话框，依次设置域名为 vds.huawei.com→域账户为 vdsadmin→密码为 Huawei@123→域用户（组）为 vdsuser01。单击"下一步"按钮继续安装，安装过程中需要重启系统，再继续自动安装。安装完成后，单击"完成"按钮，并卸载光驱。

步骤 3：检查 AD 组策略。为了确保虚拟机不脱域，且系统可以还原成功，在链接克隆/全内存虚拟机模板的场景下，需要设置禁用更改账号及密码的相关组策略，具体如下。

① 使用域管理员账号登录 AD 服务器。

② 在"运行"对话框内执行指令"gpmc.msc"，按"Enter"键弹出"组策略管理"对话框。

③ 在左侧导航栏中，依次展开目录"林：vds.huawei.com"→"域"→"vds.huawei.com"→"组策略对象"。

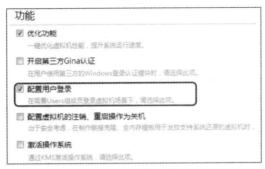

图 8-53　配置用户登录

④ 右键单击默认组策略"Default Domain Controllers Policy"，在弹出的菜单中选中"编辑"，如图 8-54 所示。打开"组策略管理编辑器"对话框。

图 8-54　编辑默认组策略

⑤ 在"组策略管理编辑器"导航栏内依次展开目录"计算机配置"→"策略"→"Windows 设置"→"安全设置"→"本地策略"→"安全选项"，查看"域成员：禁用计算机账户密码修改"和"域控制器：拒绝计算机账户密码修改"策略设置值，将其参数值均设置为"没有定义"，如图 8-55 所示。

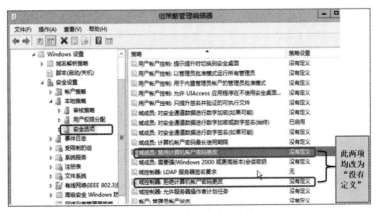

图 8-55　检查安全选项设置

⑥ 检查 AD 服务器"允许本地登录"策略。在"组策略管理编辑器"左侧导航栏中，依次展开目

录"计算机配置"→"策略"→"Windows 设置"→"安全设置"→"本地策略"→"用户权限分配"。查看"允许本地登录"的策略设置参数值，确保其对话框中没有选中"定义这些策略设置"复选框，如图 8-56 所示。设置完成后，关闭虚拟机。需要注意的是，设置了"允许本地登录"策略后，在制作模板的"功能"页内，须选中"配置用户登录"复选框。

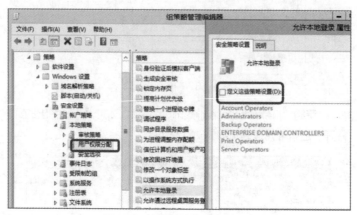

图 8-56　检查允许本地登录策略

步骤 4：AD 设置委派控制。

① 在 AD 服务器的"Active Directory 用户和计算机"管理器内右键单击组织单元"VMOU"，在弹出的菜单中选择"委派控制"选项，弹出"控制委派向导"对话框。

② 单击"下一步"按钮，进入"用户或组"对话框。单击"添加"按钮，弹出"选择用户、计算机或组"对话框，添加域管理员账号 vdsadmin，单击"检查名称"按钮，如图 8-57 所示。单击"确定"按钮完成添加。

图 8-57　选择域用户用于委派控制

③ 单击"下一步"按钮，进入"控制委派向导"对话框。选中"创建自定义任务去委派"单选按钮，如图 8-58 所示。

④ 单击"下一步"按钮，在"委派以下对象的控制"可选项内选中"这个文件夹，这个文件夹中的对象，以及创建在这个文件夹中的新对象"选项。再单击"下一步"按钮，在"控制委派向导"的"显示这些权限"可选框内选中"常规"和"特定子对象的创建/删除"复选框，并在"权限"列表框内，选中"创建 计算机 对象"和"删除 计算机 对象"复选框，如图 8-59 所示。单击"下一步"→"完成"按钮。

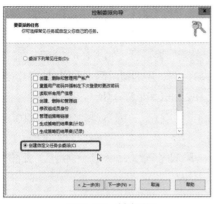

图 8-58 创建委派

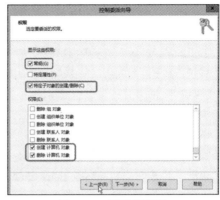

图 8-59 设置委派权限

3. 将虚拟机转为模板

在 FusionCompute 中，单击"虚拟机和模板"→"虚拟机"选项卡，将虚拟机 Win7_Link_Copy 转为模板。

4. FusionAccess 发放链接克隆桌面

步骤 1：配置模板。登录 FusionAccess 管理页面，打开"桌面管理"选项卡。在左侧导航栏中，展开目录"业务配置"→"虚拟机模板"。在虚拟机模板栏内单击已创建的模板"Win7_Link_Copy"，设置如下参数：业务类型选择为"VDI"，模板类型选择为"桌面链接克隆模板"。

步骤 2：创建命名规则。在"桌面管理"选项卡的左侧导航栏中，展开目录"业务配置"→"虚拟机命名规则"。再单击"新增"按钮，打开"虚拟机命名规则"对话框，设置名称为 Link_Copy，其余保持默认。需要注意的是，链接克隆和全内存类型的虚拟机不能使用包含 AD 域账号的命名规则。

步骤 3：创建虚拟机组。在"桌面管理"选项卡的左侧导航栏中选择"虚拟机组"选项，单击"创建虚拟机组"按钮，设置名称为 Link_Copy_VM，类型为链接克隆。单击"完成"按钮，返回虚拟机组列表。需要注意的是，虚拟机组类型一定要与模板类型一致。

步骤 4：创建桌面组。在"桌面管理"选项卡的左侧导航栏中单击"创建桌面组"选项，设置"桌面组名称"为"Link_Copy_DG"，"桌面组类型"为"静态池"，"虚拟机类型"为"链接克隆"，如图 8-60 所示。

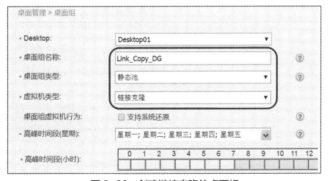

图 8-60 创建链接克隆的桌面组

5. 快速发放链接克隆虚拟机

步骤 1：创建虚拟机。在 FusionAccess 管理页面，单击"快速发放"选项，打开"快速发放"选项卡，选择虚拟机组"Link_Copy_VM"。在"站点"→"资源集群"→"主机"下拉列表中依次选择站点"site"→资源集群"ManagementCluster"→主机"CNA01"，确定虚拟机位置。单击"虚拟机模板"的"选择"按钮，在弹出的菜单中选择模板"Win7_Link_Copy"，再单击"确认"按钮，显示虚拟机的各项参数（源于虚拟机模板），设置"虚拟机数量"为"1"，如图8-61所示。单击"下一步"按钮。需要注意的是，链接克隆虚拟机必须使用共享存储，且虚拟机网卡所连接的端口组必须与DHCP服务器所使用的端口组相同，否则虚拟机无法获取DHCP服务器所分配的地址。

步骤2：配置虚拟机选项。依次选择虚拟机命名规则"Link_Copy"→域"vds.huawei.com"→OU"VMOU"，单击"下一步"按钮。

步骤3：分配桌面。选择桌面组"Link_Copy_DG"，添加用户为vds\vdsuser01，如图8-62所示。单击"下一步"→"提交"按钮，完成桌面分配。

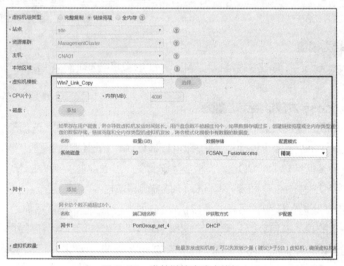

图8-61　发放链接克隆虚拟机

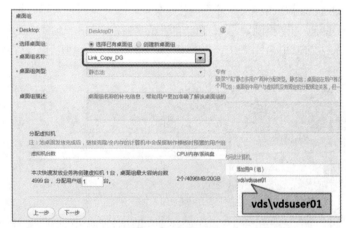

图8-62　添加用户

8.3.4　项目测试

登录云桌面有如下几种方式：PC主机、瘦终端和移动终端方式。我们采用基于PC主机方式登录云桌面。

① 在管理主机 PC-1 上打开浏览器，输入地址"https://192.168.4.1"，使用浏览器登录桌面云。

② 在登录页面输入域用户"vdsuser01"和密码"Huawei@123"，如图 8-63 所示，单击"登录"按钮。

③ 登录后可见分配给用户 vdsuser01 的两台虚拟桌面（完整复制桌面和链接克隆桌面）。单击"点击这里"链接下载并安装云客户端，如图 8-64 所示。

微课视频

图 8-63　登录桌面云

图 8-64　安装桌面云客户端

④ 安装完成后，在管理主机的桌面可见客户端程序快捷方式图标"📷"，双击快捷方式图标打开云客户端。在弹出的对话框中设置服务器名和服务器地址参数。服务器地址为 WI 服务器的完全合格域名（Fully Qualified Domain Name，FQDN）或 IP 地址，若使用域名访问，则需先配置 DNS 解析记录。本任务中 WI 的 IP 地址为 192.168.4.1，输入后单击"确定"→"退出"按钮，如图 8-65 所示。

图 8-65　云桌面服务器设置

⑤ 双击云终端按钮，打开云桌面登录页面，输入域用户名"vdsuser01"和密码"Huawei@123"。登录并查看已经发布的两台虚拟桌面，单击虚拟桌面屏幕中间的箭头，打开虚拟桌面电源。虚拟桌面启动后就可以使用桌面云主机了。

⑥ 桌面云主机启动后，打开"命令提示符"窗口，查看云桌面的 IP 地址，并测试与网关的连通性，如图 8-66 所示。

图 8-66　桌面云主机的 IP 地址和连通性测试

243

8.3.5 项目总结

本项目介绍了桌面云技术的基本原理和技术优势，并引入华为桌面云解决方案 FusionAccess。重点介绍了 FusionAccess 的架构、部署形态和初始登录流程，同时详细演示了 FusionAccess 的安装部署和完整复制、链接克隆桌面的发放流程。通过本项目的学习，读者可以掌握桌面云技术的基础理论知识和基本实践技能。

8.4 思考练习

一、选择题

1. 某公司自己搭建了桌面云环境仅供员工办公使用，属于哪种云计算部署模式？（　　）

　　A. 公有云　　　　　B. 私有云　　　　　C. 政务云　　　　　D. 混合云

2. 客户采购了服务器、交换机、存储和瘦终端（TC），要求将公司现有的办公桌面从 PC 全部迁移到云端，员工可以直接使用账号、密码通过 TC 或者 SC 登录云端的办公桌面，以下哪些是必选的？（多选）（　　）

　　A. FusionCompute　　　　　　　　B. FusionStorage

　　C. FusionManager　　　　　　　　D. FusionAccess

　　E. FusionNetwork

3. FusionAccess 是华为云计算的虚拟桌面控制系统，主要用于虚拟桌面的创建和发放。（　　）

　　A. 对　　　　　　　B. 错

4. FusionAccess 的主要组件有哪些？（多选题）（　　）

　　A. AD、DHCP 和 DNS　　　　　　B. LB 和 AG

　　C. HDC　　　　　　　　　　　　D. WI 和 ITA

二、简答题

1. 简述桌面云技术的价值。

2. 简述华为桌面云解决方案 FusionAccess 的体系结构。

3. 简述 FusionAccess 产品部署形态。

4. 简述华为桌面云解决方案 FusionAccess 的逻辑架构。

5. 华为桌面云的登录流程可以分为哪几个阶段？

6. 简述华为桌面云登录流程的虚拟桌面预连接原理。

7. 在桌面云登录流程的虚拟桌面连接阶段，虚拟机是如何得到 IP 地址的？

8. 简述链接克隆技术的实现原理。

9. 桌面云采用链接克隆技术的优势是什么？

10. 桌面云采用全内存桌面技术的优势是什么？

11. 桌面云的 GPU 虚拟化技术有哪些实现方式？

12. 简述虚拟机类型、虚拟机组、桌面组用户类型、桌面组类型的关系。

13. 完整复制虚拟机组的桌面是否必须来自同一模板？简述其原理。

14. 链接克隆虚拟机组的桌面是否必须来自同一模板？简述其原理。

15. 简述桌面组用户类型中的静态多用户和单用户的适用场景。